Pro/ENGINEER MECHANISM에 의한

자동화 기구 설계

Pro/ENGINEER MECHANISM에 의한

자동화 기구 설계

발행일 1판 1쇄 2011년 8월 30일 1판 2쇄 2014년 2월 28일 **발행인** 정상철
저자 홍준희 **발행처** 충남대학교출판문화원 **주소** 대전광역시 유성구 대학로 99
전화 042-821-6045 **홈페이지** cnupress.cnu.ac.kr E-mail cnupress@cnu.ac.kr

ISBN 978-89-7599-399-2 93550
정가 17,000원

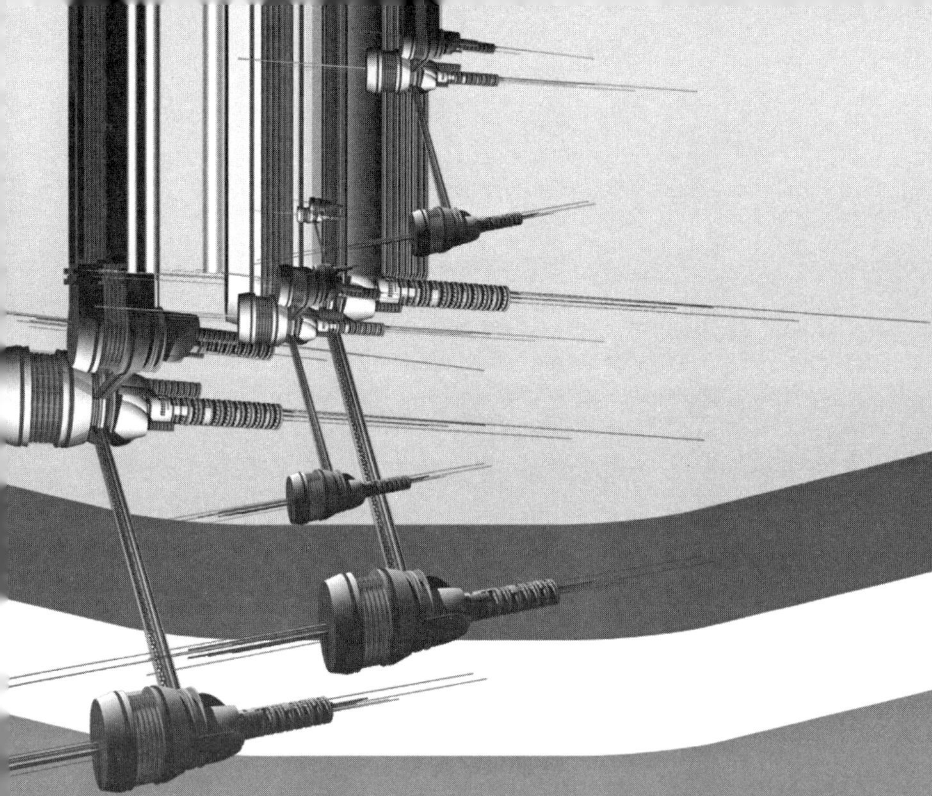

Pro / ENGINEER MECHANISM에 의한

자동화 기구 설계

홍준희

충남대학교출판문화원

- 머 리 말 -

현대 산업계는 디자인 경쟁이라 하여도 과언이 아닐 것이다. 기술적인 면은 거의 같으나 소비자에게 어떠한 편리성, 기능성과 심미성 등을 부여할 것인가가 디자인의 생명이라 할 수 있다. 이러한 요소들은 단순한 것이 아니라 복합적인 요인을 분석한 결과이어야 가능한 일이다. 복합적인 요인을 분석하기 위해서는 여러 분야의 전문가 및 일반인들의 참여 하에 분석이 이루어져야 그 제품은 성공할 수 있다. 즉, 다양한 지식과 창의적인 아이디어가 필요한 것이다.

21세기 유능한 인재는 다양한 지식과 창의적인 인재라고 말하고 있다. 이러한 시대에 부응하여 학생들에게 창의적인 아이디어를 개발해 주기 위해서는 가상공간(컴퓨터) 상에서 자유롭게 자신들의 생각이 다소 엉뚱할지라도 협동 학습을 통해 반영하고 경청하고 하여 아이디어를 정립할 수 있는 힘을 키워야 한다고 생각한다. 본 교재는 자동화 기구라는 주제로 Pro/Engineer를 이용해 가상적이기는 하지만 설계의 프로세스를 배우고 협동 학습을 통해 아이디어를 키울 수 있도록 하는데 목적을 두고 있다. 따라서 지금까지의 기능적인 면을 강조한 설계 전문서에서 벗어나 어떤 문제를 해결하기 위해 어떻게 정리하고 해결해 나갈 것인지의 프로세스를 중시하여 본 교재를 구성하였다.

전체적인 구성은 크게 3편으로 나뉜다. 제1편은 제1장에서 3장에 걸쳐 자동화 기구에 대한 기초적인 내용과 Pro/Engineer에서 메커니즘 설계를 위해 필요한 사항들을 소개하고 마지막에 기초적인 여러 기구에 대해 구동 방법에 따라 Pro/Engineer에서는 어떻게 설계하는지에 대해 설명하였다. 그리고 제2편은 제4장에서 6장에 걸쳐 기초편의 일반 응용을 다룬 것으로 아이디어를 도출하여 기구를 설계하거나 실용적인 면에서 목적성을 가진 기구 설계를 해 보도록 구성하였다. 제3편은 제7장에서 10장에 거쳐 생산 자동화 라인 및 시스템에서 필요한 도구나 장치를 설계해 보는 것과 자동화 시스템을 작동하여 할 수 있는 작업 등을 간단한 것이지만 실제로 설계해 보도록 구성하였다.

본서를 쓰기 시작한지 2년여 만에 드디어 마무리를 하였으나 내용을 검토하면서 부족한 면이 많다는 것을 새삼 느꼈다. 그러나 한정된 공간 내에서의 내용 전개와 기본적인 내용의 전달에 초점을 두었기에 그대로 출간하기로 하였다. 이 책을 통해 가상적이지만 자동화 기구 설계에 대해 다소나마 이해와 도움이 되었으면 하는 바람이다. 또한, 다소 내용상의 부족한 면이 있다하더라도 많은 이해와 질타를 부탁드리는 바이다.

이 책의 집필에 있어서 연구실원 여러분의 도움과 동아리 학생 여러분의 검토에 깊은 감사를 표한다.

끝으로 본서의 출판에 많은 도움을 준 충남대학교출판문화원 임직원 여러분께 진심으로 감사드린다.

2011년 칠월에

저자 **홍준희**

- 차 례 -

제 1 편 소개 및 기초

제 1 장 자동화 기구 개론

제 2 장 Pro/ENGINEER에 의한 메커니즘 설계의 기초 사항

제 3 장 구동 방법에 따른 기구 설계

제 2 편 일반 응용

제 4 장 평행운동 기구 응용 설계

제 5 장 기어기구 응용 설계

제 6 장 스탬프 기구 설계

제 3 편 산업 응용

제 7 장 평행 개폐형 로봇 핸드 기구 설계

제 8 장 간헐 컨베이어 구동기구 설계

제 1 편

소개 및 기초

제 1 장 자동화 기구 개론

본 장에서는 자동화에서 많이 사용되는 기구 가운데 본 교재에서 많이 다루게 될 링크 기구, 기어 전동기구, 캠 기구, 특수 전동기구 및 메카트로닉스용 기구에 대해 대략적인 내용을 알아보도록 한다.

1.1 링크기구

1.1.1 4절 링크 기구

4절 평면링크 기구 중에서 가장 기본이 되는 것이 4절 링크로 구성된 4절 링크 기구이다. 이것은 4개의 링크가 순서대로 회전대우 또는 미끄럼대우에 의해 접속된 폐루프 기구이다. 실용되고 있는 기구에는 4절 링크 기구의 조합으로 구성되어 있는 것이 극히 많다. 따라서 4절 링크 기구의 특징을 이해해 놓는 것이 중요하다.

(1) 그라스호프의 정리

그림 1.1에 4개의 링크와 4개의 결합 점으로 이루어져 있는 4절 링크기구를 나타낸다. 각 링크의 길이를 a, b, c, d로 하고 링크 a가 가장 짧은 것으로 한다. 링크의 결합 점에서

는 회전은 자유롭게 이루어지지만 상대적인 병진운동은 구속된다(회전 조인트).

4절 링크기구에 있어서 적어도 1개의 링크가 전회전할 수 있는 조건을 구하여 본다. 링크 d를 고정하고(프레임) 최단링크 a를 수평위치에서 반시계 방향으로 회전시켰을 때의 각 링크 길이의 관계를 그림 1.2에 나타낸다. 최단링크 a가 고정링크 d에 대해 전회전할 수 있을 때(크랭크) 링크 a의 회전에 동반하여 나타나는 3각형의 3변 길이 관계로부터 각 링크의 길이 관계는 다음과 같이 된다. 이를「그라스호프의 정리」라 한다.

$$\left.\begin{array}{l} a+b<c+d \\ a+c<b+d \\ a+d<b+c \end{array}\right\} \tag{1.1}$$

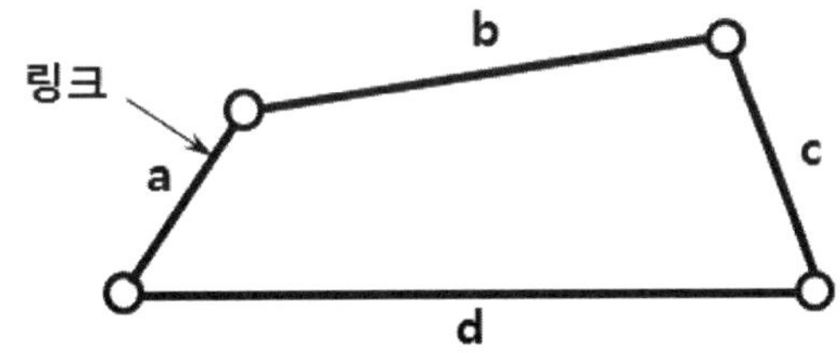

그림 1.1 4절 링크 기구

예제 1.1 그라스호프 기구를 구성하는 조건

그림 1.1의 기구에 있어서 b는 $b=1$, $c=0.8$, $d=1.2$일 때 이 기구가 그라스호프 기구로 되는 조건을 구해보자.

식 (1.1)로부터

$$\left.\begin{array}{l} a+1<0.8+1.2 \\ a+0.8<1+1.2 \\ a+1.2<1+0.8 \end{array}\right\}$$

즉,

$$0<a<0.6$$

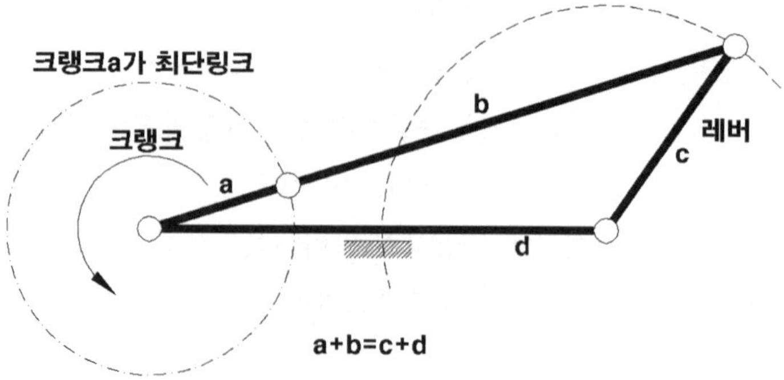

(a)

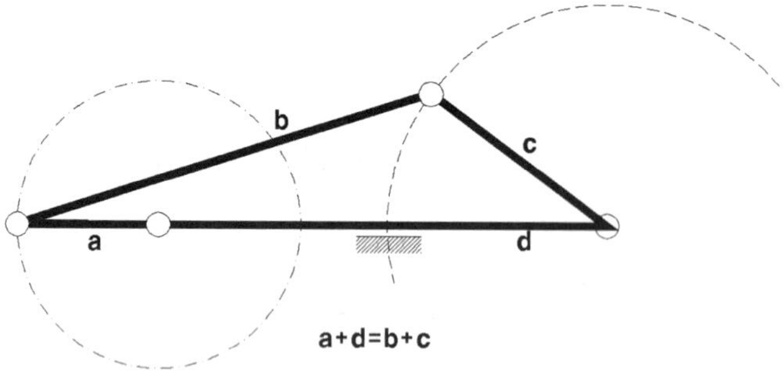

(b)

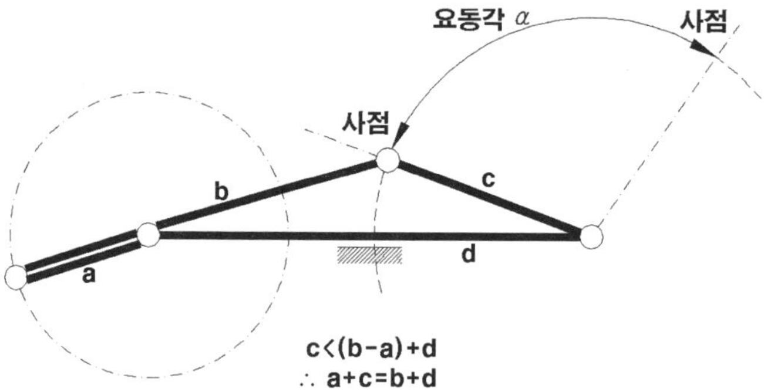

(c)

그림 1.2 그라스호프의 정리

(2) 그라스호프 기구의 교체

일반적으로 기구는 그 기소의 하나가 지면이나 기구가 탑재된 장치에 고정되어 비로소 기능을 한다. 고정한 기소를 바꿈으로서 전혀 다른 움직임이 다른 기구가 얻어질 수 있다. 이것을 기구의 교체(mechanism inversion)라 부른다.

기구 교체의 예 다른 시점에서 기구를 볼 수 있으며 새로운 기구의 발생이 이루어지는 경우가 있다. 그라스호프 기구에 대해서 기구의 교체를 행하면 다음의 3종류의 기구가 유도된다. 일반적으로 요동운동을 행하는 링크는 레버(lever or rocker), 회전운동을 행하는 링크는 크랭크(crank)라 부르기 때문에 고정된 링크와 대우를 이루는 두 개의 링크의 이름을 조합해서 기구의 명칭이 붙여진 것이다.

(a) 레버-크랭크 기구

최단링크와 대우를 이루는 링크 d를 고정하면 그림 1.3(a)에 나타냈듯이 고정링크에 대해 회전운동을 행하는 링크 a와 요동운동을 행하는 링크 c가 얻어진다. 레버-크랭크 기구(lever-crank mechanism)는 회전운동과 요동운동의 운동변환에 이용되는 도구이다.

(b) 양 크랭크 기구

최단 링크를 고정하면 고정 계와 대우를 이루는 두 개의 링크는 양쪽 모두 회전운동을 한다(그림 1.3 (b)). 이것을 양 크랭크 기구(double crank mechanism)라 한다.

(c) 양 레버 기구

최단링크와 대향하는 링크 c를 고정하면 그림 1.3(c)와 같이 고정링크와 대우를 이루는 두 개의 링크 b, d는 고정링크에 대해 양쪽 모두 요동운동을 행한다. 이것을 양 레버 기구(double lever mechanism)라 한다. 최단링크 a는 대우를 이루는 두 개의 링크 b, d에 대해 회전운동을 한다.

그림 1.4는 선풍기의 목 회전기구의 응용이다. 그림에 나타냈듯이 링크 d는 선풍기 모터를, 링크 a는 웜휠과 웜 기어를 각각 고정하고 있다. 모터 측에 웜 기어가 부착되고 링

크 a에 고정한 웜휠을 회전시킨다. 이것에 의해 링크 d(본체)의 요동운동이 시작된다.

1.1.2 평행링크 기구

4절 회전링크 기구에 있어서 맞물리는 링크의 대향하는 링크의 길이를 각각 같게 한 기구를 평행링크 기구라 불리어지며 대향한 링크가 항상 평행으로 유지되는 로봇에서는 이 성질을 이용한 기구가 종종 이용된다.

그림 1.5는 평행링크 기구를 이용한 로봇 핸드의 한 예이다. 평행링크 기구를 이용함으로서 두 개의 손가락을 평행으로 개, 폐 할 수 있다.

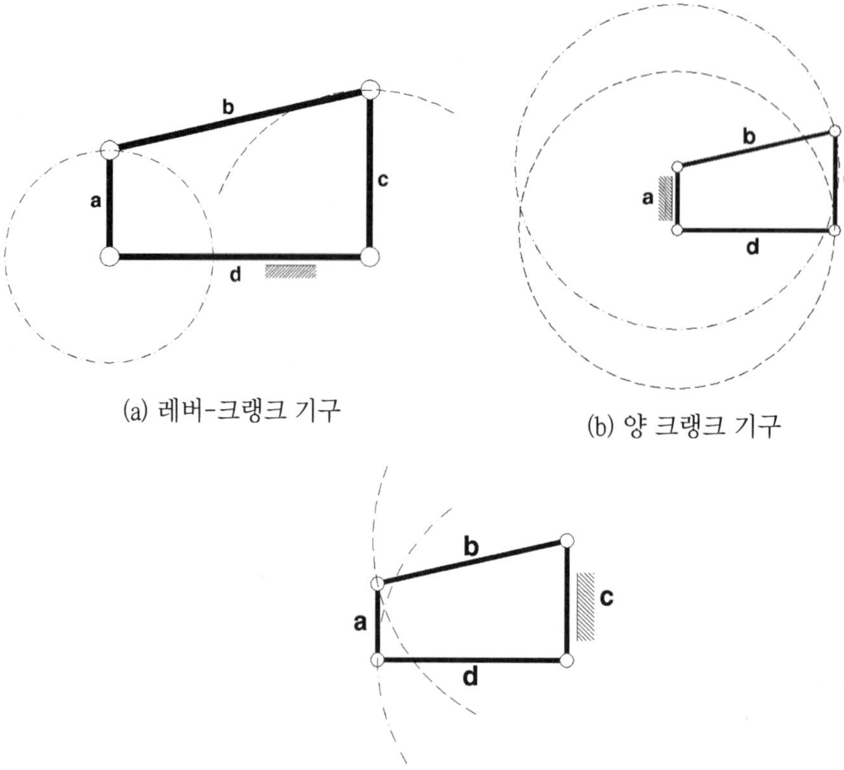

(a) 레버-크랭크 기구

(b) 양 크랭크 기구

(c) 양 레버 기구

그림 1.3 각종 4절 링크 기구

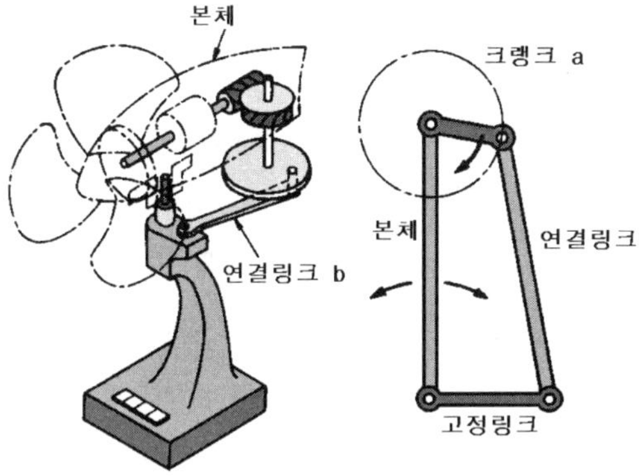

그림 1.4 선풍기의 목 회전기구 응용

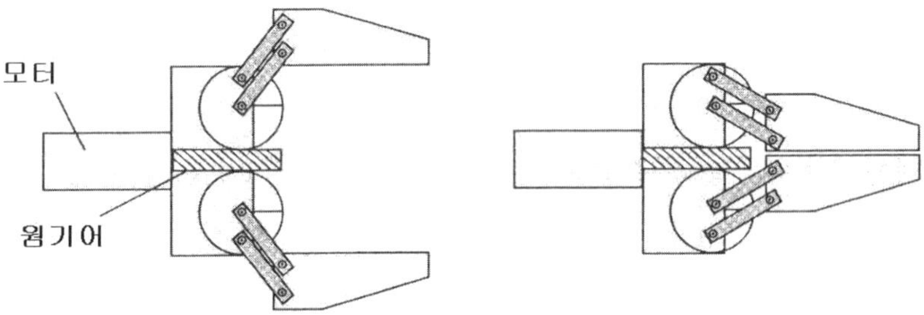

그림 1.5 평행 링크기구를 이용한 로봇 핸드

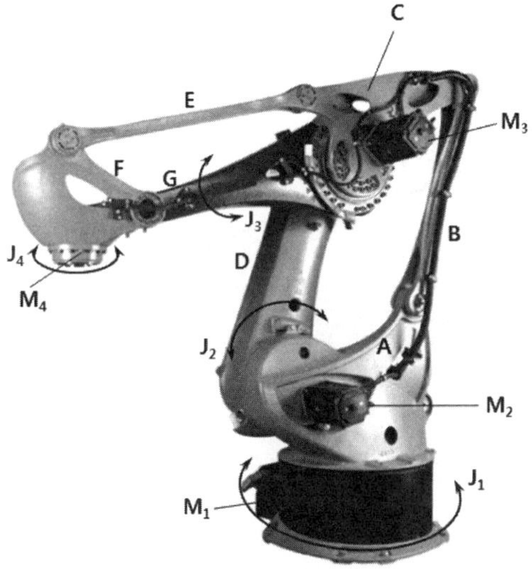

그림 1.6 팔레타이징 로봇에 있어서의 평행 링크 기구

또한 그림 1.6의 팔레타이징(palletizing)용 4자유도 로봇 암에도 평행 링크기구가 이용되고 있다. 팔레타이징이란 물류분야에서 골판지나 화물을 이동시킨다든지 쌓는다든지 하는 작업이다. 로봇은 4개의 모터 M_1, M_2, M_3, M_4를 가지며 수직축 주위의 선의 운동 J_1, J_4 및 수직면에서의 두 개의 요동운동 J_2와 J_3의 4자유도의 동작이 이루어진다.

팔레타이징에서는 끝부분을 항상 수직으로 유지할 필요가 있다. 이 때문에 이 예에서는 각각 링크 A, B, C, D 및 링크 C, E, F, G로 구성 되는 2개의 평형링크 기구가 이용되고 있다. 링크 D는 모터 M_2에 의해 구동되지만 링크 A, B, C, D가 평행 링크기구를 구성하기 위해 링크 C는 항상 일정한 기울기로 유지된다. 한편 링크 G는 링크 C의 탑재한 모터 M_3에 의해 구동되지만 링크 C, E, F, G가 평행링크 기구를 구성하기 위해 링크 F는 항상 일정한 기울기로 유지된다.

1.1.3 슬라이더 크랭크 기구

그림 1.1에서 3개의 회전대우와 하나의 미끄럼대우로 구성되는 기구를 슬라이더 크랭크 기구(slider-crank mechanism)라 한다. 앞에서 서술한 4절 회전링크기구와 병행해서 자주 이용되는 링크기구의 하나이다.

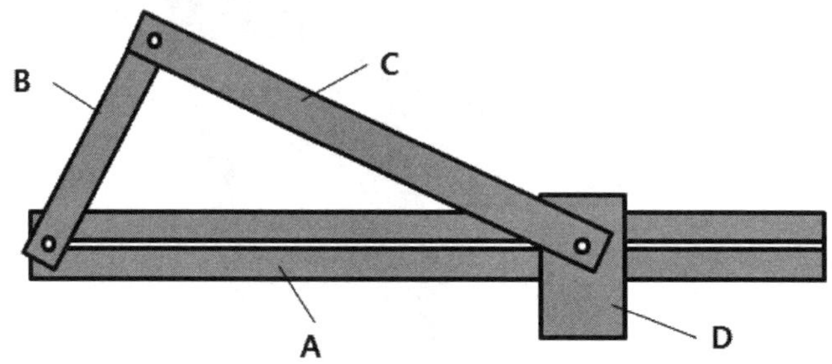

그림 1.7 슬라이더 크랭크 기구

그림 1.7의 슬라이더 크랭크 기구는 기구의 규칙에 의해 4개의 링크 기구가 존재 한다.

즉, 미끄럼 대우를 이루는 기소의 하나인 A를 고정하면 왕복슬라이더 크랭크 기구가 얻어진다. 최단링크 B를 고정하면 회전 슬라이더 크랭크 기구가 얻어진다. 슬라이더의 회전대우를 이루는 기소 C를 고정하면 요동 슬라이더 크랭크 기구가 얻어진다. 슬라이더 D를 고정하면 고정슬라이더 크랭크 기구가 얻어진다.

1.1.4 양 슬라이더 크랭크 기구

그림 1.1의 4절 링크에서 4개의 대우가 미끄럼대우, 미끄럼대우, 회전대우, 회전대우의 순으로 구성된 기구를 양 슬라이더 크랭크 기구라 부른다. 양 슬라이더 크랭크 기구의 한 예를 그림 1.8에 나타낸다. 링크 a에 대해서 링크 b와 d가 미끄럼 대우를 이루고 링크 c가 링크 d와 각각 회전대우를 이룬다. 4개의 링크 중 어떤 링크를 고정하느냐에 따라서 3개의 기구가 존재한다. 여기서는 구체적으로는 나타내지 않지만 다른 기구학 책 등을 참고하기 바란다.

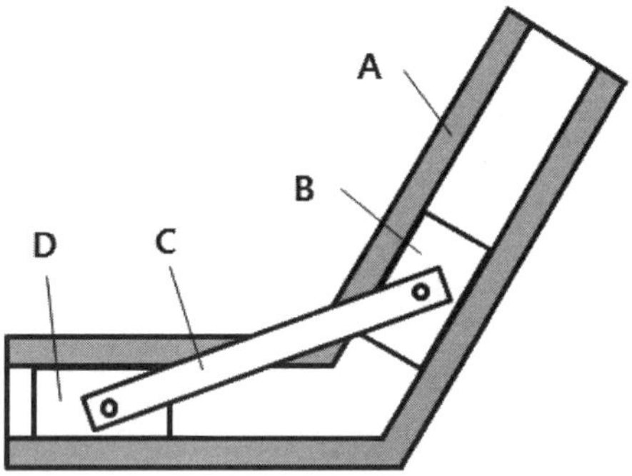

그림 1.8 양 슬라이더 크랭크 기구

1.1.5 슬라이더 레버 기구

그림 1.1에 있어서 4개의 대우가 미끄럼대우, 회전대우, 미끄럼대우, 회전대우 순으로

구성되는 슬라이더 레버 기구라 부른다.

슬라이더 레버 기구의 한 예를 그림 1.9에 나타낸다. 4개의 기소 A, B, C, D로부터 구성된다.

이 기구에서는 기구의 교체에 의해 새로운 기구는 얻을 수 없다.

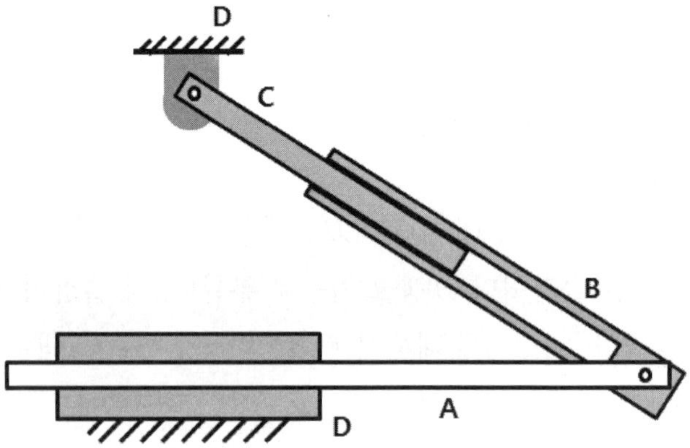

그림 1.9 슬라이더 레버 기구의 일 예

1.2 기어 전동기구

기어 전동기구 가운데 감속기는 로봇관절의 구동에 많이 이용된다. 감속기 역할의 하나는 토크의 증대이다. 로봇기구에서 요구되는 관성에 비해 일반적으로 전자모터의 정격회전수는 상당히 높으며, 역으로 토크는 작다. 감속기를 이용하여 모터의 회전을 감속함으로써 큰 토크를 얻어 관절을 구동할 수 있다.

감속기의 성능은 로봇의 효율, 위치결정 정도, 강성, 진동 등에 직접 영향을 미치므로 극히 중요한 역할을 하고 있다.

더구나 감속비 n은 통상 (입력축의 회전속도)/(출력축의 회전속도)로 정의된다.

1.2.1 스퍼기어(spur gear)

기어에는 많은 종류가 있지만 그림 1.10의 스퍼기어는 평행한 2축 사이의 운동을 전달하는 단순한 구성이며 감속 기구로 널리 사용되고 있다. 스퍼기어는 회전축에 나란한 이를 가지며 조합시킨 기어의 잇수에 역비례하는 감속비를 갖는다.

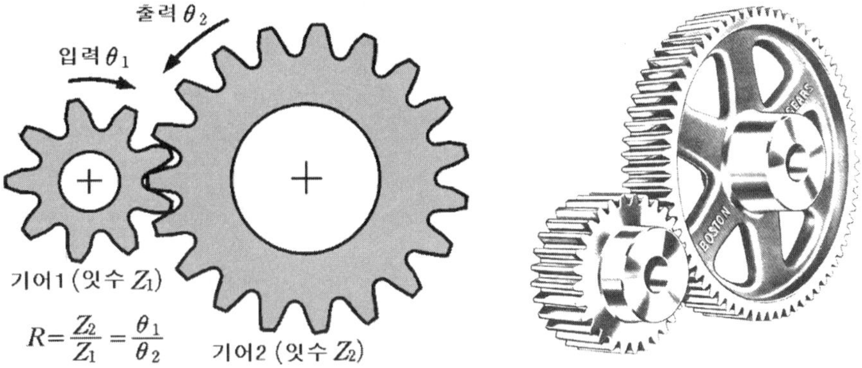

그림 1.10 스퍼기어

그림 1.10에서 감속비 R은 다음과 같다.

$$R = \frac{Z_2}{Z_1} = \frac{\theta_1}{\theta_2} \tag{1.2}$$

한 쌍의 기어에서 얻는 감속비는 3정도이며 큰 감속비가 필요한 때는 기어를 조합시킨 그림 1.11과 같은 기어열도 사용되지만 용적이 크며 실장 밀도가 높은 구성은 어렵다.
그림 1.11에서 감속비 R은 다음과 같다.

$$R = \frac{Z_2}{Z_1}\frac{Z_3}{Z_2} = \frac{\theta_1}{\theta_2}\frac{\theta_2}{\theta_3} \tag{1.3}$$

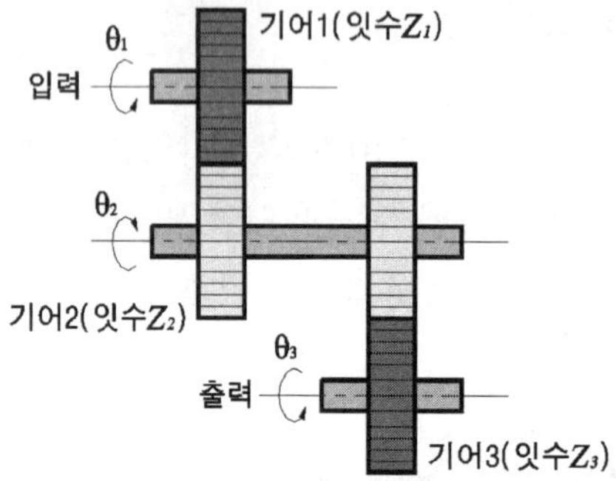

그림 1.11 스퍼기어 열

1.2.2 베벨기어(bevel gear)

감속과 함께 운동 전달방향을 직각으로 바꿀 때에는 그림 1.12와 같이 베벨기어를 사용한다. 구조상 축의 지지가 편측지지이므로 지지강성이 스퍼기어에 비해 낮다.

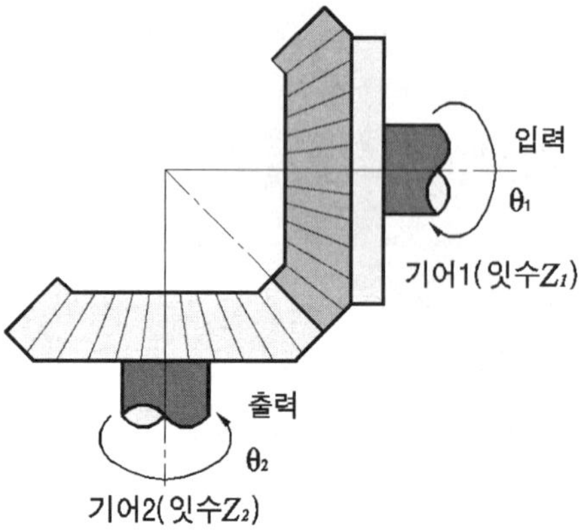

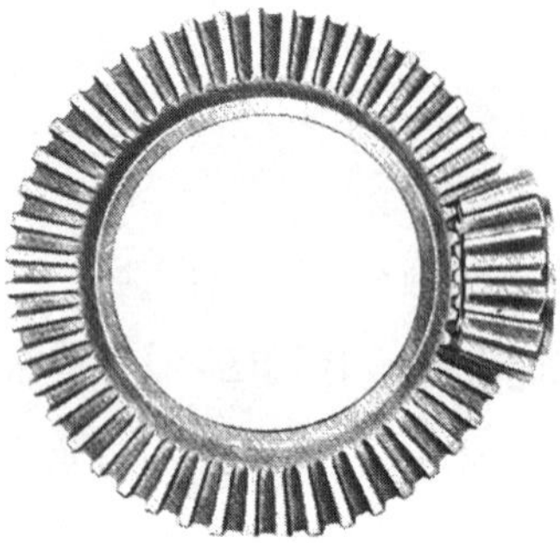

그림 1.12 베벨기어

그림 1.12에서 감속비 R은 다음과 같다.

$$R = \frac{Z_2}{Z_1} = \frac{\theta_1}{\theta_2} \tag{1.4}$$

1.2.3 웜 기어(worm gear)

그림 1.13에 나타낸 웜 기어는 작은 기어(웜)와 큰 기어(웜 기어)로 구성되어 있으며 각각의 축이 교차하지 않은 채 직각 방향을 하고 있다. 1단에서 10~60의 큰 감속비를 얻을 수 있지만 효율이 80%~85%로 낮다. 이의 각도를 적절히 선택하면 웜 기어로부터 웜을 회전할 수 없게 할 수 있으며 구동 부하에 외력이 가해져도 역전을 방지할 수 있다.

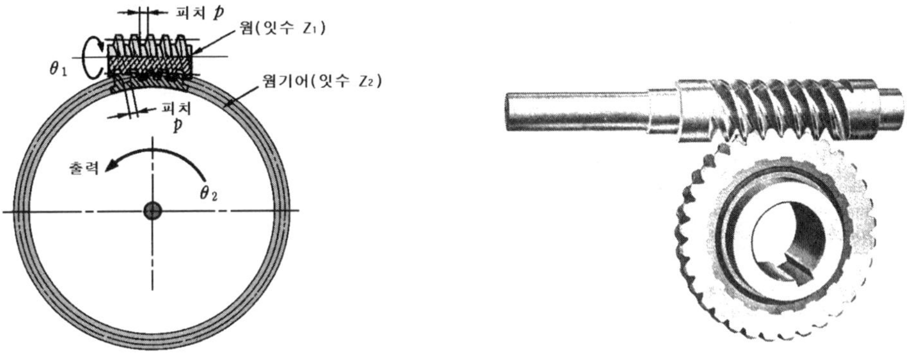

그림 1.13 웜 기어

그림 1.13에서 감속비 R은 다음과 같다.

$$R = \frac{Z_2}{Z_1} = \frac{\theta_1}{\theta_2} \tag{1.5}$$

1.2.4 유성 기어(planetary gearset)

유성 기어란 지구가 자전하면서 태양의 주위를 공전하는 유성 운동과 같은 움직임을 하는 것으로부터 이름이 붙여졌다. 통상은 태양 기어를 입력, 암을 출력으로 한다. 입출력 축이 일직선상에 있으며 컴팩트한 구성으로 5~100의 커다란 감속비가 일단에서 취하며 전달효율도 높다.

태양 기어의 잇수를 Z_1, 유성 기어의 잇수를 Z_2, 링 기어의 잇수를 Z_3라 하면 감속비 R은 다음과 같다.

$$R = 1 + \frac{Z_3}{Z_1} \tag{1.6}$$

그러면 유성 기어에 대해 좀 더 상세한 것을 알아보기로 한다.

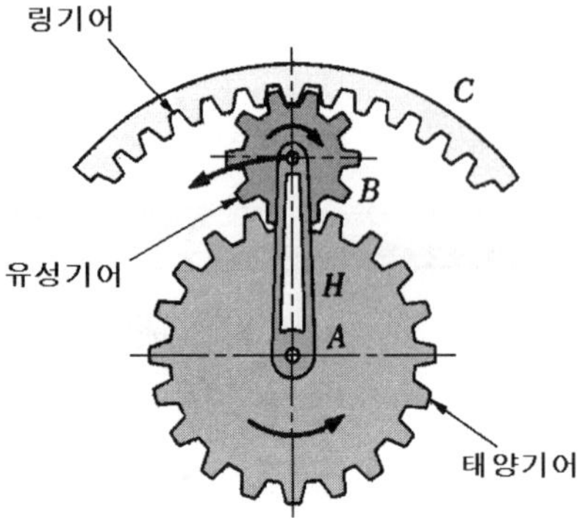

그림 1.14 유성 기어 기구의 기본형

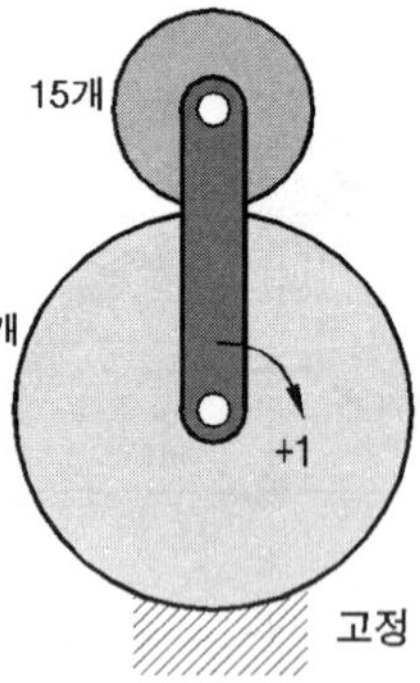

그림 1.15 유성 기어 기구의 회전 예

그림 1.14는 유성 기어 기구의 기본적인 형을 나타내고 있다. 유성 기어 기구는 중심에 놓여진 태양 기어, 태양 기어와 맞물려서 주위를 회전하는 유성 기어, 태양 기어와 유성 기어를 연결하는 암의 3부분으로 이루어졌으며 3부분이 서로 자유롭게 회전할 수 있도록 연결되어 있다. 유성 기어 기구를 이용한 장치의 움직임은 언뜻 보기에 복잡하게 보이지만 기본적인 움직임을 알면 여러 가지 장치의 기구를 이해할 수 있다. 그림 1.15는 유성 기어의 잇수가 15개이며 태양 기어의 잇수가 35개인 유성 기어 기구이다. 이 유성 기어 기구에서 태양 기어를 고정하고 암을 우측으로 1회전(+1)시킬 경우의 유성 기어의 회전을 생각해 보기로 한다.

그림 1.15의 예는 다음 순서로 유성 기어의 실제 회전을 구할 수 있다.

① 태양 기어를 고정했기 때문에 실제의 회전은 태양 기어를 0, 암을 +1로 한다.

② 공전분은 「전체 고정」으로 생각하여 전부를 +1로 한다.

③ 자전분은 「암 고정」으로 가정하므로 암은 0으로 한다. 암을 고정으로 가정하면 태양

기어와 암의 상대적인 회전으로부터 태양 기어의 회전은 －1로 한다.

④ 이 때 태양 기어와 유성 기어는 역회전으로 된다. 2개의 기어의 회전 방향이 역방향으로 되는 것을 나타내는「－」를 기어의 잇수비 앞에 붙인다. 따라서 유성 기어의 회전은 (태양 기어의 회전×잇수비)가 되며 결국 －1×－(35/15)로 된다.

⑤ 유성 기어의 실제의 회전은 (전체 고정＋암 고정)≒＋3.33으로 된다.

표 1.1 그림 1.15의 해법

	태양 기어	유성 기어	암
전체고정(공전분)	＋1	＋1	＋1
암고정(자전분)	－1	－1×－(35/15)	0
실제의 회전	0	≒＋3.33	＋1

이 결과로부터 태양 기어를 고정하고 암을 오른쪽으로 1회전시키면 유성 기어는 태양 기어의 주위를 오른쪽으로 1회전하면서 동시에 좌회전으로 약 3.33회전하게 된다.

그림 1.16에는 유성 기어 기구의 기본형을 응용한 변속 장치의 예를 그림 1.16 (a)에 나타내었다. 모터 등에 이용되는 변속장치로 자동차의 자동 변속장치나 자전거의 내장 변속 장치에 이용되고 있다. 그림 1.16 (a)의 변속장치에서 유성 기어를 지지하는 암에 부착된 축의 회전을 ＋1로 했을 때의 태양 기어에 부착된 축의 회전을 구해 보자. 여기서 링 기어는 고정된 것으로 한다.

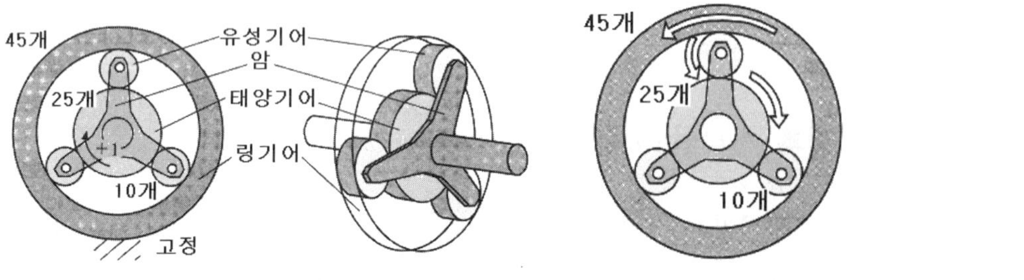

(a) 유성 기어 변속장치의 예　　(b) 암을 고정할 때의 기어의 회전

그림 1.16 유성 기어 변속장치

① 링 기어 고정 0, 암 +1을 실제의 회전수로 표기한다.

② 공회전분으로서 전체를 +1로 가정한다.

③ 실제는 링 기어가 고정이므로 암을 고정이라 가정하면 암에 대한 링 기어의 상대 회전수는 -1로 된다.

④ 암을 고정하고 링 기어를 회전시키면 링 기어와 유성 기어의 회전방향은 같으며 유성 기어와 태양 기어의 회전 방향은 역으로 된다(그림 1.16 (b)). 회전의 속도에 대해서는 중간에 들어가는 유성 기어의 잇수는 회전의 비에는 영향이 없으므로 링 기어와 태양 기어의 기어비로 나타내며 결국 태양 기어의 회전수는 $-1\times-(45/25)=+1.8$로 된다.

⑤ 태양 기어의 실제 회전은 암을 1회전시키면 같은 방향으로 2.8회전한다(표 1.2).

이 결과에서 그림 1.16 (a)의 변속장치는 링 기어를 고정했을 때 유성 기어를 지지하는 암에 연결된 축을 회전시키면 태양 기어는 2.8배의 회전수로 회전하는 증속기로 되며 태양 기어에 연결된 축을 회전시키면 유성 기어의 암에 연결된 축이 1/2.8로 회전하는 감속기로 된다.

표 1.2 그림 1.16의 유성 기어

	태양 기어	링 기어	암
전체고정	+1	+1	+1
암고정	+1.8	−1	0
실제의 회전	+2.8	0	+1

1.2.5 랙과 피니언(rack and pinion)

스퍼기어에서 한쪽의 기어 잇수를 무한대로 하면 평면이 된다. 이 평면의 이를 랙, 회전 기어를 피니언이라 부르며 피니언의 회전 운동은 랙의 직선 운동으로 변환된다. 치형에 인볼류트 곡선을 사용하면 랙의 치형은 직선으로 된다(그림 1.17). 그림 1.18은 평행 개폐형 로봇핸드로서 여기에 랙과 피니언이 이용되고 있는 예이다.

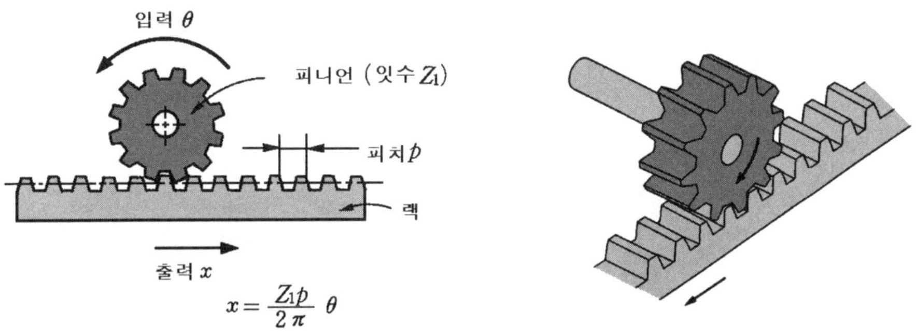

그림 1.17 랙과 피니언

그림 1.18 평행 개폐형 로봇핸드

1.3 캠 기구

1.3.1 캠의 종류

캠 기구는 일정속도의 회전운동(직동) 입력에 대해 운동의 1주기 중에 정지 행정을 포함한 간헐운동 출력을 얻는데 널리 사용되고 있는 기구이다. 임의의 운동곡선을 줄 수 있으므로 가속도나 가속도의 미분의 연속성을 가지며 진동이 작은 고속운동이 가능하다. 그림 1.19는 직선 운동을 얻는 캠 기구의 예를 나타낸 것이다. 또한 그림 1.20은 요동 운동을 얻는 캠 기구를 나타낸 것이다.

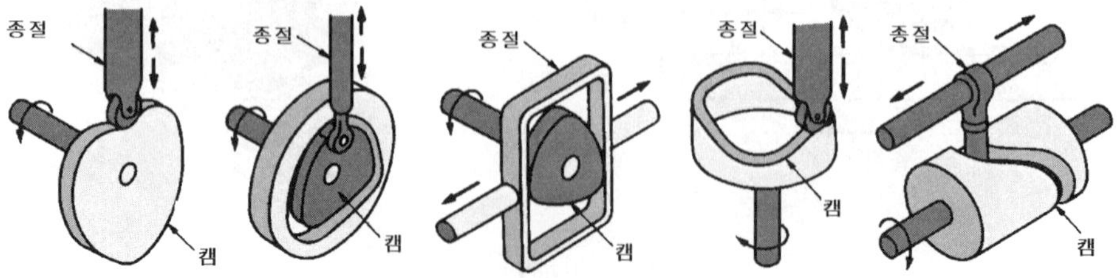

(a) 하트캠 (b) 정면캠 (c) 요크캠 (d) 엔드캠 (f) 원통캠

그림 1.19 직선 운동을 얻는 캠 기구

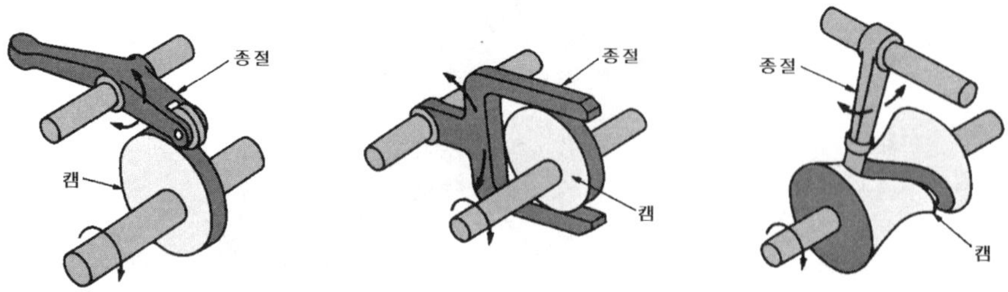

(a) 판캠 (b) 요크캠 (c) 장고형캠

그림 1.20 요동 운동을 얻는 캠 기구

1.3.2 동작형태

캠과 종절의 동작에는 각각 직진형과 회전형(요동회전을 포함)이 있다. 특수한 경우로서 캠이 고정되어 종절의 회전 중심이 캠의 주위를 공전하는 고정 캠으로서의 사용방법이 있다. 캠을 직진 및 회전하든지 캠을 고정하는 것은 물론 선택할 필요가 있지만 캠 기구의 해석은 동일하다.

회전형 캠은 산업 기계에서 많이 사용되고 있다. 산업기계에서는 많은 캠이 동기하면서 이용할 수 있지만 이것은 공통 캠축을 사용하는 경우에 해당한다. 일반적인 이론으로 말하면 직진 캠은 왕복동이 필요하므로 정지-이동-복귀 동작이 필요하게 되며 캠의 동작에 정지가 필요하기 때문에 고속화가 곤란하다. 반면 회전형 캠의 경우는 캠이 연속 등속 회전을 하고 있기 때문에 고속 구동에 적합하다. 또한 일반적으로 회전 캠 쪽이 조밀하게 구성할 수 있다.

캠 기구에 접속하고 있는 링크기구의 최종단, 즉 캠 기구에서 작업을 행하는 부분을 엔드이펙터라 한다. 엔드이펙터는 대부분의 경우는 직동 운동이 된다. 캠축으로부터 엔드이펙터까지의 거리가 짧은 경우는 중간 링크를 개입하지 않고 기계를 구성하는 것이 바람직하다. 그러나 캠축으로부터 엔드이펙터까지의 거리가 길다든지 간섭의 문제를 피하기 위해 중간 링크를 설치하는 경우는 강력회전계의 링크기구로 구성하는 것이 바람직하다. 회전계의 경우는 절에 굽힘 모멘트가 작용하지 않으며 미끄럼도 극소화할 수 있기 때문이다.

1.3.3 접촉자의 형상

그림 1.21에 대표적인 접촉자의 형상을 나타낸다. 일반적인 경우는 롤러 형태의 접촉자를 사용하는 것이 좋다. 다만 위치 결정에 필요한 캠의 회전각에 제약이 있으므로 상승-하강 공정이나 스트로크가 작은 공정이 많이 있는 경우 등은 언더컷이 발생하므로 칼끝 형태의 접촉자를 사용해야 한다. 이들 접촉자의 특징을 요약하면 다음과 같다.

(1) 롤러 형태 ; 롤러 종동자를 사용하는 경우이다. 구름 접촉으로 마멸이 작다. 캠의 곡률 반경이 작으면 언더컷이 발생한다.

(2) 칼끝 형태 ; 언더컷은 발생하지 않는다. 마멸이 크지만 섬세한 동작이 가능한 것이 장점이다.

(3) 평면 형태 ; 마찰이 있다. 또한 캠이 전주가 볼록이 아니면 안 되는 등의 제약이 있으며 그다지 권장할 수 없다.

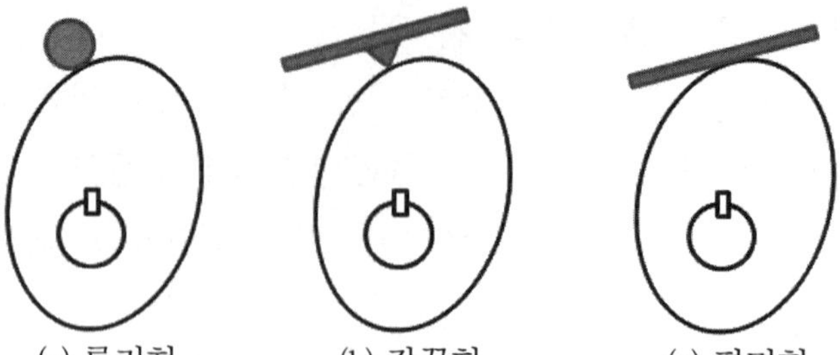

(a) 롤러형 (b) 칼끝형 (c) 평면형

그림 1.21 대표적인 접촉자의 형상

1.4 특수 전동 기구

특수 전동기구 가운데 제네바 기구가 자동화에서 많이 사용되고 있으므로 이에 대해 서술하기로 한다. 제네바 기구는 입력측에 고정된 핀(롤러)이 출력측의 슬롯 중심을 이동하므로써 간헐 운동을 주는 기구이다. 위치 결정이 정확하며 구조가 간단하지만 운동의 시점, 종점의 가속도가 크며 진동을 발생시키기 쉽다. 그림 1.22(a)는 제네바 기구의 구조를 나타낸다.

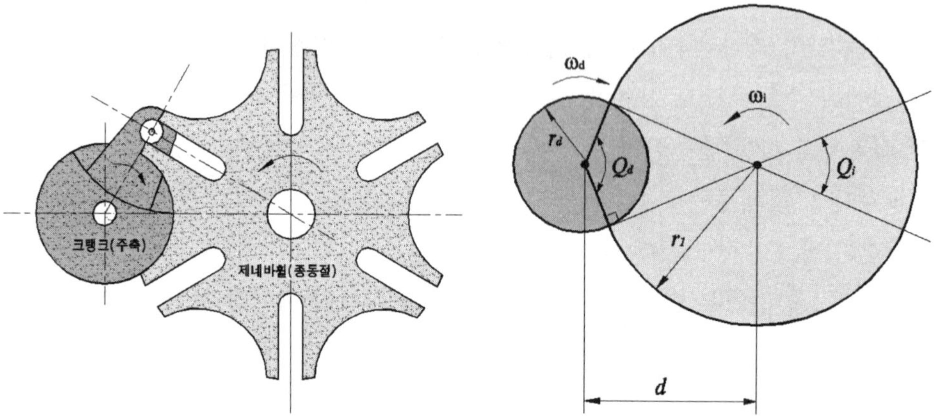

(a) 구조 (b) 운동 메커니즘

그림 1.22 제네바기구

n 개의 슬롯을 가진 제네바에 있어서 주동절(크랭크) 1회전에 의한 종동절(제네바 휠)의 출력(회전) Q_i 는

$$Q_i = \frac{2\pi}{n} \tag{1.7}$$

이다. 그림 1.22 (b)에서 종동절의 반경 r_i 는

$$r_i = d\cos\frac{Q_i}{2} \tag{1.8}$$

이고, 주동절의 반경 r_d 는

$$r_d = d\sin\frac{Q_i}{2} = dcos\frac{Q_d}{2} \tag{1.9}$$

이다. 따라서 주동절 대 종동절의 비는 다음과 같다.

$$\frac{r_i}{r_d} = \frac{\cos(Q_i/2)}{\sin(Q_i/2)} = \frac{\cos(Q_i/2)}{\cos(Q_d/2)} \tag{1.10}$$

로 표현된다. 여기서 Q_i, Q_d : 종동절과 주동절의 최초각이다.

1.5 메카트로닉스용 기구

1.5.1 2축의 직교 좌표형 기구

2축의 직교 좌표형 기구는 1축의 직진 모듈 기구를 2식 조합 구성으로 하고 있지만 축방향에 의해 수평-수평과 수평-상하축계의 2가지로 대별된다. 더구나 각 축계는 이동체에 의해 4형식으로 구분할 수 있다.

이하 각 축마다 본체 고정측은 첨자 f, 본체 이동측은 첨자 m을 붙여 표시한다.

(1) 수평-수평 (X-Y) 축계

형식에는 그림 1.23과 같이 여러 가지가 있다.

㉠ 고정-고정 (X_f-Y_f)

㉡ 고정-이동 (X_f-Y_m)

㉢ 이동-고정 (X_m-Y_f)

㉣ 이동-이동 (X_m-Y_m)

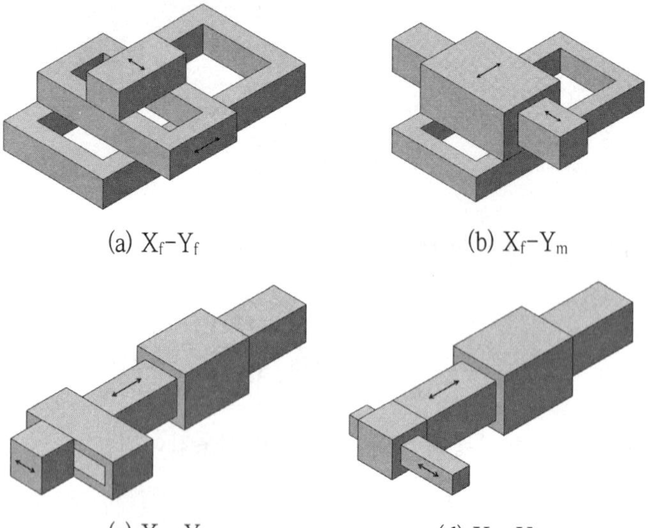

(a) X_f-Y_f (b) X_f-Y_m (c) X_m-Y_f (d) X_m-Y_m

그림 1.23 2축 직교좌표 형태(X-Y축계)

(2) 수평-상하 (X-Z) 축계

베이스가 되는 주축을 X축 또는 Z축으로 하는지에 따라 형식이 다르지만 주축 부분을 앞에 표시한다. 각종 형식은 그림 1.24와 그림 1.25와 같다.

㉠ 고정-고정 (X_f-Z_f), (Z_f-X_f)

㉡ 고정-이동 (X_f-Z_m), (Z_m-X_f)

㉢ 이동-고정 (X_m-Z_f), (Z_f-X_m)

㉣ 이동-이동 (X_m-Z_m), (Z_m-X_m)

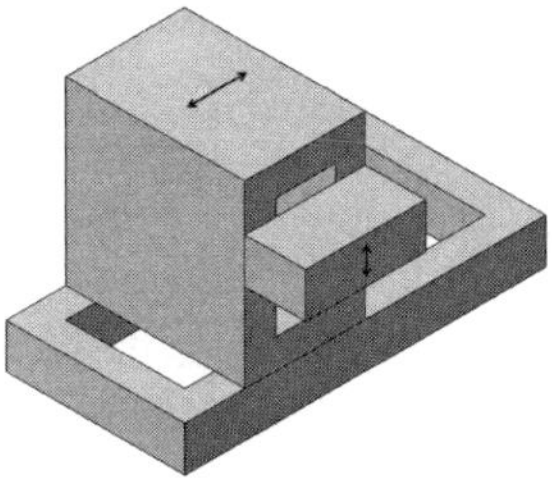

(a) X_f-Z_f

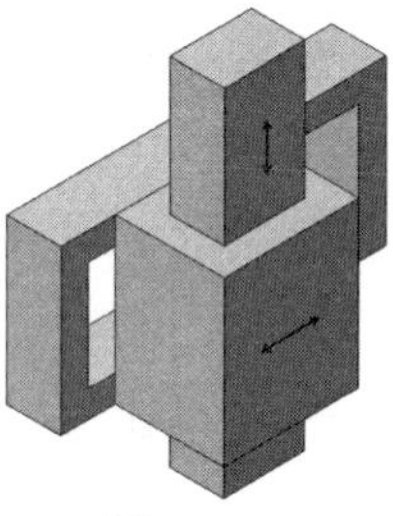

(b) X_f-Z_m

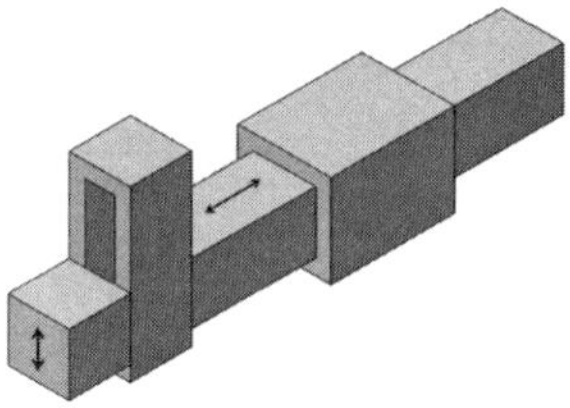

(c) X_m-Z_f

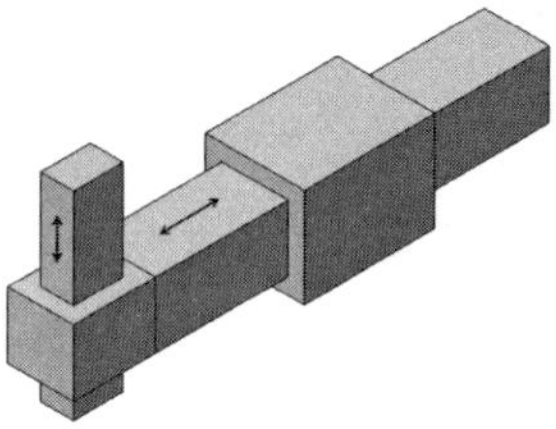

(d) X_m-Z_m

그림 1.24 2축 직교좌표 형태(X-Z축계)

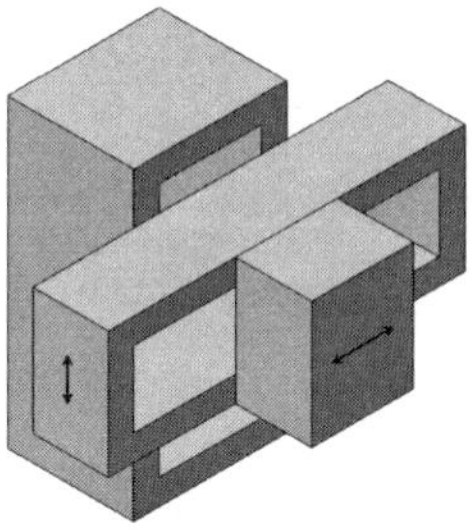

(a) Z_f-X_f

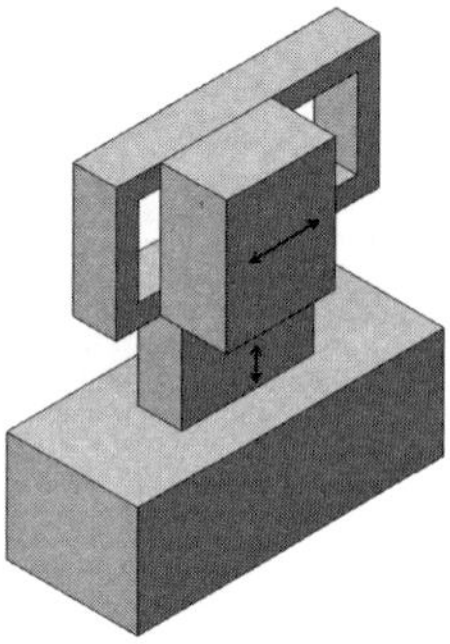

(b) Z_m-X_f

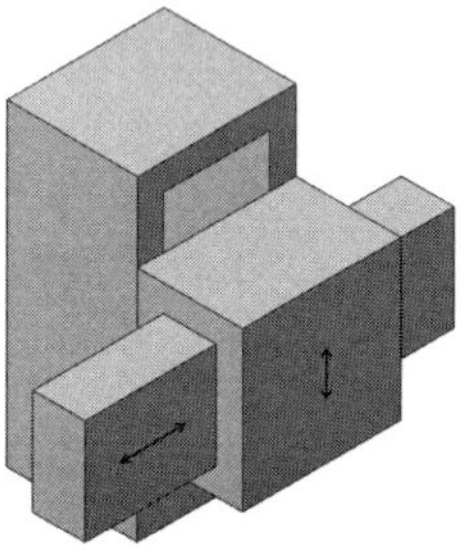

(c) Z_f-X_m

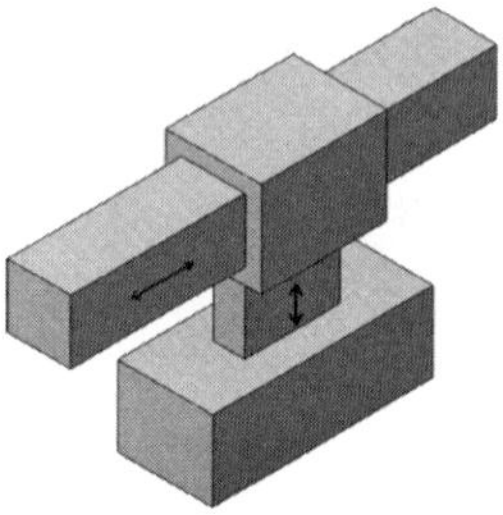

(d) Z_m-X_m

그림 1.25 2축 직교좌표 형태(Z-X축계)

1.5.2 2축의 원통 좌표형 기구

2축의 원통 좌표형 기구는 1축의 회전 모듈 기구와 1축의 직진 모듈 기구를 조합하여 구성되지만 축 방향에 의해 수평 선회-수평, 수평 선회-상하, 상하 선회-상하의 3형식으로 대별된다. 더구나 이동체에 의한 구분과 주축의 취득방법에 의해 각종 형식이 있다.

(1) 수평 선회-수평 (θ-X) 축계

θ-X 축계의 각종 형식은 그림 1.26과 같다.

㉠ X축 고정 (θ-X_f)

㉡ X축 이동 (θ-X_m)

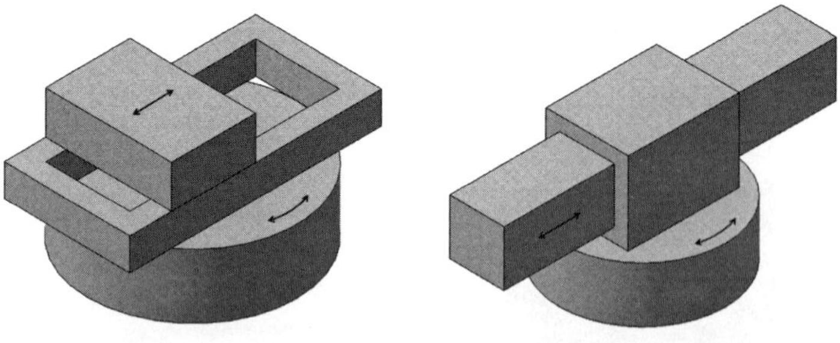

(a) θ-X_f　　(b) θ-X_m

그림 1.26 2축 원통좌표 형태(θ-X축계)

(2) 수평 선회-상하 (θ-Z) 축계

θ-Z 축계의 각종 형식은 그림 1.27과 같다.

㉠ Z축 고정 (θ-Z_f)

㉡ Z축 이동 (θ-Z_m)

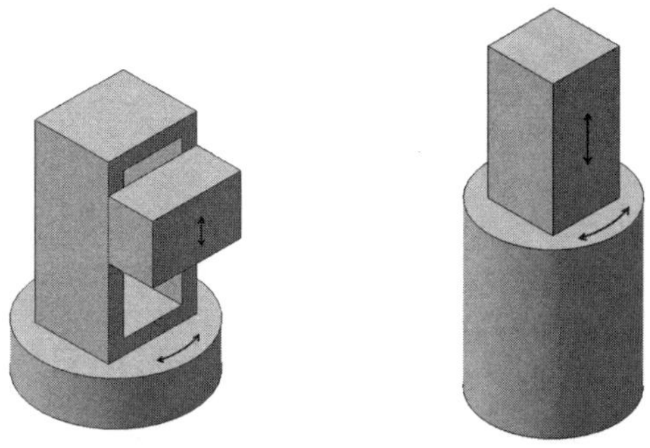

(a) θ-Z_f (b) θ-Z_m

그림 1.27 2축 원통좌표 형태(θ-Z축계)

(3) 상하 선회-상하 (α-Z) 축계

α-Z 축계의 각종 형식은 그림 1.28과 같다.

㉠ Z축 고정 (α-Z_f)

㉡ Z축 이동 (α-Z_m)

(a) α-Z_f (b) α-Z_m

그림 1.28 2축 원통좌표 형태(α-Z축계)

1.5.3 2축의 관절형 기구

2축의 관절형 기구는 1축의 회전 모듈 기구를 2식 조합으로 구성되지만 축 방향에 의해 수평-수평, 상하-상하의 2형식으로 대별된다. 각종 형식은 그림 1.29와 같다.

(1) 수평-수평 (θ-θ) 축계

θ-θ 축계의 형식 예를 그림 1.29 (a)에 나타낸다.

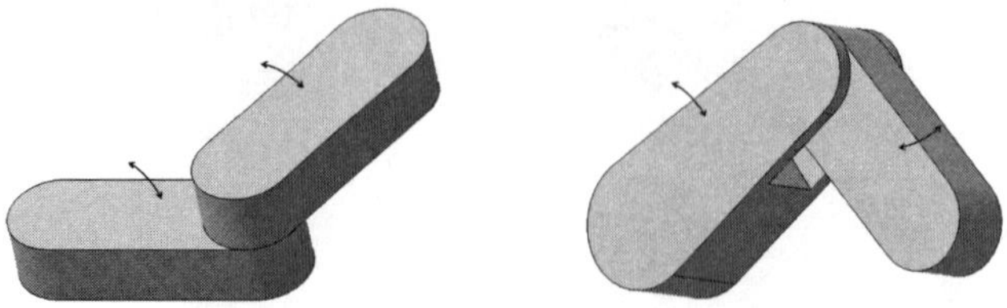

(a) θ-θ (b) α-α

그림 1.29 2축 관절 형태

(2) 상하-상하 (α-α) 축계

α-α 축계의 형식 예를 그림 1.29 (b)에 나타낸다.

1.5.4 3축의 직교 좌표형 기구

3축의 직교 좌표형 기구는 1.5.1항의 2축 직교 좌표형의 X-Y 또는 X-Z 축계에 Z 또는 Y축을 부가한 것이지만 주축~3축까지의 구성 순서에 의해 3형식으로 대별된다. 더구나 각 형식은 이동체에 의해 각각 8종류로 구분할 수 있다(그림 1.30~그림 1.32).

(1) 수평-수평-상하 (X-Y-Z) 축계

㉠ 고정-고정-고정 (X_f-Y_f-Z_f)
㉡ 고정-고정-이동 (X_f-Y_f-Z_m)
㉢ 고정-이동-고정 (X_f-Y_m-Z_f)
㉣ 고정-이동-이동 (X_f-Y_m-Z_m)
㉤ 이동-고정-고정 (X_m-Y_f-Z_f)

ⓑ 이동-고정-이동 (X_m-Y_f-Z_m)

ⓢ 이동-이동-고정 (X_m-Y_m-Z_f)

ⓞ 이동-이동-이동 (X_m-Y_m-Z_m)

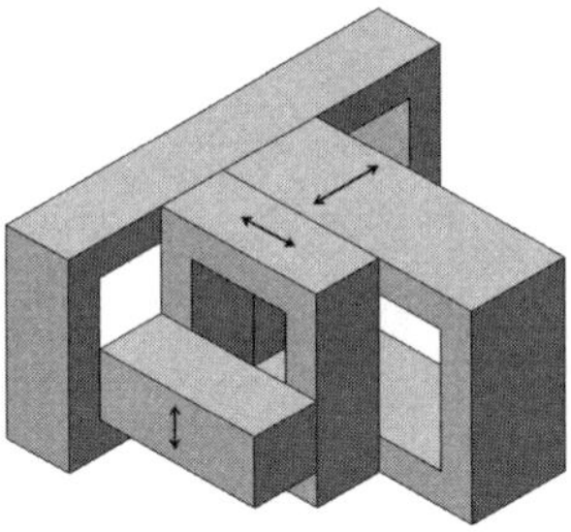

(a) X_f-Y_f-Z_f

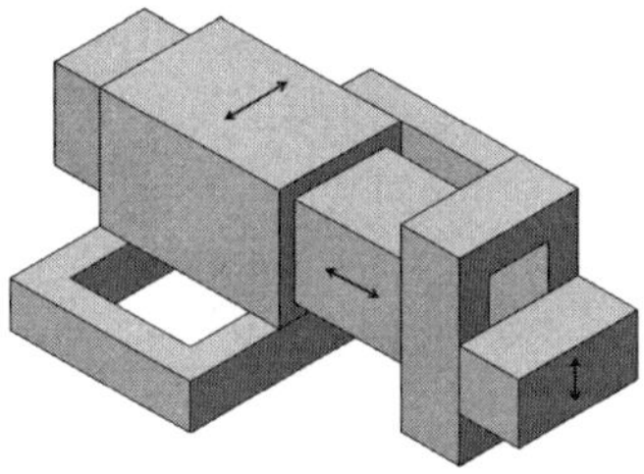

(b) X_f-Y_m-Z_f

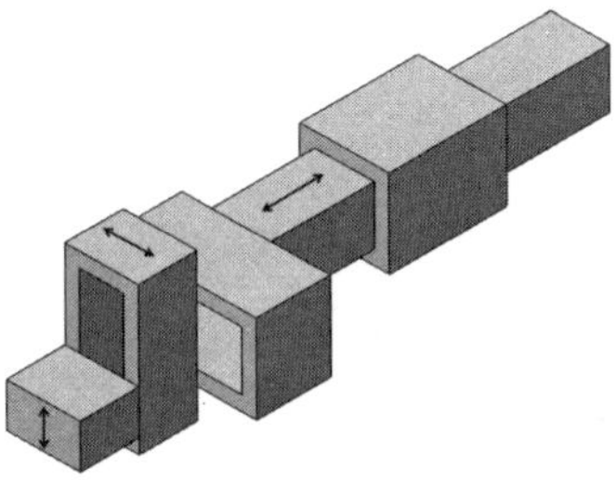

(c) X_m-Y_f-Z_f

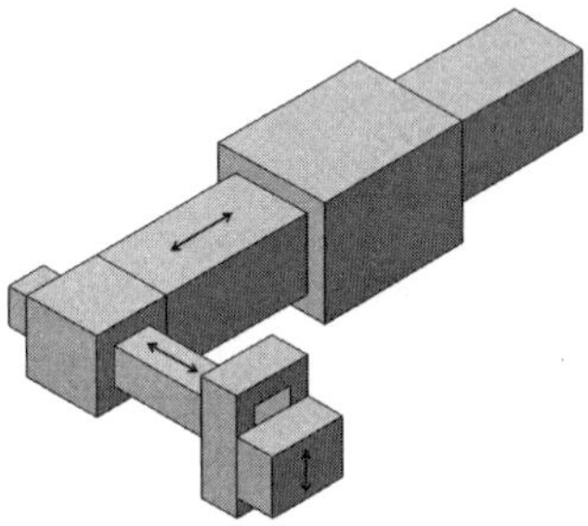

(d) X_m-Y_m-Z_f

그림 1.30 3축 직교좌표 형태(X-Y-Z축계)

(2) 수평-상하-수평 (X-Z-Y) 축계

ⓖ 고정-고정-고정 (X_f-Z_f-Y_f)

ⓝ 고정-고정-이동 (X_f-Z_m-Y_f)

ⓓ 고정-이동-고정 (X_f-Z_f-Y_m)

ⓡ 고정-이동-이동 (X_f-Z_m-Y_m)

ⓜ 이동-고정-고정 (X_m-Z_f-Y_f)

ⓑ 이동-고정-이동 (X_m-Z_m-Y_f)

ⓢ 이동-이동-고정 (X_m-Z_f-Y_m)

ⓞ 이동-이동-이동 (X_m-Z_m-Y_m)

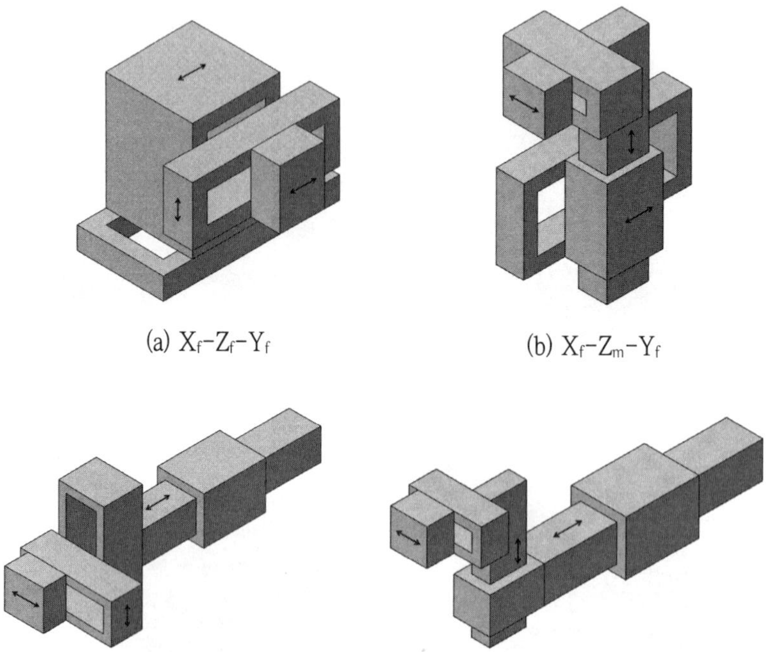

(a) X_f-Z_f-Y_f (b) X_f-Z_m-Y_f

(c) X_m-Z_f-Y_f (d) X_m-Z_m-Y_f

그림 1.31 3축 직교좌표 형태(X–Z–Y축계)

(3) 상하-수평-수평 (Z-X-YZ) 축계

㉠ 고정-고정-고정 (Z_f-X_f-Y_f)

㉡ 고정-고정-이동 (Z_m-X_f-Y_f)

㉢ 고정-이동-고정 (Z_f-X_f-Y_m)

㉣ 고정-이동-이동 (Z_m-X_f-Y_m)

㉤ 이동-고정-고정 (Z_f-X_m-Y_f)

㉥ 이동-고정-이동 (Z_m-X_m-Y_f)

㉦ 이동-이동-고정 (Z_f-X_m-Y_m)

㉧ 이동-이동-이동 (Z_m-X_m-Y_m)

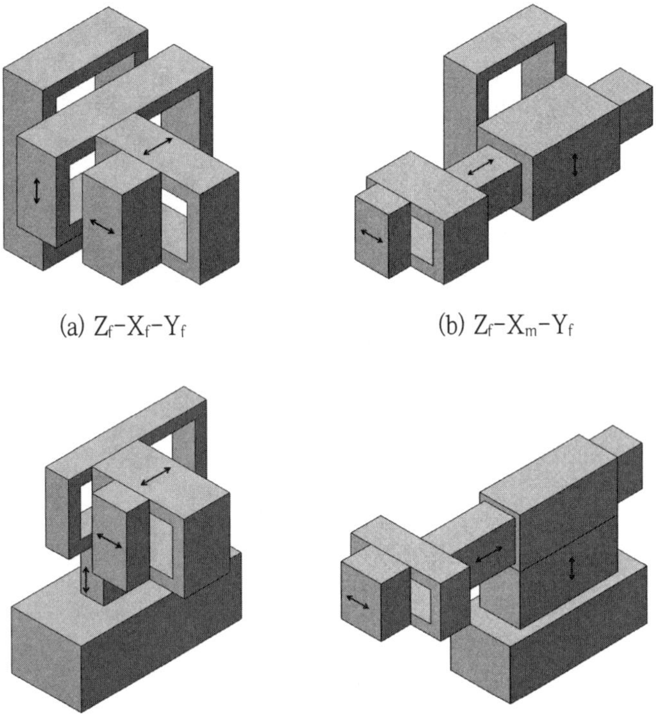

(a) Z_f-X_f-Y_f (b) Z_f-X_m-Y_f

(c) Z_m-X_f-Y_f (d) Z_m-X_m-Y_f

그림 1.32 3축 직교좌표 형태(Z-X-Y축계)

1.5.5 3축의 원통 좌표형 기구

일반적으로 2축의 원통 좌표형 기구는 1.5.2항의 θ-X축 또는 θ-Z 축계에 Z축 또는 X축을 부가한 것이지만 이동체에 의한 구분과 주축의 취득 방법에 의해 각종 형식이 있다.

(1) 수평 선회-수평-상하 (θ-X-Z) 축계

θ-X-Z 축계의 각종 형식은 그림 1.33과 같다.

㉠ X축 고정 ($\theta-X_f-Z_f$), ($\theta-X_f-Z_m$)

㉡ X축 이동 ($\theta-X_m-Z_f$), ($\theta-X_m-Z_m$)

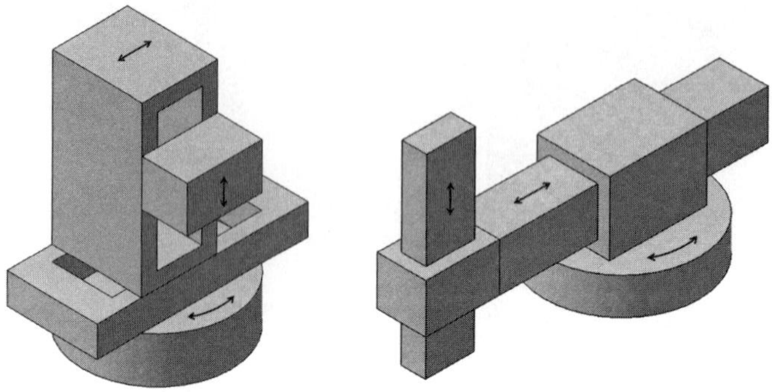

(a) $\theta-X_f-Z_f$ (b) $\theta-X_m-Z_m$

그림 1.33 3축 원통좌표 형태(θ-X-Y축계)

(2) 수평 선회-상하-수평 (θ-Z-X) 축계

θ-Z-X 축계의 각종 형식은 그림 1.34와 같다.

㉠ Z축 고정 ($\theta-Z_f-X_f$), ($\theta-Z_f-X_m$)

㉡ Z축 이동 ($\theta-Z_m-X_f$), ($\theta-Z_m-X_m$)

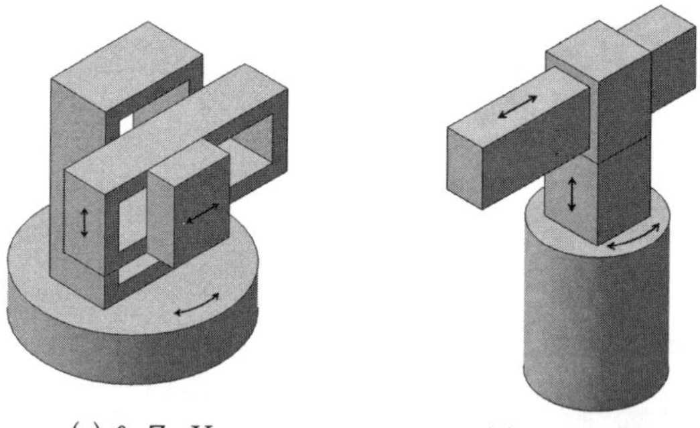

(a) $\theta-Z_f-X_f$ (b) $\theta-Z_m-X_m$

그림 1.34 3축 원통좌표 형태(θ-Z-X축계)

1.5.6 3축의 관절형 기구

일반적으로 3축의 관절형 기구는 1.5.3항의 θ-θ 또는 α-α 축계에 Z축 또는 X축을 부가한 것이다. 각종 형식은 그림 1.35와 같다.

(1) 수평 선회-수평 선회-상하 (θ-θ-Z) 축계

θ-θ-Z 축계의 형식 예를 그림 1.35 (a)에 나타낸다.

㉠ Z축 고정 (θ-θ-Z_f)

㉡ Z축 이동 (θ-θ-Z_m)

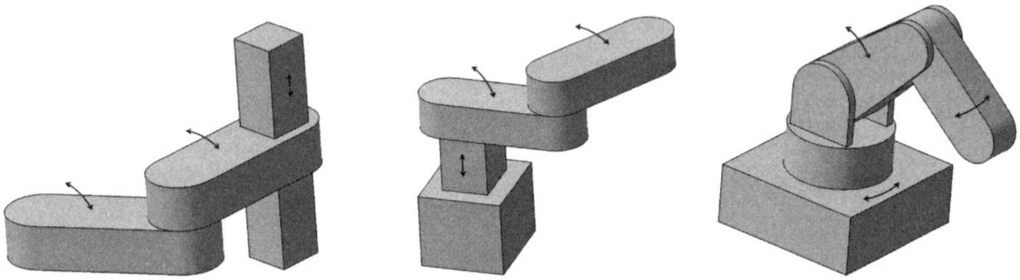

(a) θ-θ-Z_m (b) Z_m-θ-θ (c) θ-α-α

그림 1.35 3축 관절형태

(2) 상하-수평 선회-수평 선회 (Z-θ-θ) 축계

Z-θ-θ 축계의 형식 예를 그림 1.35 (b)에 나타낸다.

㉠ Z축 고정 (Z_f-θ-θ)

㉡ Z축 이동 (Z_m-θ-θ)

(3) 상하-상하 (θ-α-α) 축계

θ-α-α 축계의 형식 예를 그림 1.35 (c)에 나타낸다.

제 2 장 Pro/ENGINEER에 의한 메커니즘 설계의 기초사항

본 장에서는 Pro/ENGINEER의 메커니즘으로 가상 동작 기구를 설계하는데 공통 핵심 내용에 대해 서술하기로 한다. 기구를 움직이는 데는 여러 연결 조건에 의해 동작을 주는데 Pro/ENGINEER에서는 어떻게 연결 조건과 제어기 및 제어조건을 설계하여 제어 조건에 맞게 기구를 동작시킬 것인지에 대해 알아보기로 한다. 물론 여기서는 자세한 제어이론에 의해 할 수 있는 정도는 아니지만 우리가 실제로 기구를 설계하여 동작시뮬레이션을 하고 원하는 동작대로 제어되어 움직이는지를 알아 볼 수 있다. 또한 운동 해석도 가능하며 그래프로 운동의 해석결과를 볼 수도 있다.

본 장에서 다룰 내용은 다음과 같다.

(1) 어셈블리 방법 (2) 메커니즘 설계 방법

(3) 기구 운동 해석 방법 (3) 기구 운동 해석 그래프 작성 방법

(4) 기구 운동 동영상 제작 방법

2.1 어셈블리 방법

2.1.1 서론

기구는 여러 부품이 결합하여 이루어지므로 우선 기구 요소 부품을 결합하여야 하며 PRO/ENGINEER에서 기구 요소 부품을 결합하는 것을 어셈블리라 한다. 즉, 어셈블리

는 파트의 결합이다. 어셈블리는 이러한 파트를 컴포넌트라고 지칭하며 이러한 컴포넌트를 어셈블리로 불러와서 새로운 컴포넌트와 조립한다. 이러한 컴포넌트가 많은 경우는 서브어셈블리를 만들 수 있고 서브어셈블리를 다시 어셈블리로 넣을 수 있다. 어셈블리에서 가장 중요한 것의 하나는 어셈블리 하고자 하는 부품을 어떤 조건하에 배치하느냐 하는 것으로, 말하자면 각 요소간의 결합 방식을 결정하는 것이다.

PRO/ENGINEER에서 어셈블리하고자 하는 부품을 어떤 조건하에 배치하는 것을 구속조건(Constraint)을 붙인다고 한다. 어셈블리에서 각 요소간의 결합 방식에는 자동과 사용자 정의에 의한 두 가지 종류의 결합 방식이 있다. 자동은 주로 움직이지 않는 고정 부품 결합 방식에 사용하는 것으로 결합 면만을 설정하여도 자동적으로 결합되는 방식이며 사용자 정의는 하나의 부품과 다른 새로운 부품의 이음매(joint) 부분을 사용자가 일일이 구속 조건을 주어 결합하는 방식으로 운동 메커니즘을 구성하고자 할 때 주로 사용하는 방식이다.

2.1.2 구속 조건 종류

구속 조건은 PRO/ENGINEER WILD FIRE에서 크게 두 가지로 나뉜다. 첫째는 부품과 부품 사이에 구속 조건을 주어 하나의 조립체를 만들기 위한 것이며 두 번째는 부품과 부품 사이에 구속 조건을 주어 하나의 운동 메커니즘을 구성하려는 것이다. 조립체를 만들기 위한 구속 조건 종류는 삽입(Insert), 면맞춤(Mate), 옵셋 면맞춤(Mate Offset), 정렬(Align), 옵셋 정렬(Align Offset), 오리엔트(Orient) 등이 있으며 운동 메커니즘을 구성하기 위한 구속 조건에는 핀, 슬라이더, 볼, 원통, 슬롯 등이 있다. 이들의 의미에 대해서 살펴보기로 한다.

(1) 조립체를 위한 구속 조건

(a) 삽입

그림 2.1과 같이 선택된 두 원형 단면의 단품이 동일 축 선상에 정렬하는 조건으로 주로 회전체인 볼트나 너트, 축과 베어링 등과 같은 것을 구속시키기 위해 사용한다.

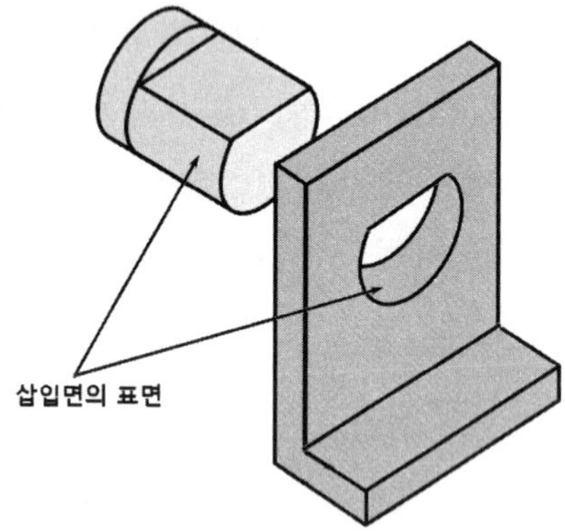

그림 2.1 삽입

(b) 면맞춤

선택된 두 면(reference geometry)이 서로 마주 닿는 조건으로 조립하기 위한 파트가 선택된 어셈블리 면에 부착되어 결합된다. 즉, 그림 2.2와 같이 면의 법선 방향이 교차하게 된다.

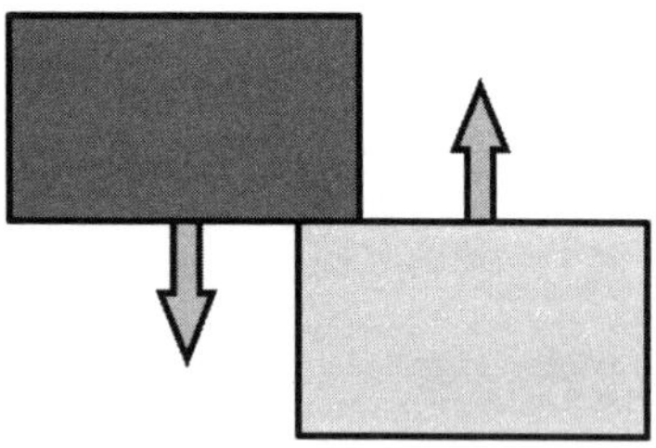

그림 2.2 면맞춤

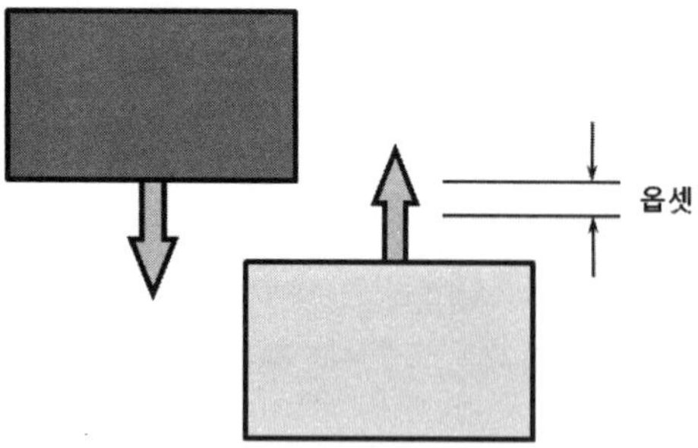

그림 2.3 옵셋 면맞춤

(c) 옵셋 면맞춤

선택된 두 면이 일정거리(offset 거리)를 두고 서로 마주 대하는 조건으로 파트 면이나 파트의 데이텀 면을 선택하고 그림 2.3과 같이 일정거리에 따른 어셈블리 치수가 만들어진다.

(d) 정렬

그림 2.4와 같이 선택된 두 면이 같은 방향(형상 면의 법선 방향)을 바라보며 동일선상에 정렬하는 조건으로 축, 면, 데이텀 면, 포인트, 꼭지점, 커브의 끝점, 파트 상의 모서리 등을 선택하여 파트를 구속시키기 위한 기본적인 조건이다.

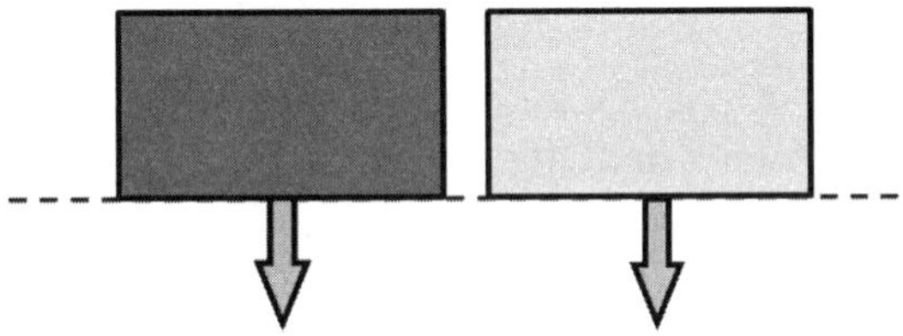

그림 2.4 정렬

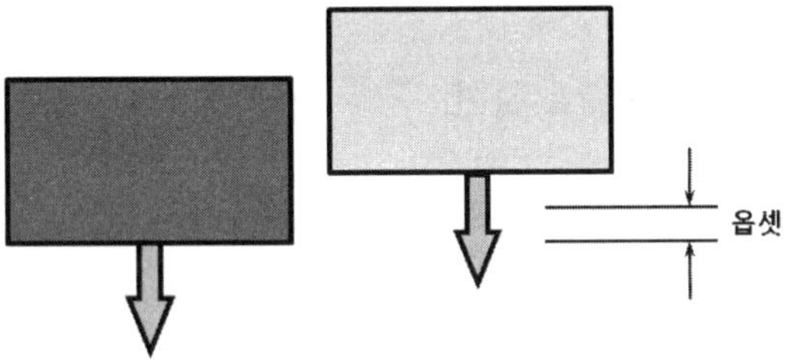

그림 2.5 옵셋 정렬

(e) 옵셋 정렬

그림 2.5와 같이 선택된 두 면이 같은 방향을 바라보며 일정거리(offset 거리)를 두고 정렬하는 조건으로 파트의 면이나 파트의 데이텀 면을 선택하고 일정거리에 따른 어셈블리 치수가 만들어지게 된다. 이 치수를 수정하여 파트의 위치를 변경할 수 있다.

(f) 오리엔트

그림 2.6과 같이 선택된 면들이 같은 방향을 바라보며 서로 평행하게 정렬하는 조건으로 단지 부품의 방향만을 구속시키기 위한 조건이다. 선택한 면의 법선 방향만 일치시키는 구속조건을 만들게 된다.

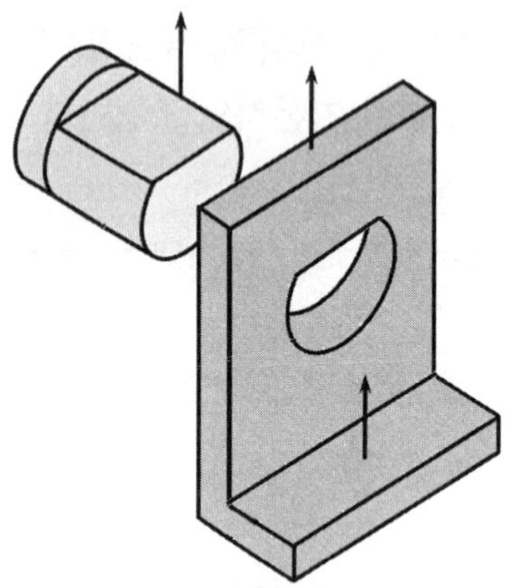

그림 2.6 오리엔트

(2) 동작 메커니즘을 구성하기 위한 구속 조건

동작 메커니즘을 구성하기 위한 구속 조건에는 표 2.1과 같이 핀, 원통, 슬라이더, 평면 등이 있다. 표 2.1의 의미를 잘 인식하고 활용하기 바란다.

표 2.1 이음매의 조립 종류와 설정 방법

이음매의 조립 종류	자유도	의미	설정 방법
핀	1	회전만 가능	축, 면 또는 포인트 설정
원통	2	회전, 병진운동 가능	축만 설정
슬라이더	1	병진운동만 가능	축과 평면 설정
평면	3	좌우상하 병진운동, 회전가능	평면 설정
용접	0	두 부품을 고정	좌표축 설정 단, 좌표축의 방향일치
볼	3	모든 방향 회전가능	포인트 설정
베어링	4	모든 방향 회전, 병진운동 가능	축이나 모서리에 있는 포인트 설정
강성	0		세 개의 면을 이용하여 고정
슬롯	–	정해진 곡선이나 면 및 선을 따라 운동 가능	기정의 혼 곡선이나 면 및 선을 설정

2.2 메커니즘 설계 방법

2.2.1 서론

메커니즘을 생성하기에 앞서 다음 용어에 대해 익숙해질 필요가 있다.

(a) 바디(body)

상대 이동을 하지 않는 컴포넌트나 컴포넌트 그룹을 말한다.

(b) 결합(connection)

상대적 동작을 정의하고 구속하는 바디 간의 관계이다.

(c) **자유도**(degree of freedom)

허용된 기계시스템 동작 바디의 동작에 대해 각 연결이 서로에게 구속으로 작용하여 시스템의 전체 자유도를 감소시킨다.

(d) **드래그**(drag)

마우스를 이용하여 화면상에서 메커니즘을 끌고 이동시키는 동작이다.

(e) **제어기**(controller)

바디가 다른 바디에 대해 상대적으로 어떻게 이동하는지 정의하는 방식이다. 이음매나 형상 엔티티에 제어기를 배치할 수 있다. 또한 바디 간의 위치, 속도 또는 가속도 동작을 지정할 수 있다.

(f) **그라운드**(ground)

이동하지 않는 바디이다. 다른 바디들은 그라운드에 대해 상대적으로 이동한다.

(g) **이음매**(joint)

특수한 커넥션 유형이다(예, 핀 이음매, 슬라이더 이음매, 볼 이음매 등).

(h) **동작**(motion)

바디가 제어기 또는 로드에 종속되어 이동 또는 로드되는 방식이다.

(i) **배치 구속**

컴포넌트를 배치하고 어셈블리에서 컴포넌트의 이동을 제한하는 어셈블리 엔티티이다.

(j) **플레이백**(playback)

동작을 기록하고 리플레이하는 기능이다.

2.2.2 드래그

(1) 드래그 정보

드래그는 허용되는 동작의 범위로 메커니즘을 이동하는 강력한 방법이다. 이 기능을 사용하면 어셈블리의 작동 방식을 깊이 있게 이해하고 어셈블리를 특정 구성에 배치할 수 있다. 드래그 명령을 사용하면 부품 상에 점이나 그라운드로 정의되지 않은 바디를 모두 선택하여 마우스로 끌 수 있다. 마우스로 잡는 엔티티는 나머지 메커니즘 부분의 조립 상태를 유지하면서 현재의 커서 위치에 최대한 가깝게 배치된다. 형상 구속을 지정하고 바디를 잠그거나 잠금 해제하고 커넥션을 사용 가능하게 하거나 사용 불가능하게 하고 특정 드래그 모드를 선택함으로써 드래그 작업을 할 때 드래그의 작동 양식을 제어할 수 있다.

(2) 점 드래그

㉠ 풀다운 메뉴의 컴포넌트 드래그( )를 클릭한다. 그림 2.7과 같은 드래그 대화 상자가 열린다.

㉡ 점 드래그( )를 클릭한다.

㉢ 현재 모델 내의 바디에서 위치를 선택하고 이 위치 위에 마우스 왼쪽 버튼을 누른다. 그러면 네모 원(◈)이 나타난다. 이곳이 드래그 작업을 할 바디 상의 정확한 위치이다.

㉣ 커서를 이동하면 선택한 점이 커서 위치를 따라간다.

㉤ 작업을 완료하려면 다음 마우스 버튼 가운데 하나를 클릭한다.

- 마우스 왼쪽 버튼; 현재 바디 위치를 적용하고 다른 바디를 드래그 시작한다.
- 마우스 가운데 버튼; 방금 전 실행한 드래그를 취소한다.
- 마우스 오른쪽 버튼; 방금 끌었던 바디를 그냥 두고 드래그 작업을 종료한다.

그림 2.7 드래그 대화 상자

(3) 바디 드래그

바디를 끌면 화면에서 바디 위치는 변하지만 방향은 고정된 상태로 유지된다. 위치가 변함에 따라 바디의 방향도 변해야 하는 메커니즘의 경우는 새 위치에서 메커니즘을 재

조립할 수 없기 때문에 바디가 전혀 이동하지 않는다. 이러한 경우가 발생하면 점 드래그를 사용한다.

㉠ 풀다운 메뉴의 컴포넌트 드래그( )를 클릭한다. 드래그 대화 상자가 열린다.

㉡ 바디 드래그( )를 클릭한다.

㉢ 현재 모델 내의 바디를 선택한다.

㉣ 커서를 이동하면 선택한 바디가 커서 위치를 따라간다.

㉤ 작업을 완료하려면 다음 마우스 버튼 가운데 하나를 클릭한다.

- 마우스 왼쪽 버튼; 현재 바디 위치를 적용하고 다른 바디를 드래그 시작한다.
- 마우스 가운데 버튼; 방금 전 실행한 드래그를 취소한다.
- 마우스 오른쪽 버튼; 방금 끌었던 바디를 그냥 두고 드래그 작업을 종료한다.

(4) 드래그 대화 상자 정보

이 대화 상자를 사용하여 메커니즘의 컴포넌트를 이동하고 스냅샷을 찍는다. 이 대화 상자로 구속을 적용하거나 제거할 수 있으며 설정하거나 해제할 수 있다. 그림 2.8에서 스냅샷을 클릭하면 그림 2.8과 같은 스냅샷 대화 상자가 나타나며 구속을 클릭하면 그림 2.9와 같은 대화상자가 나타난다.

(a) 스냅샷 탭 정보

㉠

현재 구성의 스냅샷을 만든다.

㉡

선택된 스냅샷 디스플레이로 메커니즘의 사진을 찍는다. 스냅샷 목록이 업데이트 된다. 스냅샷에는 모든 부품과 바디의 방향 및 위치, 커넥션 상태, 스냅샷을 찍을 때 정의된 바디 잠금이 포함된다.

㉢

부품 위치를 다른 스냅샷으로부터 빌려오기로서 스냅샷 구성 대화 상자를 연 후 다른 스냅샷에서 부품 위치를 선택하여 새로운 스냅샷에서 사용할 수 있다.

㉣ 

선택된 스냅샷을 현재 화면상 구성으로 업데이트한다. 또한 선택된 스냅샷의 이름 입력상자에서 변경한다.

㉤ 

선택된 스냅샷을 드로잉에서 사용할 수 있다.

㉥ 

선택된 스냅샷 삭제로서 목록에서 선택된 스냅샷을 삭제한다.

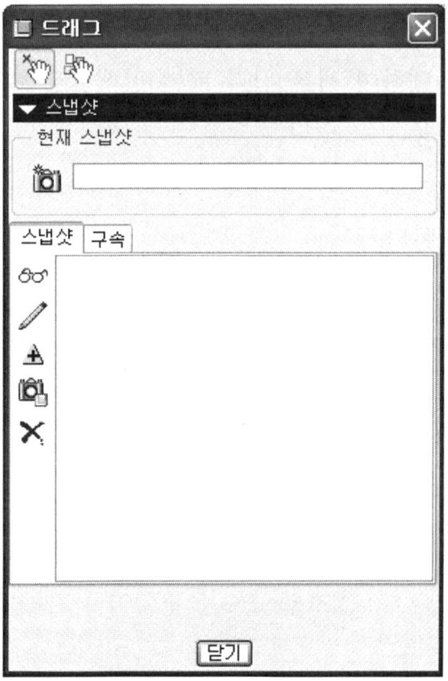

그림 2.8 드래그 대화상자의 스냅샷 탭

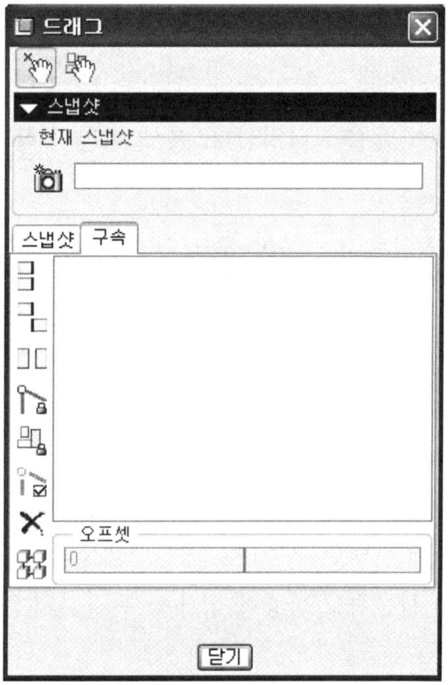

그림 2.9 드래그 대화상자의 구속 탭

(b) 구속 탭 정보

㉠

두 엔티티 정렬로서 점 선, 평면을 선택하여 임시 구속을 생성하고 엔티티를 정렬한다. 이 구속은 드래그 작업 중에만 유효하지만 스냅샷에 연관되어 있고 스냅샷이 보여지거나 업데이트될 때 실행된다.

㉡

두 엔티티 면맞춤으로 평면을 선택하여 면맞춤할 임시 구속을 생성한다. 이 구속은 드래그 작업 중에만 유효하지만 스냅샷에 연관되어 있고 스냅샷이 보여지거나 업데이트될 때 실행된다.

㉢

두 서피스의 방향을 정한다. 두 평면을 선택하여 서로 직각 또는 평행으로 2개의 서피스 방향을 지정한다. 옵셋 버튼과 함께 사용할 수 있다.

㉣

동작축 구속으로 동작축의 구속과 상태를 본다.

㉤

바디-바디 잠금 구속으로 현재 위치에서 바디를 잠그거나 잠금 해제한다. 선택된 바디는 그라운드 또는 다른 선택된 바디에 대해 잠긴다.

㉥

결합 사용 가능/불가능으로 결합을 선택하여 메커니즘에서 임시적으로 사용 불가능하게 선택한다. 이 상태는 스냅샷과 함께 저장된다. 이 설정을 목록의 마지막 스냅샷에서 사용하고 나중에 상태를 변경하지 않으면 나머지 스냅샷들은 결합이 불가능해진다.

㉦

선택된 구속 삭제로서 목록에서 선택된 구속을 삭제한다.

㉧

구속만 사용하는 재연결(동작축 재생성 값 사용하지 않음)로서 스냅샷을 재생성하기 위해 선택된 면맞춤이나 정렬 구속을 재연결 한다.

2.2.3 메커니즘 설계 도구바

(1) 서론

도구바는 메커니즘 설계의 기본 Pro/Engineer 창에 디스플레이 된다. 표 2.2는 버튼 및 버튼 기능 목록 및 내용이다.

표 2.2의 버튼은 기본적으로 모두 나타나지 않는다. 도구바에 있는 버튼의 디스플레이를 변경하려면 Pro/Engineer 명령 유틸리티에서 화면 사용자 정의(customize screen)를 사용한다.

표 2.2 메커니즘 설계 도구바

버튼	설명
	메커니즘 디스플레이로서 메커니즘 아이콘 디스플레이를 설정 또는 해제할 수 있는 엔티티 디스플레이 대화상자를 연다.
	캠–종동체 결합(cam–follower connection) 대화 상자를 열어 새 캠 팔로우를 생성하거나 기존 캠 팔로우를 편집 삭제할 수 있다.
	기어–종동체 결합(gear–follower connection) 대화 상자를 열어 새 기어 팔로우를 생성하거나 기존 기어 팔로우를 편집 또는 삭제할 수 있다.
	서보 모터(drivers) 대화 상자를 열어 정의하거나 기존 서보 모터를 편집, 제거 또는 복사할 수 있다.
	메커니즘 해석을 실행한다.
	결과 재생(results playback) 대화 상자를 열어 동작 실행 결과를 재생할 수 있다. 결과를 파일로 저장하거나 내보낼 수 있으며 이전에 저장된 결과를 복원할 수도 있다.
	측정 결과(measure results) 대화 상자를 열어 디스플레이 할 측정 및 결과 집합을 선택할 수 있다. 결과를 플로팅하거나 테이블에 저장할 수 있다.

(2) 캠–종동체 결합

(a) 생성

메커니즘의 두 바디에 있는 서피스로부터 캠-종동체 결합을 생성할 수 있다. 이 절차를 시작하기 전에 바디를 캠으로 정의할 필요는 없다.

㉠ 메커니즘 〉 결합 〉 캠에서 마우스 오른쪽 버튼을 클릭한다. 서브메뉴에서 새로 만들기를 클릭한다. 캠-종동체 결합 정의 대화 상자가 열린다.

㉡ 캠-종동체 결합 정의 대화 상자에서 캠에 대해 하나씩 동일한 탭이 두 개 있다. 즉, 캠 1과 캠 2 두 가지이다. 이 두 가지 탭을 모두 완료해야 한다.

㉢ 캠-종동체에 대해 기본 이름을 사용하거나 입력 상자에 새 이름을 입력한다.

㉣ 첫 번째 바디의 서피스나 커브를 선택하여 첫 번째 캠을 정의한다.

〈참고〉 캠 선택시 주의 사항

(i) 자동 선택 전환을 선택한 경우 첫 번째 서피스나 커브를 선택하고 선택 지정 메뉴에서 선택 완료를 클릭하고 나면 메커니즘 설계가 자동으로 캠에 맞는 서피스를 선택한다.

(ii) 캠 서피스를 선택하는 경우는 프로그램이 보라색 화살표로 서피스 수직 방향을 표시한다.

㉤ 캠에 대한 서피스 수직 방향을 반전시키려면 전환을 클릭한다. 선택한 서피스가 볼륨 상에 있으면 기본 수직 방향이 어긋나게 되며 전환 버튼이 비활성화 된다. 서피스 수직 방향은 메커니즘 설계가 캠 접촉에 사용할 캠 측면을 나타낸다.

메커니즘 설계는 선택되는 커브나 서피스가 모든 접합 위치에서 연속적인 곡률을 가질 수 있도록 자동으로 부드럽게 만든다. 대화 상자에는 부드러움의 백분율과 최대, 최소, 평균 곡률이 디스플레이 된다.

㉥ 편평한 평면 시피스를 선택하면 대화 상자의 캠 깊이 영역에 있는 항목이 활성화 된다. 이 항목들을 사용하여 서피스에 있는 캠의 방향을 정하기 위한 참조를 지정한다.

(i) 자동 - 프로그램은 선택한 캠 서피스를 기준으로 적절한 캠 깊이를 자동으로 계산한다.

(ii) 전면 & 후면 선택 - 전면 참조와 후면 참조를 클릭하여 해당 깊이에 대한 참조 기능을 할 점이나 교점을 두 개 선택한다. 또한 이 참조는 캠의 방향이다. 프로그램은 캠 깊이를 선택되는 참조 간의 거리와 동일하게 결정한다.

㉦ 캠이 분리되어 접촉되게 하려면 리프트 오프 허용을 선택한다.

(b) 서피스

단일 바디에 속하는 연속적인 밀어낸 서피스 셋을 얼마든지 선택할 수 있다. 밀어낸 서피스는 정의하는 커브가 위치하는 평면에 대해 직각이 되어야 한다. 또한 이 서피스는 한 방향으로만 커브를 이루어야 한다. 즉, 아래로 굽어질 수 없다.

〈참고〉 서피스 선택시 주의 사항

㉠ 내부 구멍과 밀어내기 깊이 가변값과 같은 것들을 비롯하여 임의의 자르기를 가진 서피스를 선택할 수 있다.

㉡ 여러 가지 밀어내기 깊이를 가진 서피스를 선택할 수 있다.

㉢ 하나부터 다음에 이르기까지 예리한 각도를 이루는 서피스를 선택할 수 있다. 메커니즘 설계는 코너를 반올림한다.

㉣ 캠에 연속 곡률이 없으면 스플라인 커브를 캠 형상에 맞추어 부드럽게 하는 방식으로 메커니즘 설계가 이것을 자동으로 부드럽게 만든다. G2-연속 커브 또는 서피스에서는 첫 번째 도함수가 커브나 서피스 상의 어느 위치에서든 부드럽게 변경된다.

㉤ 서피스의 열린 체인을 선택하면 메커니즘 설계가 사용자가 선택한 서피스 뒤의 해당 서피스 셋을 루핑함으로써 체인을 자동으로 닫는다. 이 경우에는 선택된 형상이 캠의 앞과 연관된다. 형상이 캠의 뒤와 연관되게 하려면 전환을 클릭한다.

㉥ 단일 평면 서피스를 선택하면 메커니즘 설계가 캠 방향을 최상의 추정치로 결정한다. 캠 방향을 명시적으로 지정하려면 캠-종동체 결합 정의 대화 상자의 앞 참조와 뒤 참조를 클릭한다.

㉦ 기존 캠의 캠 서피스 정의를 변경하려면 메커니즘 〉 결합 〉 캠을 클릭한 다음 캠-종동체 결합 정의 대화 상자에서 편집을 클릭한다. 캠에서 제거할 서피스나 커브를 선택하거나 수직 서피스를 전환 할 수 있다.

㉧ 선택한 서피스의 축 방향 축이 평행이 아니면 메커니즘 설계가 이것을 평행으로 만들기 위한 구속을 추가하지 않는다. 캠 서피스가 평행이 되게 하려면 이것을 평행으로 유지시켜 주는 구속을 정의해야 한다.

캠 서피스를 평행으로 유지하기 위한 구속을 정의하지 않으면 캠이 동작 시뮬레이션 중에 기울고 피봇을 이룰 수 있다. 그러나 메커니즘 설계는 서피스들이 서로 탄젠트가 되도록 구속한다. 기울고 피봇을 이루기는 해도 한 점에서 접촉되도록 유지된다.

(3) 기어-종동체 결합

(a) 생성

메커니즘의 두 바디에 있는 서피스로부터 캠-종동체 결합을 생성할 수 있다. 이 절차를 시작하기 전에 바디를 캠으로 정의할 필요는 없다.

(4) 서보 모터

(a) 서론

어셈블리에 있는 메커니즘 메뉴에 의해 어셈블리된 기구를 특정 유형의 동작을 설계해 보기로 한다.

특정 동작 설계는 어떻게 동작 제어조건을 주느냐에 따라 여러 동작 형태로 나타낼 수 있다. 또한 동작을 주기 위해서는 동력원이 필요한데 Pro/E에서는 모터로 그림 2.10과 같이 제어기(서보 모터)와 힘 모터가 준비되어 있다. 이 가운데 서보 모터가 압도적으로 사용 된다. 서보 모터는 힘에 대한 입력이 없이 변환이나 회전 구동을 제어할 경우 쓰이며 힘으로 병진구동 등을 줄 때 필요한 경우는 힘 모터가 쓰여 진다.

상수나 램프와 같은 서보 모터 함수를 지정하여 동작의 프로파일을 정의할 수 있다. 미리 정의된 함수 중에서 선택하거나 사용자 고유의 함수를 지정한다. 다양한 동작을 주기 위해서는 원하는 동작 수만큼 서보 모터를 정의해야 한다. 단, 시간에 따른 동작을 제어하기 위해서는 서보 모터 정의 프로파일에서 테이블을 이용해서 시간 별로 정의해야 한다.

연속성이 없는 서보 모터 프로파일에 대해 위치 또는 속도 함수를 선택하거나 정의하는 경우 운동학적 또는 동적 해석을 실행하면 함수가 무시된다. 그러나 위치 해석에서는 비연속적 서보 모터 프로파일을 사용할 수 있다. 비연속적 서보 모터를 그래프로 표시하면 점이 비연속적임을 알리는 메시지가 표시된다.

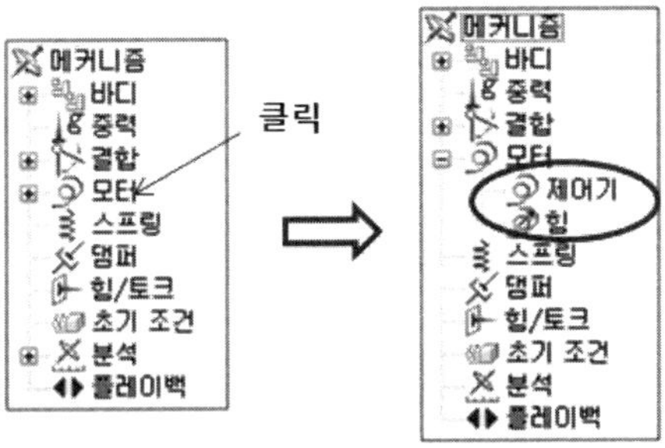

그림 2.10 모터 종류

(b) 서보 모터 정보

서보 모터를 사용하여 메커니즘에 특정 동작을 부과할 수 있다. 서보 모터는 단일 자유도로 두 바디 사이에 특정 유형의 동작을 발생시킨다. 모델에 서보 모터를 추가하여 해당 모델을 해석할 준비를 한다.

서보 모터는 위치, 속도 또는 가속도를 시간의 함수로 지정하며, 변환이나 회전 동작을 제어할 수 있다. 예를 들어, 서보 모터가 특정 구성에서 시작된 다음 1초가 경과할 때 다른 구성이 해당 모델에 대해 정의되는 경우에는 두 구성 간의 차이가 곧 모델의 동작이다.

상수나 램프와 같은 서보 모터 함수를 지정하여 동작의 프로파일을 정의할 수 있다. 미리 정의된 함수 중에서 선택하거나 사용자 고유의 함수를 지정한다. 엔티티 상에서 원하는 수만큼 서보 모터를 정의할 수 있다.

연속성이 없는 서보 모터 프로파일에 대해 위치 또는 속도 함수를 선택하거나 정의하는 경우 운동학적 또는 동적 해석을 실행하면 함수가 무시된다. 그러나 위치 해석에서는 비연속적 서보 모터 프로파일을 사용할 수 있다. 비연속적 서보 모터를 그래프로 표시하면 점이 비연속적임을 알리는 메시지가 표시된다.

동작 축이나 부품 평면, 데이텀 평면 및 점과 같은 형상 엔티티 상에 다음 유형의 서보 모터를 배치할 수 있다.

- ○ 동작 축 서보 모터 - 한 방향으로 잘 정의된 동작을 생성하는 데 사용한다.
- ○ 형상 서보 모터 - 나선이나 다른 공간 커브와 같은 복잡한 3D 동작을 생성하는 데 사용한다.

서보 모터를 생성하거나 편집하려면 을 클릭하거나 삽입 〉 서보 모터를 클릭하여 그림 2.11과 같은 서보 모터 정의(Servo Motor Definition) 대화상자를 연다.

(c) 서보 모터 유형

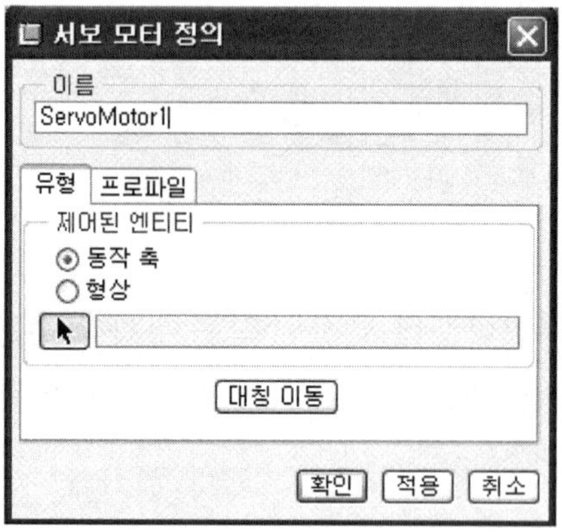

그림 2.11 서보 모터 정의 대화상자

그림 2.11에서 서보 모터의 유형(Type) 탭에 표시되는 정보에는 다음과 같다.

㉠ 제어된 엔티티(Driven Entity)

이 엔티티는 모터가 활성화될 때 모델에서 실제로 이동한다. 제어된 엔티티에는 다음과 같은 두 종류가 있다.

- o 동작 축(Motion Axis) - 조인트의 특정 동작을 발생시킨다. 기본으로 주어지며 대화상자의 모습은 그림 2.11과 같다.
- o 형상(Geometry) - 모델에서 형상 엔티티의 특정 동작을 발생시킨다. 대화상자의 모습은 그림 2.12와 같다.

참조 점이나 평면의 서보 모터의 경우, 그라운드 되어 있지 않으면 참조 엔티티도 이동할 수 있다. 서보 모터는 참조 엔티티를 기준으로 제어된 엔티티의 상대적 동작을 지정할 뿐이다.

㉡ 형상(Geometry)

이것을 선택하면 그림 2.12와 같이 참조 엔티티(Reference Entity) 및 Motion 방향

(Motion Direction) 컬렉터가 활성화된다.

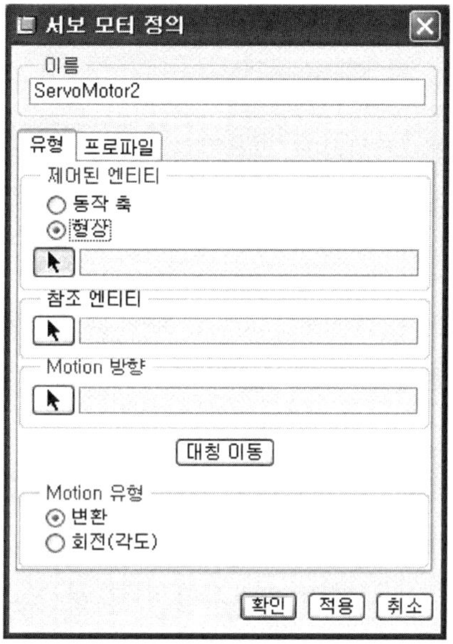

그림 2.12 형상 모터의 정의

ⓐ 참조 엔티티(Reference Entity)

참조 엔티티 컬렉터에 참조를 입력하면 제어된 엔티티가 프로파일(Profile) 탭에 지정된 정보에 따라 참조 엔티티를 기준으로 이동한다.

ⓑ Motion 방향(Motion Direction)

참조 엔티티로 점을 선택하는 경우 모서리나 데이텀축을 선택하여 방향을 정의해야 한다. 서보 모터의 회전 동작에 대해서는 회전축을 엔티티로 선택한다.

ⓒ 대칭이동(Flip)

서보 모터의 동작 방향을 전환한다.

양의 회전 방향은 오른손 법칙에 따라 결정된다. 엄지손가락이 동작 축에 정렬되고 동작 축 화살표의 방향을 향할 때, 나머지 손가락은 양의 회전 방향을 따른다.

ⓓ 동작 유형(Motion Type)

동작 유형은 엔티티 동작의 방향 기준을 설정한다.

o 변환 - 모델을 회전 없이 직선으로 이동한다.

o 회전 - 축을 중심으로 모델을 이동한다.

(d) 형상 모터 이해

그림 2.12에서 점과 평면을 선택하여 모터를 정의하면 형상 모터가 생성된다.

㉠ 평면-평면 변환 모터

평면-평면 변환 모터는 두 평면을 서로 평행하게 유지하면서 다른 바디의 평면을 기준으로 바디의 평면을 이동한다. 두 평면 사이의 최단 거리가 모터의 위치 값이다. 제어 평면과 참조 평면이 일치하면 제로 위치가 발생한다.

지정된 동작 이외에, 제어 평면은 참조 평면에서 자유롭게 회전하고 변환된다. 따라서 평면-평면 모터는 슬라이더나 실린더 조인트의 모터보다 제한을 덜 받는다. 나머지 자유도를 확실하게 구속하려면 연결이나 다른 형상 모터와 같은 추가 구속을 지정한다.

열린 루프 메커니즘의 마지막 링크와 그라운드 사이에 변환을 정의하는 것은 평면-평면 변환 모터의 한 예이다.

㉡ 평면-평면 회전 모터

평면-평면 회전 모터는 다른 바디의 평면에 대해 기울어진 상태로 바디의 평면을 이동한다. 동작 실행 과정에서 제어 평면은 참조 방향을 기준으로 회전한다. 이 경우 제로 위치는 제어 평면과 참조 평면이 일치할 때 정의된다.

제어되는 바디의 회전 축이 지정되지 않은 상태이기 때문에 평면-평면 회전 모터는 핀 조인트나 실린더 조인트의 모터보다 제한을 덜 받는다. 따라서 제어되는 바디의 회전 축 위치는 임의로 변경될 수 있다.

평면-평면 회전 모터를 사용하여 볼 조인트를 기준으로 하는 회전을 정의할 수 있다. 열린 루프 메커니즘의 마지막 바디와 전면 로더 등의 그라운드 사이에 회전을 정의하는 것은 평면-평면 회전 모터의 또 다른 예가 될 수 있다.

㉢ 점-평면 변환 모터

점-평면 변환 모터는 다른 바디에 있는 평면의 수직을 따라 바디의 점을 이동한다. 점에서 평면까지의 최단 거리가 모터의 위치 값이다.

점-평면 모터만 사용하는 다른 바디를 기준으로 바디의 방향을 정의할 수는 없다. 또한 제어되는 점은 참조 평면과 평행을 유지하면서 자유롭게 이동할 수 있기 때문에 모터에서 지정하지 않은 방향으로 이동할 수 있다. 다른 모터나 연결을 사용하여 이 자유도를 잠거라. 한 점에서 평면을 기준으로 동작의 X, Y, Z 컴포넌트를 정의하여 그 점이 복합 3D 커브를 따르게 할 수 있다.

ⓡ 평면-점 변환 모터

평면-점 모터는 점을 기준으로 평면의 이동 방향을 정의한다는 점을 제외하고 점-평면 모터와 같다. 동작 실행 과정에서 제어되는 평면은 지정된 동작 방향과 수직을 이루면서 이동한다. 점에서 평면까지의 최단 거리가 모터의 위치 값이다. 제로 위치에서 점은 평면 상에 존재한다.

평면-점 모터만 사용하는 다른 바디를 기준으로 바디의 방향을 정의할 수는 없다. 또한 제어되는 평면은 지정된 방향과 수직을 이루면서 자유롭게 이동할 수 있다. 다른 모터나 연결을 사용하여 이 자유도를 잠거라. 한 점에서 평면을 기준으로 동작의 X, Y, Z 컴포넌트를 정의하여 그 점이 복합 3D 커브를 따르게 할 수 있다.

ⓜ 점-점 변환 모터

점-점 모터는 다른 바디에 지정된 방향으로 바디의 점을 이동한다. 최단 거리는 제어되는 점의 위치에서 참조점이 있으면서 동작 방향에 수직인 평면까지의 거리이다. 점-점 모터의 제로 위치는 그 수직이 동작 방향인 평면에 참조점과 제어되는 점이 모두 존재할 때 발생한다.

점-점 변환 모터는 매우 느슨한 구속이기 때문에 주의해서 사용해야만 예측 가능한 동작을 얻을 수 있다. 점-점 모터만 사용하는 다른 바디를 기준으로 바디의 방향을 정의할 수는 없다. 이 작업을 하려면 실제로 여섯 개의 점-점 모터가 필요하다.

또한 달리 지정하지 않으면 제어되는 점이 지정된 방향과 수직을 이루면서 자유롭게 이동한다. 다른 모터나 연결을 사용하여 이 자유도를 잠거라. 한 점에서 평면을 기준으로 동작의 X, Y, Z 컴포넌트를 정의하여 그 점이 복합 3D 커브를 따르게 할 수 있다.

(e) 서보 모터 프로파일

서보 모터 프로파일 대화상자는 그림 2.13과 같다. 대화상자의 내용을 알아본다.

그림 2.13 프로파일 대화상자

㉠ 사양명세 정보

프로파일의 사양명세 종류와 의미가 표 2.3에 나타나 있다. 이 가운데 하나를 선택하게 되어 있다.

표 2.3 사양 명세의 종류와 의미

종 류	의 미
위치	조인트 축의 위치를 지정한다.
속도	조인트 축 제로를 기준으로 초기 위치를 선택할 수 있다. 기본적으로 초기 위치는 제로로 설정된다. 현재(Current)를 선택하면 드라이버가 활성화 될 때 현재의 위치가 사용된다. 보기(Show)를 클릭하면 새로운 설정을 볼 수 있다.
가속도	초기 위치와 속도를 선택할 수 있다. 기본적으로 초기 위치와 초기 속도는 각각 현재값과 0.0으로 설정된다.

㉡ 강도 정보

서보 모터 프로파일에서 강도는 8가지 종류가 있다. 각 유형에는 자체의 입력 요건이 있다. 다음은 각 서보 모터 프로파일, 관련 설명 및 필요한 설정을 설명한 것이다.

ⓐ 상수

일정한 동작을 원할 경우 사용한다. 필요한 설정은 $y=A$로서 A는 전체 시간에 대한 상수이다.

ⓑ 램프

일정한 동작이나 시간이 지남에 따라 선형으로 변하는 동작을 원할 경우 사용한다. 필요한 설정은 $y=A+B\times t$로서 A는 상수이고 B는 기울기이다.

ⓒ 코사인

메커니즘을 주기적으로 반복하고자 할 때 사용한다. 필요한 설정은 $y=A\times \cos(2\times Pi\times t/T+B)+C$로서 A는 진폭, B는 위상, C는 옵셋, T는 주기이다.

ⓓ SCCA

캠 프로파일 출력을 시뮬레이트할 때 사용한다. 이 동작 프로파일은 가속 서보에만 사용할 수 있다. SCCA 프로파일의 매개변수는 다음과 같이 정의된다.

- a ; 증가하는 가속도에 대한 표준화 된 시간 비율
- b ; 일정 가속도에 대한 표준화 된 시간 비율
- c ; 감소하는 가속도에 대한 표준화 된 시간 비율

여기서 $a+b+c=1$

SCCA 프로파일의 진폭과 주기를 제공해야 한다.

- h ; 프로파일의 진폭
- T ; 프로파일의 주기

SCCA 서보의 값은 다음과 같이 계산된다.

$y=h\times \sin[(t\times pi)/(2\times a)]$ $\quad 0 <= t < a$에 대해

$y=h$ $\quad a <= t < (a+b)$에 대해

$y=h\times \cos[(t-a-b)\times pi/(2\times c)]$ $\quad (a+b) <= t < (a+2b+2c)$에 대해

$y=-h$ $\quad (a+b+2c) <= t < (a+2b+2c)$에 대해

$y=-h\times \cos[(t-a-b)\times pi/(2\times a)]$ $\quad (a+b+2c) <= t < (a+b+c)$에 대해

여기서 t는 표준화 된 시간이며 다음과 같이 계산된다.

$t = t\_a \times 2 / T$

여기에서

t_a = 실제 시간

T = SCCA 프로파일의 주기

실제 시간이 SCCA 프로파일의 주기보다 길면 프로파일이 자체 반복된다.

ⓔ 사이클로드

캠 프로파일 출력을 시뮬레이트 할 때 사용한다. 필요한 설정은

$y = L \times t/T - L \times \sin(2\pi t/T)/2 \times \pi$로서 L은 총상승, T는 주기이다.

ⓕ 포물선

궤도를 시뮬레이트 할 때 사용한다. 필요한 설정은 $y = A \times t + 1/2B(t_2)$로서 A는 선형 계수, B는 2차 계수이다.

ⓖ 다항식

일반적인 드라이버 프로파일에 사용한다. 필요한 설정은

$y = A + B \times t + C \times t_2 + D \times t_3$ 로서 A는 상수항 계수, B는 선형항 계수, C는 2차항 계수, D는 3차항 계수이다.

ⓗ 테이블

다른 함수로는 정의할 수 없는 복잡한 모션 프로파일에 사용한다. 정해진 테이블에 의해 구동한다.

(f) 이음매 축 설정

㉠ 모델 〉 조인트(joint)를 클릭한다. 이음매 축(joint axis)이 나타난다.

㉡ 이음매 축을 선택한다. 메커니즘은 선택된 축과 이음매에 첨부된 두 바디의 색을 청색과 그린으로 강조한다. 메커니즘은 첫 번째 바디에 녹색, 두 번째 바디에 하늘색을 사용한다.

회전 또는 변환 이음매 축의 경우 대화상자의 이음매 축 위치 필드에는 하늘색 바디와 녹색 바디의 현재 각도와 거리가 각각 대화상자에 디스플레이 된다.

㉢ 메커니즘의 현재 방향을 제로 참조 위치로 사용하려면 참조 순(by reference) 체크 상자

를 클리어 하고 제로로 만들기(make zero)를 클릭한다. 메커니즘은 현재 이음매 축 위치 필드를 0으로 설정하여 대화상자의 참조 부분은 사용할 수 없게 된다.

㉣ 바디에서 다른 참조 위치를 선택하려면 참조 순(by reference) 체크 상자를 선택하고 다음 단계를 완료한다.

ⓐ 청색 바디 참조의 경우는 선택 지정 메뉴를 사용하여 청색 바디의 점이나 평면을 해당 바디의 제로 참조로 선택한다.

ⓑ 그린 바디 참조의 경우는 선택 지정 메뉴를 사용하여 그린 바디의 점이나 평면을 해당 바디의 제로 참조로 선택한다.

㉤ 현재 구성에서 특정 옵셋 위치에 제로를 설정하려면 다음 단계를 완료한다.

ⓐ 참조 순 체크 상자를 지운다.

ⓑ 제로로 만들기를 클릭한다.

ⓒ 이음매 축 위치 필드에 각도 값 또는 거리 값을 입력한다. 각도에는 -180과 180 사이의 값을 입력할 수 있다. 이 범위 밖의 값을 입력하면 지동으로 변환된다. 각도는 그린 바디의 참조에서 청색 바디의 참조까지 양의 이음매 방향으로 측정된다.

ⓓ Enter키를 누른다. 청색 바디가 새 위치값을 가진 구성을 보여주기 위해 잠시 이동한다.

ⓔ 제로로 만들기를 다시 클릭하여 이음매 축 위치 필드를 제로로 재설정 한다. 바디들의 현재 구성은 제로 참조 구성으로 간주된다.

㉥ 이음매 축에 범위 제한을 설정하려면 한계(limit) 체크 상자를 선택한다.

㉦ 단계 2에서 선택한 이음매 유형에 따라 변환 또는 회전 이음매 축의 제한이 다음과 같이 설정될 수 있다.

ⓐ 회전 이음매 축에 한계를 지정하려면 다음 각 필드에 시계 반대방향으로 -180도에서 180도 사이의 값을 입력한다.

- 최소 각도
- 최대 각도 ; 최소 각도 보다 커야 한다.

ⓑ 변환 이음매 축에 제한을 설정하려면 다음 각 필드에 값을 입력한다.

- 하위 변환 제한

- 상위 변환 제한; 하위 제한 보다 커야 한다.

★ 이음매 축에 지정한 제한이 예상한 이동 범위를 제공하는지 확인하려면 드래그 명령을 사용하여 청색 바디를 끌어 준다.

(g) 이음매 제로 참조 정의

㉠ 회전 축의 이음매 축 제로 참조를 정의할 때는 다음을 기억하라.

ⓐ 점-점 제로 참조

- 메커니즘은 회전축에 수직방향으로 각 점에서 벡터를 그린다. 이 벡터들은 이음매 제로에서 일치해야 한다. 이 점들은 이음매 축에 존재할 수 없다.

ⓑ 점-평면 제로 참조

- 점과 회전 이음매 축이 있는 평면은 선택한 이음매 제로 평면에 평행이어야 한다. 이 점은 이음매 축에 존재할 수 없다.

ⓒ 평면-평면 제로 참조

- 두 평면이 이음매 제로에서 평행한다. 두 평면 모두 회전 축에 평행이어야 한다.

㉡ 변환 축의 이음매 축 제로 참조를 정의할 때는 다음을 기억하라.

ⓐ 점-점 제로 참조

- 변환 이음매 축 방향에 있는 두 점 사이의 거리는 이음매 제로에서 제로가 된다.

ⓑ 점-평면 제로 참조

- 변환 이음매 축 방향에 있는 평면과 점 사이의 거리는 이음매 제로에서 제로가 된다. 평면은 이음매 축에 수직이어야 한다.

ⓒ 평면-평면 제로 참조

- 평면 사이의 거리는 이음매 제로에서 제로이다. 두 평면 모두 이음매 축에 수직이어야 한다.

㉢ 평면 또는 베어링 결합의 이음매 축 제로 참조를 정의할 때는 다음을 기억하라.

ⓐ 평면 결합

- 예측할 수 없는 결과를 방지하기 위해 평면 결합의 경우 평면 결합 축에 대해 점-점 또는 점-평면 제로 참조만 정의할 수 있다. 또한 평면 회전 축에 대해 평면-평면 제

로 참조만 정의할 수 있다.

ⓑ 베어링 결합

- 베어링 이음매(점-선 구속의 선)의 방향 정의가 포함된 바디 상의 점이나 평면을 선택해야 한다. 메커니즘 설계는 이 참조를 베어링 이음매를 정의하는 점에 정렬한다.

참조 이음매 축 제로 정보를 지정하고 서보 모터 정의 대화상자로 돌아가면 초기 위치가 저장한 이음매 축 제로 정보를 참조하므로 초기 위치값이 이 새 정보를 기초로 업데이트 된다. 제로 참조 위치는 형상 모터에 사용할 수 없다.

2.3 메커니즘 해석 방법

2.3.1 해석 정의

㉠ 메커니즘 해석(⊠)을 클릭한다. 해석 정의 대화 상자가 열린다.

㉡ 해석 정의 이름을 입력하거나 기본 이름을 사용한다.

㉢ 그래픽 디스플레이 탭에서 다음을 지정한다.

- 시작 시간을 입력하고 해석 실행 길이를 결정하는 방법을 선택한다.
- 해석 실행 중 모델에서 잠그거나 잠금 해제할 바디를 잠그거나 잠금을 해제한다.
- 해석 실행 중 모델에서 잠그거나 잠금 해제할 결합을 잠그거나 잠금을 해제한다.
- 해석 실행의 초기 구성을 정의한다.

㉣ 모터 탭에서 해석 실행에 포함시킬 모터를 선택하고 시작 시간과 종료 시간을 지정할 수 있다.

㉤ 확인을 클릭하여 대화 상자의 설정을 적용한다.

- 생생한 동작을 실행하려면 해석 정의 대화 상자에서 실행을 클릭한다.

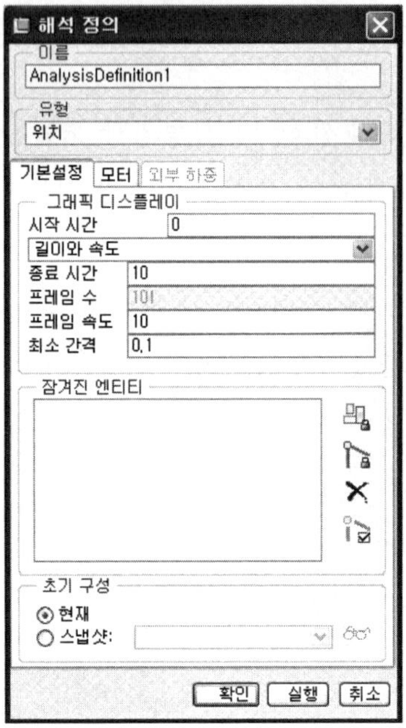

그림 2.14 해석 정의 대화상자

2.3.2 유형 정보

해석 정의 대화 상자에 있는 유형에서 다음 정보를 정의할 수 있다.

㉠ 위치(position)

시간에 따른 위치, 간섭 해석

㉡ 운동학적(kinematic)

서보 모터로 움직이며 힘에 상관없이 동작 해석

㉢ 동적(dynamic)

바디의 질량에 작용하는 관성력, 중력, 외력 해석

㉣ 정적(static)

평형 상태의 바디에 작용하는 힘 해석

ⓜ 힘 균형(force balance)

특정 구성 상태로 고정하는데 필요한 힘 해석

2.3.3 그래픽 디스플레이 정보

해석 정의 대화 상자에 있는 그래픽 디스플레이 탭에서 다음 정보를 정의할 수 있다.

㉠ 시작 시간

- 동작 실행의 시작 시간을 초 단위로 입력한다.

㉡ 다음 중 하나를 선택하여 소프트웨어에서 시간 도메인을 측정하는 방법을 정의한다.

- 길이와 속도 ; 동작 실행의 끝 시간(초)과 프레임 속도(초당 프레임 수)를 입력한다. 시스템에서 프레임의 총 개수와 실행 길이를 계산한다.
- 길이 및 프레임 수 ; 동작 실행의 끝 시간(초)과 프레임 수를 입력한다. 시스템에서 프레임 속도와 실행 길이를 계산한다.
- 속도와 프레임 수 ; 동작 실행의 총 프레임 수와 프레임 속도 또는 간격을 입력한다. 시스템에서 끝 시간을 계산한다.

★ 동작 실행 간격과 프레임 수 및 간격 그리고 프레임 속도는 다음 공식과 관련이 있다.

프레임 속도 = 1/간격

프레임 수 = 프레임 속도 × 길이 + 1

㉢ 동작 실행 초기 환경 설정

- 화면(기본 선택)을 클릭하여 화면상에 나타난 바디의 현재 방향을 사용한다.
- 스냅샷을 클릭하고 드롭다운 목록에서 스냅샷의 이름을 선택하여 이전에 정의 및 저장한 구성을 사용한다.

2.3.4 모터 정보

동작 정의 대화 상자에 있는 서보 모터(driver) 탭의 다음 정보 가운데 선택할 수 있다.

㉠ 메커니즘에 있는 모든 서보 모터를 활성 서보 모터 목록에 포함시키려면 서보 모터 이름을 선택하고 추가를 선택한다.

㉡ 활성 서보 모터 목록 정렬 - 클릭한 버튼에 따라 모든 활성 서보 모터 목록을 서보 모터 이름, 시작 시간 또는 끝 시간별로 정렬한다.

㉢ 제거 - 활성 목록에서 서보 모터를 제거한다. 서보 모터 이름을 선택하고 제거를 클릭한다.

㉣ 서보 모터 도메인 편집 - 동작 정의 실행 중 활성 서보 모터가 사용가능해지는 시기를 지정한다. 다음 옵션을 선택할 수 있다.

- 시간 도메인 시작 사용 ; 동작 정의 실행이 시작될 때 활성 서보 모터가 시작된다. 이 버튼을 클릭하면 시작 시간 필드를 사용할 수 없게 된다.
- 시간 도메인 엔드 사용 ; 시작한 다음 활성 서보 모터가 동작 정의 중 시작된다. 이 버튼을 클릭하면 끝 시간 필드를 사용할 수 없게 된다.
- 시작 시간 ; 서보 모터의 시작 시간을 입력한다. 이 시간은 서보 모터를 사용할 수 있는 시간이다.
- 끝 시간 ; 서보 모터의 끝 시간을 입력한다. 이 시간은 서보 모터를 사용할 수 없게 되는 시간이다.

2.3.5 외부 하중 정보

외부 하중(external load)은 위치(position) 및 운동학적(kinematic)에서서는 사용 불가능 하다.

2.4 운동 해석 그래프 작성 방법

2.4.1 서론

측정으로 사용자는 메커니즘 이동결과를 분석하고 쉽게 이해할 수 있으며 메커니즘 설계를 향상시키는데 사용할 수 있는 정보를 얻을 수 있다.
메커니즘 설계에서 결과를 계산하고 보기 전에 먼저 다음 단계를 완료해야 한다.

㉠ PRO/ENGINEER에서 해석 〉 측정 명령을 사용하여 하나 이상의 해석 측정 피처를 생성한다. 거리 및 각도 측정 분석은 메커니즘 설계에서 그래프 측정 결과에 대한 데이텀 분석의 가장 유용한 유형이다.

㉡ 메커니즘 설계에서 사용자 메커니즘에 대한 여러 동작 해석을 실행한다.

★ 메커니즘에서 결과 〉 측정 명령을 사용하여 지정된 동작 해석 실행에 대한 측정 결과를 그래프로 만든다. 또한 테이블 파일에 대한 측정 결과를 저장하여 인쇄할 수 있다.

그래프는 시간 외의 측정이나 다른 측정에 대한 측정을 플롯 한다. 사용자는 하나의 동작 해석 결과 셋에 대한 다중 측정 커브를 디스플레이하는 그래프 생성 옵션을 가질 수 있다. 또는 단일 측정이 다른 동작 실행 결과에 따라 어떻게 변하는지를 볼 수 있다.

2.4.2 측정 결과 대화상자

메커니즘 〉 결과 〉 측정 명령을 선택하고 측정 결과 대화상자를 채움으로써 측정 결과를 볼 수 있다.

그림 2.15 측정 결과 대화상자

측정 결과 대화상자는 그림 2.15와 같으며 옵션은 다음과 같다.

㉠ 그래프 유형 옵션 목록에서 측정 vs. 시간 또는 측정 vs. 측정을 클릭한다. 대화상자는 지정된 그래프 유형에 따라 측정 선택에 대해 다른 옵션을 디스플레이 한다.

㉡ 측정 선택(측정 vs. 시간 그래프에만) - 플롯의 Y축에 대한 하나 이상의 측정을 선택한다. 다중 측정을 선택하면 그래프는 각 측정에 대해 다른 색의 커브를 디스플레이 한다.

㉢ X축에 대한 측정(측정 vs. 측정 그래프에만) - 플롯의 X축에 대한 하나 이상의 측정을 선택한다.

㉣ Y축에 대한 측정(측정 vs. 측정 그래프에만) - 플롯의 Y축에 대한 하나 이상의 측정을 선택한다. 다중 측정을 선택하면 그래프는 각 측정에 대해 다른 색의 커브를 디스플레이 한다.

㉤ 결과 셋 선택 - 이전에 실행된 동작 분석에서 하나 이상의 결과 셋을 선택한다. 측정 선택이나 Y축에 대한 측정 필드에 대해 다중 측정을 선택하면 하나의 결과 셋만을 선택할 수 있다.

다중 측정 결과 셋을 선택하면 그래프는 각 결과 셋에 대해 다른 색의 커브를 디스플레이

레이 한다.

ⓗ 파일로부터 결과 셋 로드 - 저장된 동작 실행에서 결과 셋을 사용하려면 이 버튼을 누른다. 재생파일 선택 대화상자가 나타나고 저장된 결과 셋 목록에서 파일을 선택하고 열기를 클릭한다. 선택된 파일이 측정 결과 대화상자의 결과 셋 목록에 나타난다.

ⓢ 그래프 보기 - 그래프를 디스플레이 한다. 그래프 보기를 누르면 측정 결과 대화상자가 나타나며 측정에 대한 요약과 처리과정을 제공한다.

측정 결과가 완료된 후 그래프가 나타나며 그래프 옵션, 테이블 저장, 인쇄 버튼을 사용할 수 있다.

ⓞ 그래프 창 옵션 - 그래프가 디스플레이 되면 그래프 창 옵션을 눌러 그래프 창 옵션 대화상자에서 설정 값을 변경한다. 그래프선 모양을 변경하거나 시간 범위 또는 플롯하려는 측정 범위를 설정하거나 각 축에 대한 배율 값을 변경할 수 있다.

ⓙ 테이블 저장 - 확장자 .tbl을 갖는 테이블 파일로 측정 결과를 저장한다. 측정 결과 출력은 테이블 포맷으로 파일에 쓰여진다.

ⓒ 프린트 - 인쇄 대화상자를 열어 그래프의 현재 뷰를 인쇄할 수 있다.

2.4.3 그래프 보기

측정 결과 대화상자에서 그래프 보기 버튼을 사용하여 측정 결과를 계산하고 결과를 그래프로 디스플레이 한다.

처음으로 이 버튼을 누르면 다음 정보와 옵션을 가진 측정 결과 대화상자가 나타난다.

㉠ 결과 셋

- 현재 계산되고 있는 선택된 측정에 대한 동작 분석 결과 셋 이름이다.

㉡ 기간

- 동작 분석이 실행되고 있는 시간의 길이이다.

㉢ 간격

- 프레임 간의 시간 간격이다.

㉣ 프레임

- 동작 분석 실행에 대해 지정된 프레임 수이다.

㉤ 실패 작업

- 측정 결과가 실패하는 경우에 발생하는 작업을 지정할 수 있다. 처리를 중지시키려면 일시정지를 클릭한다. 처리를 계속하려면 계속을 클릭한다.

㉥ 측정 진행

- 측정으로 계산되고 있는 현재 프레임 수를 디스플레이하며 진행 인디케이터가 현재 완료율을 보여준다.

㉦ 메시지

- 측정 진행에 대한 메시지를 디스플레이 한다.

㉧ 중지

- 측정 결과 처리를 중지하려면 이 버튼을 사용한다. 중지를 클릭하면 처리가 중단 된 시점까지의 측정 결과를 디스플레이하는 그래프가 나타난다. 플롯 보기를 눌러 측정 결과 대화상자로 되돌아가 측정결과 처리를 계속할 수 있다.

측정을 계산하는데 다중 결과 셋을 선택하였다면 소프트웨어가 각 결과 셋에 대해 측정을 처리하는 동안 측정 결과 셋에 대해 측정결과 대화상자가 여러 번 열린다.

지정된 결과 셋에 대해 측정 결과가 완료되면 그래프 디스플레이 창이 나타난다.

2.4.4 그래프 창 옵션

그래프 옵션 대화상자를 사용하여 메커니즘 설계에서 드라이버 프로파일 그래프 유형과 측정 결과 그래프 유형에 대한 뷰 설정을 변경할 수 있다. 그래프 옵션 대화상자는 다음 옵션을 제공한다.

(1) 그래프 유형

㉠ 다중선

- 직선으로 플롯 점을 연결하도록 선택한다.

㉡ 스플라인

- 부드러운 커브를 생성하도록 스플라인으로 플롯 점을 연결하도록 선택한다.

(2) 시간 범위(서보 모터 프로파일 및 measure vs. time 그래프만)

㉠ 최대/최소

- 그래프를 생성하려는 시간 범위에 대해 시작과 끝 값을 입력한다. 이 값을 사용하여 그래프 배율을 변경한다. 이것은 플롯 점의 값을 변경하지 않는다.

㉡ 단계

- 시간 범위 내에서 번호가 매겨진 틱 마크간의 간격에 대한 값을 입력한다. 예를 들면 10단계 값은 시간 배율에서 10씩 증가함에 따라 번호가 매겨진 틱 마크를 디스플레이 한다.

(3) 측정 범위

㉠ 최대/최소

- 그래프를 생성하려는 측정 범위에 대해 시작과 끝 값을 입력한다. 이 값을 사용하여 그래프 배율을 변경한다. 이것은 플롯 점의 값을 변경하지 않는다.

㉡ 단계

- 측정 범위 내에서 번호가 매겨진 틱 마크간의 간격에 대한 값을 입력한다. 예를 들면 2단계 값은 측정 배율에서 2씩 증가함에 따라 번호가 매겨진 틱 마크를 디스플레이 한다.

적용을 클릭하면 그래프에 새로운 설정값이 반영된다.

기본 버튼을 사용하여 대호상자 안의 값을 원래 설정값으로 재설정할 수 있다.

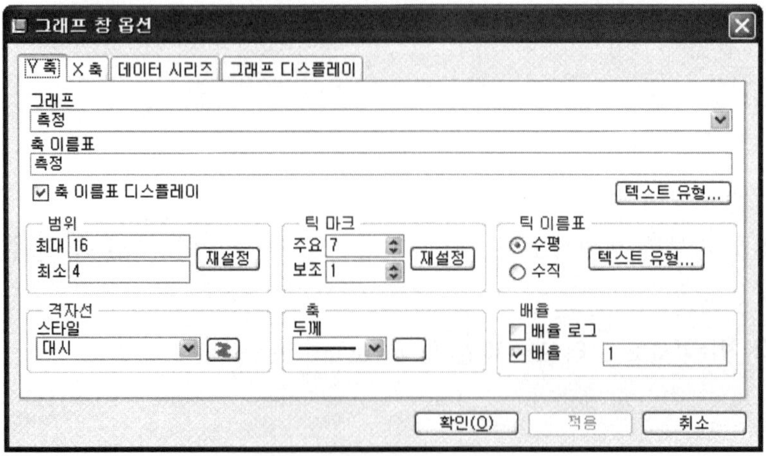

그림 2.16 그래프 창 옵션

2.5 운동 간섭 체크 및 동영상 제작 방법

2.5.1 간섭 체크 방법

(1) 결과 셋을 파일로 저장

㉠ 메커니즘에서 플레이백을 누른다. 그림 2.17과 같은 플레이백 대화상자가 열린다.

㉡ 결과 셋을 선택한다.

㉢ 저장을 클릭한다. 결과 셋이 현재 작업 디렉토리에 .pbk라는 확장자를 갖는 파일로 저장된다.

그림 2.17 플레이백 대화상자

(2) 간섭체크

간섭체크는 충돌 탐지 설정 대화상자에서 이루어지며 충돌 탐지 설정 대화상자는 그림 2.18과 같다. 이 대화상자를 사용하여 충돌 탐지(간섭) 결과를 알 수 있다. 해석 결과 재생을 설정할 때 다음 옵션을 선택할 수 있다.

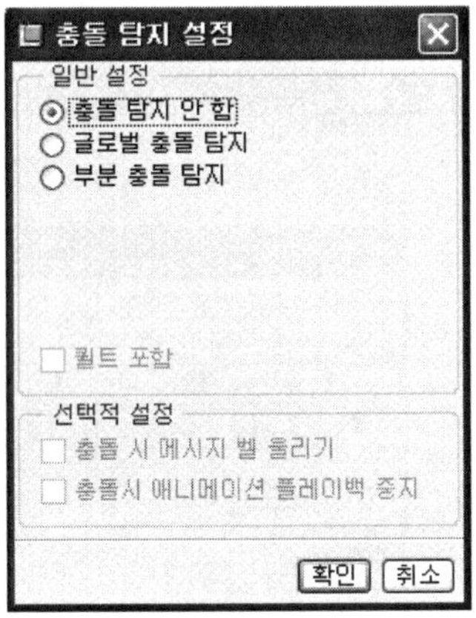

그림 2.18 충돌 탐지 설정 대화상자

㉠ 일반 설정

- 충돌 탐지 안 함 ; 충돌을 탐지 하지 않음

- 글로벌 충돌 탐지 ; 전체 어셈블리 내의 모든 충돌 종류를 점검한다. 메커니즘 설계는 충돌 영역을 하이라이트한다.
- 부분 충돌 탐지 ; 충돌을 점검할 부품을 지정할 수 있다. 메커니즘 설계는 충돌 영역을 하이라이트한다.

㉡ 퀼트 포함

서피스를 충돌 점검의 일부로 포함한다.

㉢ 선택적 설정

- 충돌시 메시지 벨 울리기
- 충돌시 애니메이션 플레이백 중지

2.5.2 동영상 제작 방법

(1) 애니메이트 대화상자 정보

애니메이트 대화상자는 그림 2.19와 같다. 이 대화상자를 사용하여 애니메이션 결과를 재생한다. 표 2.4는 대화상자에 있는 항목들의 내용이다.

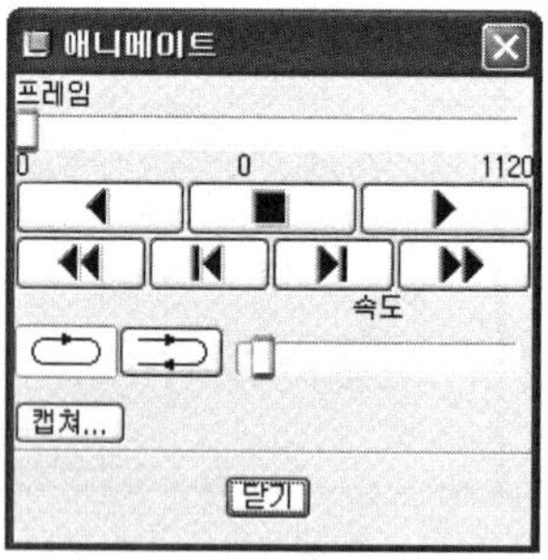

그림 2.19 애니메이트 대화상자

표 2.4 애니메이트 대화상자

버튼	기능
프레임 슬라이딩 막대	현재 표시되는 프레임 나열
	뒤로 재생
	중지
	재생
	처음으로 결과 재지정
	이전 프레임
	다음 프레임
	결과를 끝으로 보내기
	결과 반복
	끝에서의 방향 반전
속도 슬라이딩 막대	결과 속도 변경
캡쳐	결과를 JPEG 또는 MPEG

(2) 동영상 제작

대화상자에서 캡쳐를 사용하여 해석 실행 결과를 일련의 JPEG 파일로 또는 MPEG 파일로 기록할 수 있다.

㉠ 출력 파일 이름 필드에 이름을 입력한다. 파일이 현재 작업 디렉토리에 저장된다. 기존 파일을 대체하려면 찾아보기(browse)를 누르고 디렉토리와 파일을 선택한다.

㉡ MPEG 또는 JPEG 포맷을 선택한다.

㉢ 이미지 크기 필드에 출력 파일의 너비와 높이를 픽셀로 입력한다.

㉣ 확인을 누르면 결과 재생이 시작되며 100프레임까지 실행된다.

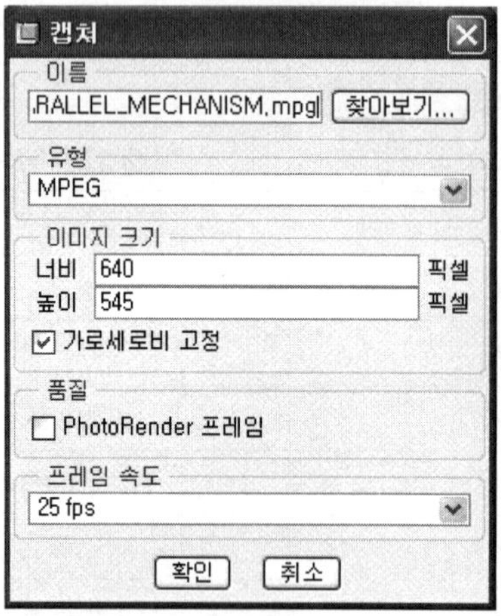

그림 2.20 캡처 대화상자

제 3 장 구동 방법에 따른 기구 설계

본 장에서는 가상 동작 기구설계에서 구동 방법에 따라 운동 기구의 설계가 달라진다. 따라서 이러한 구동 방법에 따라 어떠한 운동 기구의 설계가 가능한지에 대해 기초적인 사항들을 서술하기로 한다.

본 장에서 다룰 내용은 다음과 같다.

(1) 일정방향 회전 구동에 의한 운동 기구 설계 (2) 병진 구동에 의한 운동 기구 설계

(3) 회전-병진 운동 기구 설계 (4) 모든 방향 회전 운동 기구 설계

(5) 일정 루트에 의한 운동 기구 설계

3.1 일정방향 회전 구동에 의한 기구 설계

3.1.1 서론

원동부의 일정 방향으로의 회전 구동에 의해 종동부의 회전 또는 요동 및 병진 운동을 시키는 기구를 설계할 때 대표적인 기구는 그림 3.1과 같은 3가지가 있다.

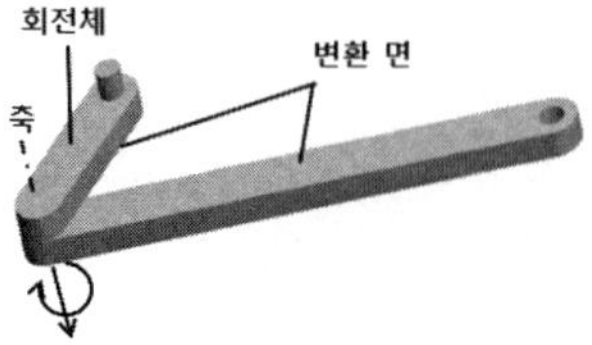

(a) 요동 또는 회전 운동기구(링크 기구)

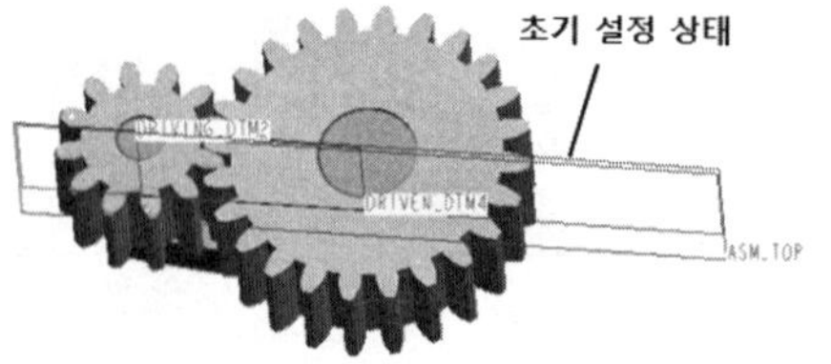

(b) 회전 운동 전달 기구(기어 기구)

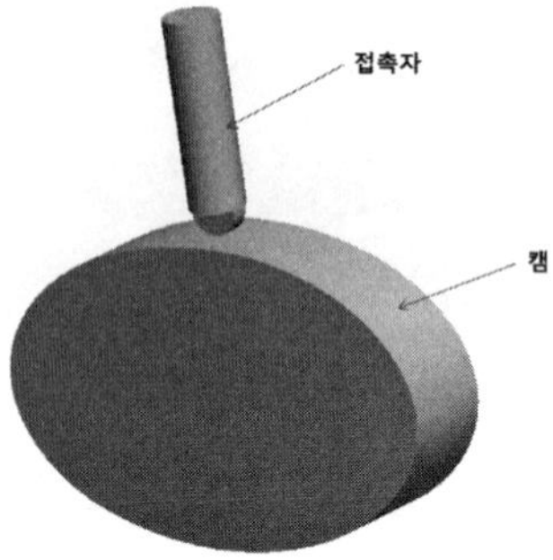

(c) 병진 운동기구(회전 캠 기구)

그림 3.1 회전 구동에 의한 기구의 예

그림 3.1(a)는 4절 링크기구의 경우로 원동부의 링크 회전에 의해 종동부의 요동운동 또는 회전운동을 시키는 기구를 설계할 경우이며, (b)는 기어와 같이 일정 감속비를 가지고 상대 회전체에 회전 운동을 전달하는 형태의 운동 기구를 설계할 경우이며 (c)는 캠 기구와 같이 원동부의 회전에 의해 종동부의 병진 운동을 주는 기구를 설계할 경우이다.

3.1.2 4절 링크 길이 결정

4절 링크 기구에 의한 운동 기구에는 레버 크랭크 기구, 양 크랭크 기구 및 양 레버 기구가 대표적이라 할 수 있다. 제1 장에서 서술했듯이 4절 링크기구는 4개의 링크 가운데 어느 링크를 고정하고 원동 링크를 회전하느냐에 따라 기구 형태가 위와 같이 3가지로 나눌 수 있다. 그림 1.3(a)와 같이 최단 링크 a에 인접하는 링크 d를 고정하면 레버 크랭크 기구가 된다. 또한 그림 1.3(b)와 같이 최단 링크 a를 고정하면 양 크랭크 기구가 된다. 마지막으로 그림 1.3(c)와 같이 최단 링크 a에 대향하는 링크 c를 고정하면 양 레버 기구가 된다.

이와 같이 4절 링크 기구에는 3가지 형태가 있지만 가장 기구 설계가 어려운 것이 레버 크랭크 기구로서 이것은 요동각에 따라 링크의 길이가 좌우되므로 4절 링크 기구의 길이를 잘 결정해야 한다. 따라서 레버 크랭크 기구의 링크 길이를 기준으로 설계하도록 하고 나머지 양 레버 기구 및 양 크랭크 기구는 여러분이 설계해 보도록 한다.

레버 크랭크 기구의 모터 회전 속도가 일정하다고 하고 상사점과 하사점에서 크랭크각의 차를 180°로 하면 우방향의 운동과 좌방향 운동의 소요시간이 같게 된다. 이때의 레버와 크랭크의 위치 관계를 그림 3.2에 나타낸다.

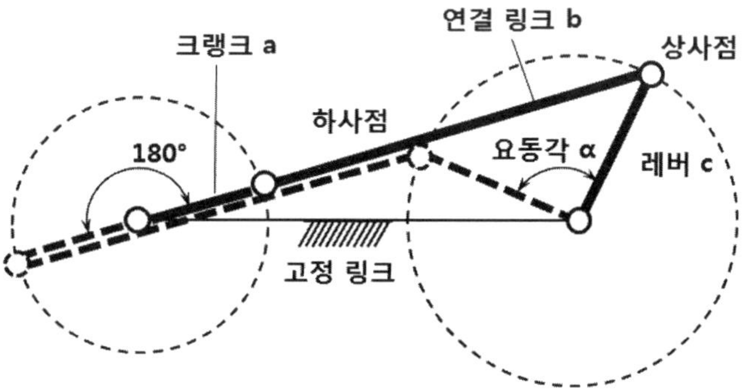

그림 3.2 상사점, 하사점에 있어서 크랭크각의 차가 180°인 경우의 위치관계

하사점, 상사점에 대응하는 크랭크 각의 차를 180°로 하면 상사점, 하사점, 모터축이 일직선상으로 나열한다. 상사점과 하사점 사이의 직선거리는 크랭크 반지름의 2배인 2a가 된다. 이 선분의 가운데 점에 피봇 축으로부터 수직인 수직선이 요동각 α를 2등분한다.

따라서 레버 길이 c를 다음 식으로 정하면 일정한 요동각 α를 얻을 수 있다.

$$\frac{a}{c} = \sin\frac{\alpha}{2} \qquad \therefore c = \frac{a}{\sin\frac{\alpha}{2}} \tag{3.1}$$

또한 요동각 α와 레버와 크랭크 길이 비 c/a의 관계는 다음과 같이 된다.

$$\alpha = 2 \times \arcsin(\frac{1}{c/a}) \tag{3.2}$$

이 식에서 표현된 관계를 그림 3.3에 나타낸다. 같은 그림으로부터 레버가 길게 되면 요동각은 작게 되며 레버 길이가 크랭크 길이에 근접하면 요동각도 180°에 근접하는 것을 알 수 있다. 요동각을 90°로 하기 위해서는 레버와 크랭크 길이 비를 1.4정도로 요동각을 150°로 하기 위해서는 길이 비를 1.1정도로 할 필요가 있다. 길이 비가 1에 가깝게 가면 요동각은 급격히 증가하며 길이 오차가 요동각에 큰 영향을 준다. 그러므로 큰 요동각을 레버 크랭크 기구로 실현하기 위해서는 레버 크랭크 기구 길이의 정도에 주의가 필요하다는 것을 알 수 있다.

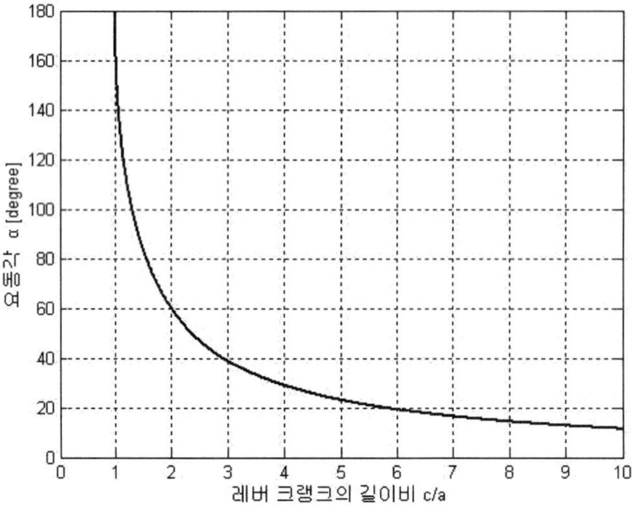

그림 3.3 레버 크랭크의 길이비와 요동각의 관계

그림 3.2에서 크랭크 a의 길이를 30㎜, 레버 c의 요동각을 60°라 하면 레버 c의 길이는 식 (3.2)로부터 60㎜가 된다. 고정 링크 d의 길이를 100㎜로 했을 때 크랭크 a가 전회전하

기 위한 연결 링크 b의 길이는 그라스호프의 정리로부터 구하면 된다. 즉, 크랭크 a가 전회전하기 위해서는 연결 링크 b의 길이는 다음 식을 만족할 필요가 있다.

$a + b < c + d$ 로부터 $b < c + d - a = 130$㎜

$a + c < b + d$ 로부터 $b > a + c - d = -10$㎜

$a + d < b + c$ 로부터 $b > a + d - c = 70$㎜

따라서 연결 링크 b의 길이가 70~130㎜의 범위 내에 있을 때 크랭크 a는 전회전을 한다.

따라서 링크 b의 길이를 100㎜로 하면 각 링크 길이는 a=30㎜, b=100㎜, c=60㎜, d=100㎜가 된다.

3.1.3 레버 크랭크 기구 설계

(1) 기구요소 파트모델링

(a) 링크 a 파트모델링

그림 3.4는 크랭크(링크 a)의 2차원 도면이다. 그림 3.5는 크랭크를 그림의 치수대로 파트 모델링 한 것이다. 여기서 한 가지 고려할 점은 여러 부품을 어셈블리 할 때 여러 기준(데이텀) 평면들이 뒤엉켜 구분하기 어려운 경우가 많으므로 미리 알기 쉽도록 부품 모델링 할 때 각 기준 평면에 이름을 따로 붙여 놓으면 편리하다. 예를 들어 크랭크의 경우는 link_a_front, link_a_right, link_a_top 등으로 이름을 붙여 놓으면 나중에 어셈블리 할 때 바로 구분이 가므로 어셈블리하기에 편리하다.

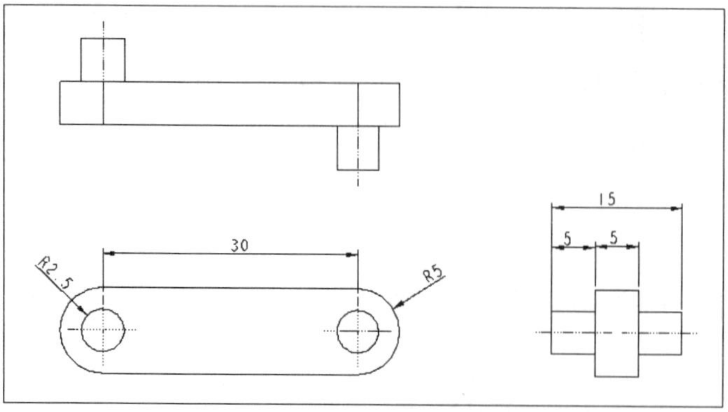

그림 3.4 크랭크 2D 모델

그림 3.5 크랭크 3D 모델

(b) 링크 b 파트모델링

그림 3.6은 링크 b의 2차원 도면을 나타낸다. 그림 3.7은 링크 b의 도면 치수대로 파트 모델링을 한 것이다. 각 기준 평면에 이름은 link_b_front, link_b_right, link_b_top 등으로 한다.

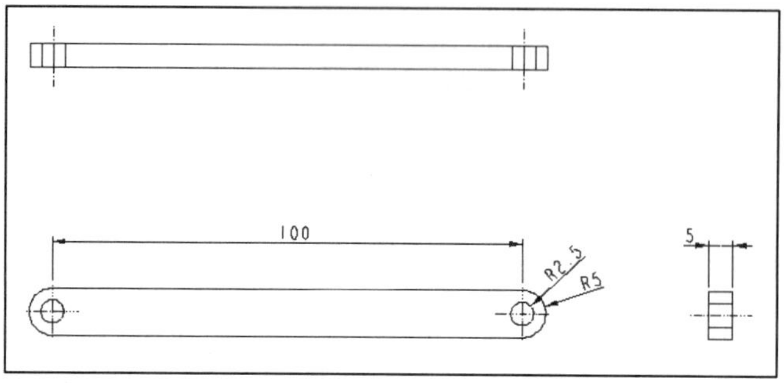

그림 3.6 링크 b 2D 모델

그림 3.7 링크 b 3D 모델

(c) 링크 c 파트모델링

그림 3.8은 링크 c의 3차원 파트 모델을 나타내며 그림 3.9는 이 파트 모델의 2차원 도면을 나타낸다. 그림의 치수대로 파트 모델링을 한다. 각 기준 평면에 이름은 link_c_front, link_c_right, link_c_top 등으로 한다.

그림 3.8 링크 c 3D 모델

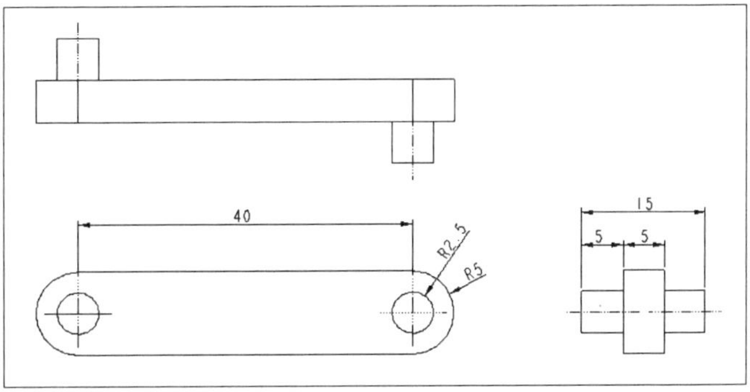

그림 3.9 링크 c 2D 모델

(d) 링크 d 파트모델링

그림 3.10은 링크 d의 3차원 파트 모델을 나타내며 그림 3.11은 이 파트 모델의 2차원 도면을 나타낸다. 그림의 치수대로 파트 모델링을 한다. 각 기준 평면에 이름은 link_d_front, link_d_right, link_d_top 등으로 한다.

그림 3.10 링크 d 3D 모델

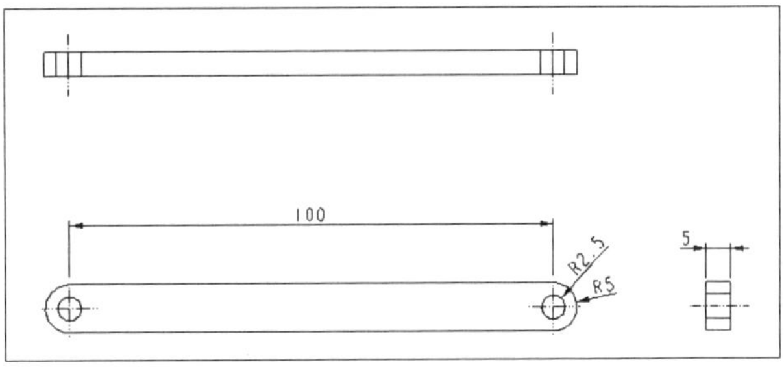

그림 3.11 링크 d 2D 모델

(3) 기구 요소 조립

(a) 링크 d 어셈블리

고정 링크는 다음과 같이 조립을 행한다.

㉠ 새로 만들기 아이콘을 클릭하고 유형은 어셈블리, 파일이름은 lever_crank _mechanism

로 하고 확인 버튼을 누르고 난 후 단위 설정(mmKs계)을 한다.

㉡ 작업 화면의 어셈블리 도구( )를 클릭하고 최단 링크와 이웃하는 링크 d파일(link_d.prt)을 오픈한다.

㉢ 어셈블리 입력값의 설정 창에서 사용자 정의와 자동 정의가 있는데 자동을 선택하고 구속 유형은 기본으로 한다.

㉣ 조립 설정 창의 조립상태에서 "연결 정의가 완료 되었습니다"라는 메시지가 나타났을 때 확인 버튼을 누른다.

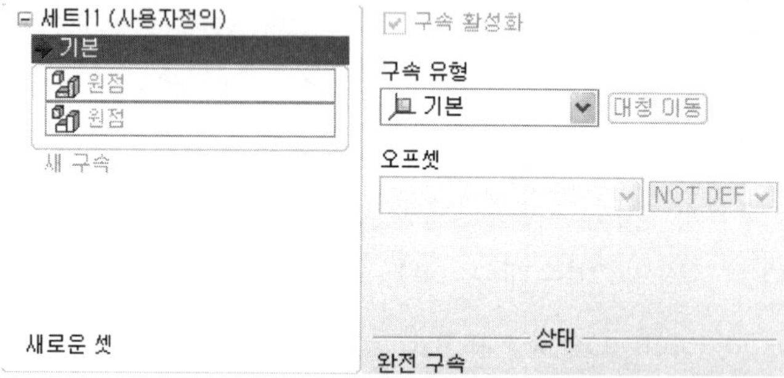

그림 3.12 어셈블리 입력 설정 창

(b) 링크 a 어셈블리

크랭크는 다음과 같이 조립을 행한다.

㉠ 어셈블리 도구에서 를 클릭하고 링크 a 파일(link_a.prt)을 오픈한다.

㉡ 레버 크랭크 기구에서 링크 a는 원동절이 되며 회전 움직임만 하므로 자유도는 1이며 핀 연결을 하면 되며 따라서 어셈블리 정의 편집 창에는 사용자 정의와 자동 정의가 있는데 이 가운데 사용자 정의에서 핀 연결(핀)을 클릭한다.

㉢ 배치 창에서 핀 연결의 이름을 link_d_link_a를 입력한다.

㉣ 구속의 항목 중에서 축 정렬은 두 파트모델이 축을 중심으로 일치하도록 설정하는 부분이고 변환은 두 파트모델이 상대적으로 움직일 평면을 일치시키는 부분이다. 먼저 축 정렬에 대해서는 두 파트의 구멍의 중심축(A4와 A6)을 차례로 클릭하면 자동적으로 두 구멍의 중심축(A4와 A6)이 나란히 놓이게 된다.

㉤ 다음은 자동적으로 변환으로 넘어간다. 변환은 링크가 일정 면을 따라 움직여야 하므로 서로 맞닿는 링크 면을 지정하면 된다. 즉, 변환축에서 두 파트의 제로 위치면 설정으로 컴포넌트 제로 참조 선택은 고정 링크 link_a의 아랫면을, 어셈블리 제로 참조 선택은 link_d의 윗면을 차례로 클릭한다(그림 3.13).

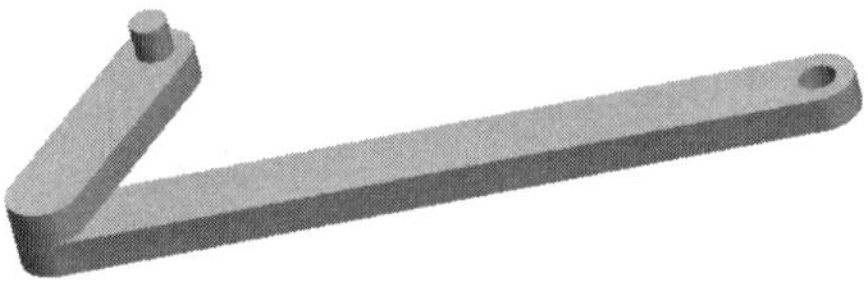

그림 3.13 회전면 일치 핀 결합 (link_d_link_a 결합)

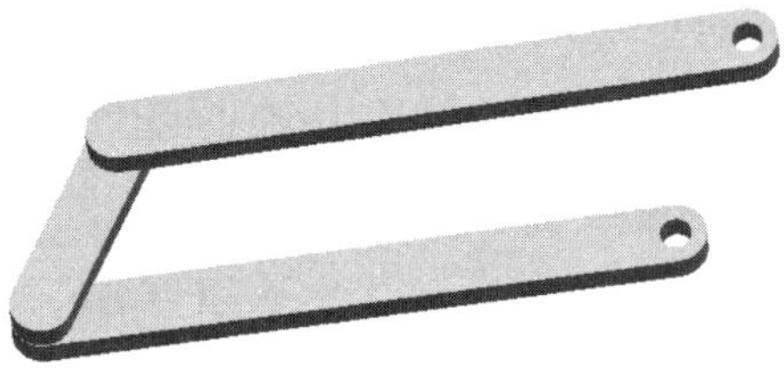

그림 3.14 link_d_link_a_link_b를 결합한 상태

(c) 링크 b 어셈블리

연결 링크 b는 다음과 같이 조립을 행한다.

㉠ 어셈블리 도구에서 를 클릭하고 link_b.prt파일을 오픈한다.

㉡ 앞에서와 마찬가지로 두 링크(link_a와 link_b) 사이에는 회전만 이루어져야 하므로 핀 연결을 해야 한다. 따라서 사용자 정의에서 핀을 클릭한다.

㉢ 배치 창에서 핀 연결의 이름을 link_a_link_b로 입력한다.

㉣ 축 정렬에서 두 파트의 제로 위치면 설정으로 컴포넌트 제로 참조 선택은 link_a의 회전축을, 어셈블리 제로 참조 선택은 link_b의 회전축을 차례로 클릭한다.

㉤ 변환은 두 파트모델이 상대적으로 움직일 평면으로 link_a의 윗면과 link_b의 아랫면을 설정하고 확인 버튼을 클릭한다(그림 3.14).

(d) 링크 c 어셈블리

레버는 다음과 같이 조립을 행한다.

㉠ 어셈블리 아이콘()을 클릭하고 link_c.prt 파일을 오픈한다.

㉡ 마지막 링크 역시 앞에서와 마찬가지로 두 링크(link_b와 link_c) 및 두 링크(link_c와

link_d) 사이에는 회전만 이루어져야 하므로 pin 연결을 해야 한다. 따라서 사용자 정의에서 핀으로 설정한다.

ⓒ 배치 창에서 핀 연결의 이름을 link_b_link_c로 입력한다.

ⓓ 축 정렬에서 두 파트의 제로 위치면 설정으로 컴포넌트 제로 참조 선택은 link_b의 회전축을, 어셈블리 제로 참조 선택은 link_c의 회전축을 차례로 클릭한다.

ⓔ 변환은 두 파트모델이 상대적으로 움직일 평면으로 link_c의 윗면과 link_b의 아랫면을 설정한다.

ⓕ 메뉴 상에서 새로운 셋을 클릭하여 한 가지 더 연결을 추가해야 한다. 왜냐하면 4절 링크가 폐쇄적이므로 link_c와 link_d를 핀 연결 관계의 구속조건을 주어야 하기 때문이다. 연결조건은 위와 마찬가지로 사용자 정의에서 핀으로 설정한다.

ⓖ 배치 창에서 핀 연결의 이름을 link_c_link_d로 입력한다.

ⓗ 축 정렬에서 두 파트의 제로 위치면 설정으로 컴포넌트 제로 참조 선택은 link_c의 회전축을, 어셈블리 제로 참조 선택은 link_d의 회전축을 차례로 클릭한다.

ⓘ 변환은 두 파트모델이 상대적으로 움직일 평면으로 link_c의 윗면과 link_d의 아랫면을 설정한다. 그러면 그림 3.15와 같이 결합 된다.

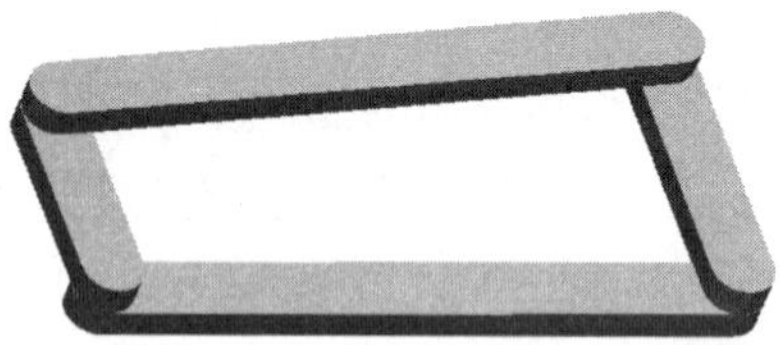

그림 3.15 완전 결합된 모양

(4) 제어 설계 및 운동 해석

(가) 제어 초기 위치 설정

기구에서 제로 위치를 어떻게 설정하느냐에 따라 운동 시작점이 달라지며 운동 그래프의 초기 값이 달라진다. 따라서 제로 위치 설정을 정확히 해 주는 것이 좋다. 이러한 제로 위치 설정은 조립할 때에 미리 줄 수도 있고 메커니즘 도구에서 설정할 수도 있다. 경우에 따라서 설정해주면 된다. 여기서는 메커니즘 도구에서 제로 위치를 설정하는 방법을 소개한다.

㉠ 풀다운 메뉴의 응용 프로그램에서 메커니즘을 클릭하고 메커니즘 환경으로 들어간다.

㉡ 좌측에 메커니즘 모델트리가 나타나며 여기서 결합의 +부분을 클릭하면 조인트가 나타난다. 다시 조인트의 +를 누르면 부품의 연결 항목이 나온다. 여기서 link_d_link_a의 +를 누른다.

㉢ link_d_link_a의 변환축에 마우스를 갖다 대고 오른쪽 버튼을 1초 정도 누르고 정의 편집을 클릭한다.

㉣ 정의 편집에서 움직임의 한계를 주기 위해 링크 a에 커서를 갖다 대고 Ctrl와 Alt와 마우스의 왼쪽 버튼을 동시에 누르면서(또는 컴포넌트 드래그 를 이용하여) 회전시켜서 시작하고자 하는 위치에 커서를 멈추고 제로 위치설정 버튼을 눌러 제로 위치를 결정하고 0으로 설정한다.

㉤ 확인 버튼을 누른다.

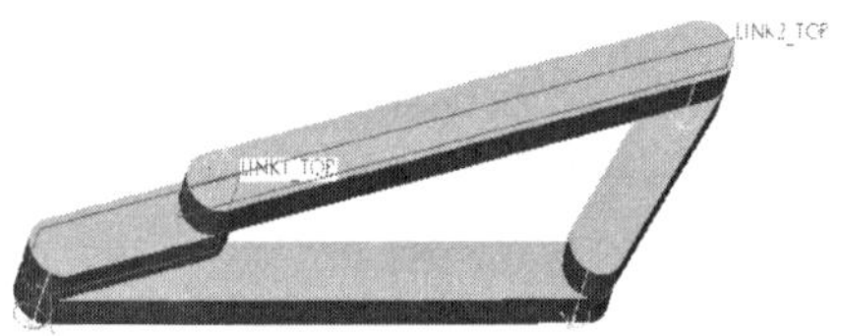

그림 3.16 제로위치 설정모습

(나) 위치 제어

서보 모터의 프로파일에서 사양명세가 위치인 경우를 말하며 강도로서는 램프, 코사인, 테이블을 사용하여 레버 크랭크 기구의 크랭크의 회전 위치에 따른 레버의 요동 동작을 얻는데 사용한다.

(a) 램프에 의한 위치 제어

램프는 시간에 따른 크랭크의 위치(각도) 변화를 비례적으로 변화하게 만드는 것이다. 제어 예로서 정회전 3회, 역회전 2회, 정회전 1회, 역회전 3회를 연속해서 동작하도록 총

90초 동안 정역회전 메커니즘을 설계한다.

(ⅰ) 정회전 조건주기

크랭크가 정회전이 되도록 드라이브를 설계해 보도록 한다.

㉠ 이제는 동력원(드라이버)을 설정하여야 하는데 먼저 모델트리의 link_d_link_a의 회전축에 마우스를 갖다 대고 오른쪽 버튼을 1초 정도 누르고 서보 모터를 클릭한다.

㉡ 서보 모터의 이름은 servomotor1로 하고 서보 모터의 유형에서 동작축은 link_d_link_a_ axis를 설정한다. 여기서 서보 모터의 방향을 보고 방향이 다르면 대칭이동을 클릭한다.

㉢ 다음은 프로파일 설정으로 사양 명세는 위치로 하고 강도는 램프로 설정한다. 크랭크가 1초에 36°씩 10초 동안에 360°(1회전) 돌도록 설정을 한다(그림 3.17).

㉣ 확인을 클릭하고 마친다.

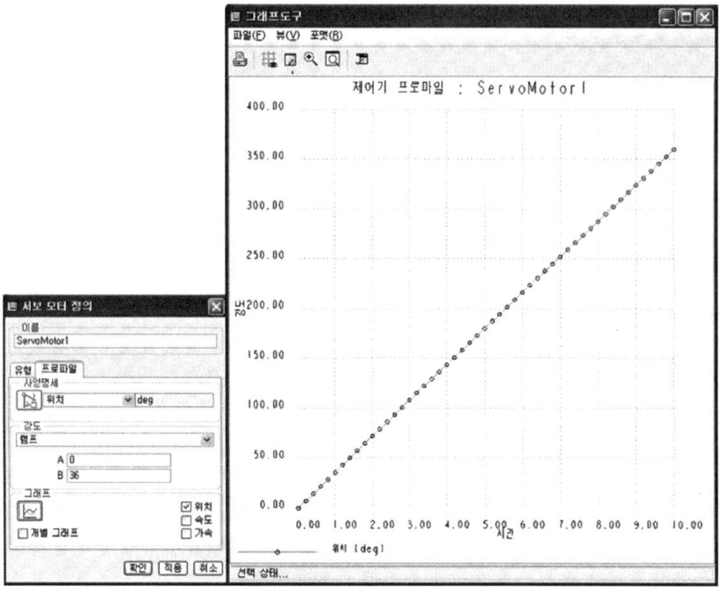

그림 3.17 정회전 램프 설정

(ⅱ) 역회전 조건주기

크랭크가 역회전이 되도록 드라이브를 설계해 보도록 한다.

㉠ 이제는 동력원(드라이버)을 설정하여야 하는데 먼저 모델트리의 link_d_link_a의 회전축에 마우스를 갖다 대고 오른쪽 버튼을 1초 정도 누르고 서보 모터를 클릭한다.

㉡ 서보 모터의 이름은 servomotor2로 하고 서보 모터의 유형에서 동작축은 link_d_link_a_ axis를 설정한다. 여기서 서보 모터의 방향을 보고 방향이 다르면 대칭이동을 클릭한다.

㉢ 다음은 프로파일 설정으로 사양 명세는 위치로 하고 강도는 램프로 설정한다. 크랭크가 1초에 -36°씩 10초 동안에 -360°(1회전) 돌도록 설정을 한다(그림 3.18).

㉣ 확인을 클릭하고 마친다.

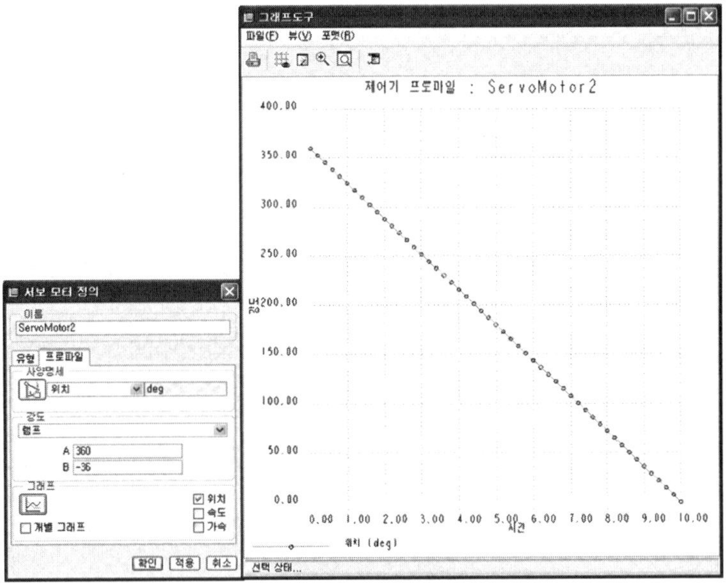

그림 3.18 역회전 램프 설정

(iii) 운동 해석

드라이브 설정 및 동작 제어조건을 주었으므로 이제는 주어진 동작 조건대로 제대로 움직이는지 확인할 필요가 있다. 이러한 메커니즘 운동 해석을 위한 해석 과정은 다음과 같다.

㉠ 메커니즘 해석 아이콘( )의 다이얼로그 박스에서 이름을 ramp_crank로 입력한다.

㉡ 해석 유형을 위치로 설정한다.

ⓒ 그래픽 디스플레이는 해석 메뉴 가운데 길이와 프레임수로 설정하고 종료 시간은 총 회전 시간이 정회전, 역회전을 합쳐 90초이므로 90, 프레임수는 500으로 값을 설정한다(그림 3.19의 좌측).

ⓔ 모터는 정회전 3회와 역회전 2회전, 정회전 1회와 역회전 3회를 연달아서 동작하기 위해 그림 3.19의 우측과 같이 설정하고 실행을 클릭한다.

ⓜ 중간에 저장한 것을 모두 삭제하고 마지막 것만 저장하기 위해서 풀다운 메뉴에서 파일 〉 삭제 〉 이전 버전을 클릭하고서 확인을 클릭하며 메인 도구상자에서 저장(▭) 을 클릭한다.

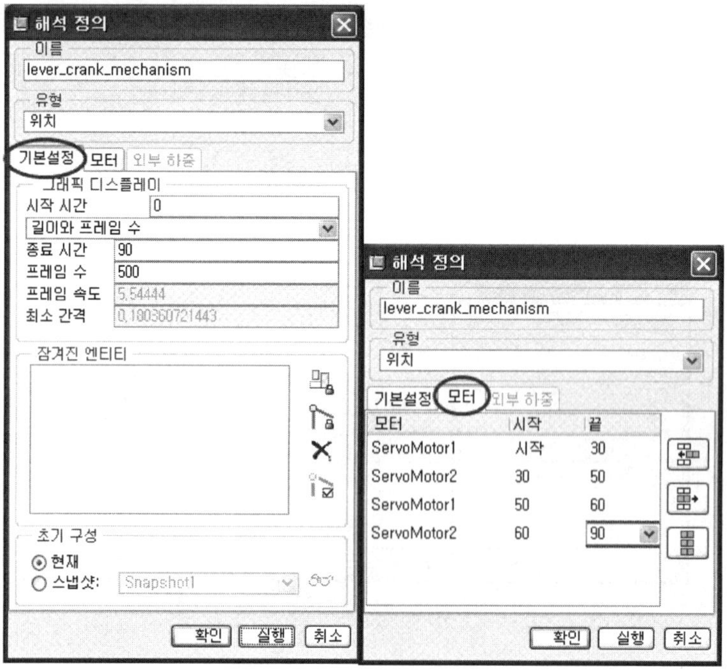

그림 3.19 정-역회전 해석 정의

(iv) 운동 해석 그래프

위의 운동실행을 바탕으로 해석 결과를 그래프로 제작해 보기로 한다.

㉠ 오른쪽 메뉴에서 측정 아이콘 ☒을 클릭하면 측정 결과 창이 나타난다.

㉡ 측정 결과 창에서 새로운 측정 생성 아이콘 ▢을 누르면 단위 정의 창이 나타나며

여기서 측정 하고자 하는 결과의 그래프 이름을 lever로 한다.

ⓒ 유형은 위치로 하고 동작축은 link_c_link_d.axis_1으로 하고 확인을 클릭한다.

ⓔ 측정 결과 창에서 결과 셋을 눌러 주면 측정 이름에 대한 값들이 나타난다. 그래프 이름 lever를 누르고 위쪽에 를 누르면 그림 3.20과 같은 측정 결과가 그래프로 나타나며 이것을 보면 레버 크랭크 기구가 정확히 설계되었음을 알 수 있다.

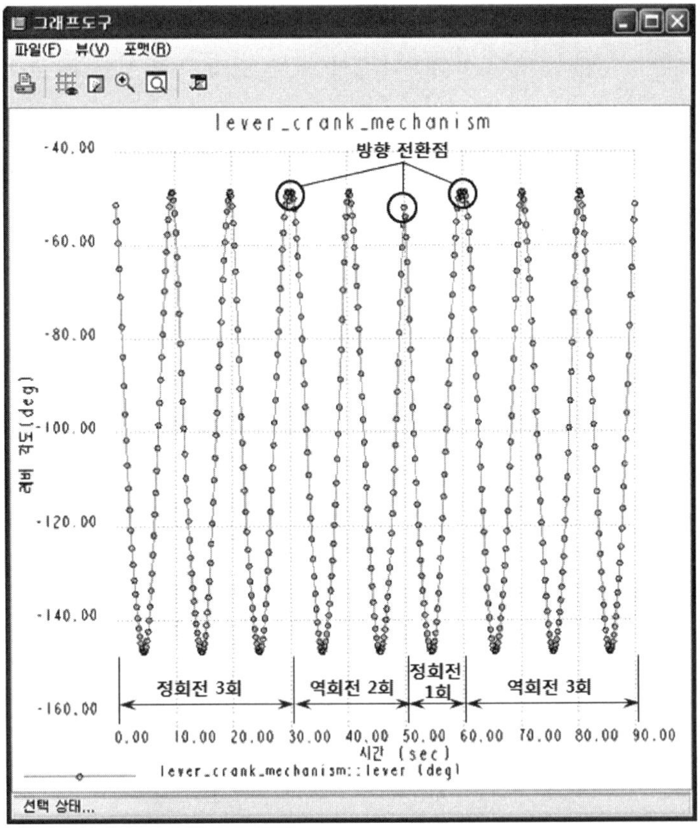

그림 3.20 설계 메커니즘 운동해석 그래프

(b) 코사인에 의한 위치 제어

코사인에 의한 위치 변화는 정회전과 역회전을 반복한다. 즉, 정회전 역회전을 360°씩 한 번 반복한다.

제어 예로서 정회전과 역회전을 반복해서 6번씩하도록 설계한다.

(i) 코사인 조건 주기

크랭크가 일정 속도가 되도록 드라이브를 설정해 보도록 한다.

㉠ 이제는 동력원(드라이버)을 설정하여야 하는데 먼저 모델트리의 link_d_link_a의 회전축에 마우스를 갖다 대고 오른쪽 버튼을 1초 정도 누르고 서보 모터를 클릭한다.

㉡ 서보 모터 이름은 servomotor3으로 하고 서보 모터의 유형에서 동작축은 link_d_link_a_ axis를 설정한다. 여기서 서보 모터의 방향을 보고 방향이 다르면 대칭이동을 클릭한다.

㉢ 다음은 프로파일 설정으로 사양 명세는 위치로 하고 강도는 코사인으로 설정하는데 0°를 기준으로 상하로 180°씩 정역회전 하도록 그림 3.21과 같이 한다.

㉣ 확인을 클릭하고 마친다.

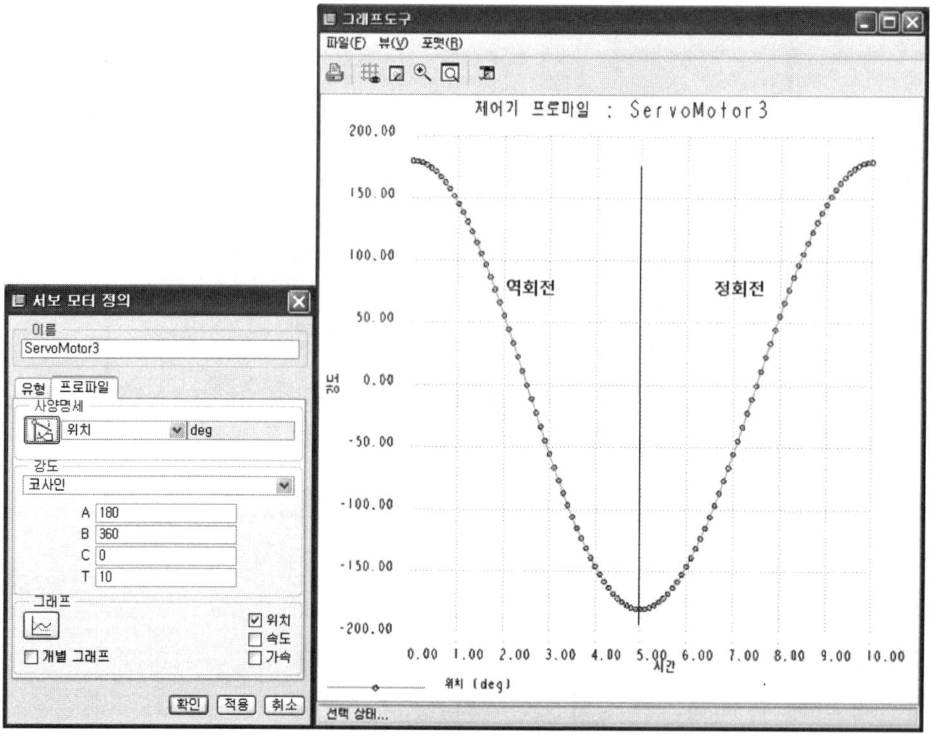

그림 3.21 코사인 회전 설정

(ⅱ) 운동 해석

드라이브 설정 및 동작 제어조건을 주었으므로 이제는 주어진 동작 조건대로 제대로 움직이는지 확인할 필요가 있다. 이러한 메커니즘 운동 해석을 위한 해석 과정은 다음과 같다.

㉠ 메커니즘 해석 아이콘( )의 다이얼로그 박스에서 이름을 cosine_crank로 입력한다.

㉡ 해석 유형을 위치로 설정한다.

㉢ 그래픽 디스플레이는 길이와 프레임수로 설정하고 종료 시간은 설계조건에 따라 정회전과 역회전을 연달아서 6회 해야 하므로 60, 프레임수 600으로 값을 설정한다(그림 3.22의 좌측).

㉣ 모터는 그림 3.22의 우측과 같이 설정하고 실행을 클릭한다.

㉤ 중간에 저장한 것을 모두 삭제하고 마지막 것만 저장하기 위해서 풀다운 메뉴에서 파일 〉 삭제 〉 이전 버전을 클릭하고서 확인을 클릭하며 메인 도구상자에서 저장( ) 을 클릭한다.

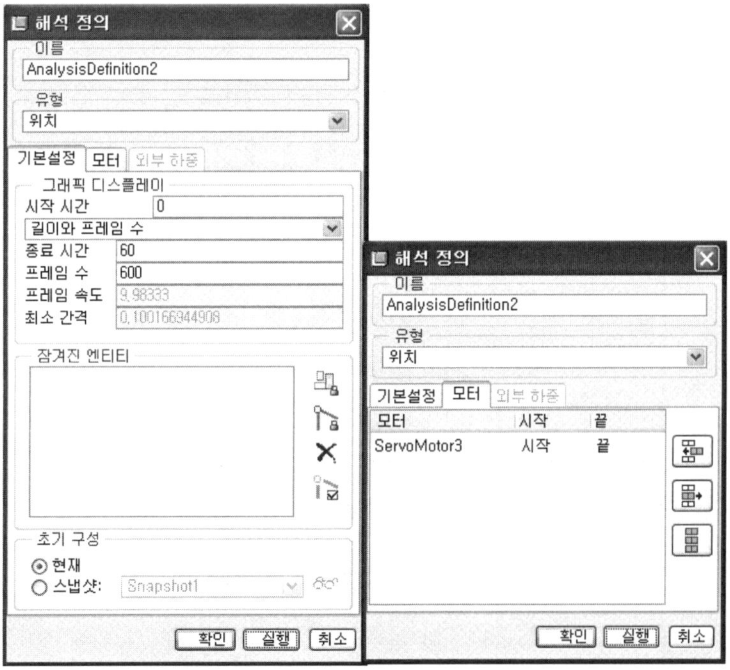

그림 3.22 코사인 회전 해석 설정

(iii) 운동 해석 그래프

다음과 같이 해석 결과를 그래프로 제작해 보기로 한다.

㉠ 오른쪽 메뉴에서 측정 아이콘 ▨을 클릭하면 측정 결과 창이 나타난다.

㉡ 측정 결과 창에서 새로운 측정 생성 아이콘 🗋을 누르면 단위 정의 창이 나타나며 여기서 측정 하고자 하는 결과의 그래프 이름을 lever로 한다.

㉢ 유형은 위치로 하고 동작축은 link_c_link_d.axis_1으로 하고 확인을 클릭한다.

㉣ 측정 결과 창에서 결과 셋의 cosine_crank를 눌러 주면 측정 이름에 대한 값들이 나타난다. 그래프 이름 lever를 누르고 위쪽에 ⦣를 누르면 그림 3.23과 같은 측정 결과가 그래프로 나타나며 이것을 보면 레버 크랭크 기구가 정확히 설계되었음을 알 수 있다.

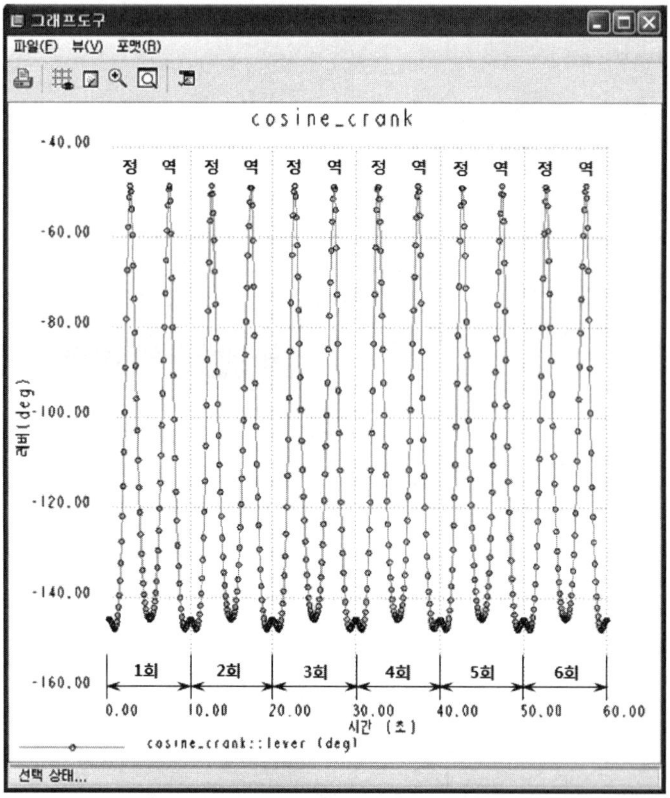

그림 3.23 코사인 설계 메커니즘 운동해석 그래프

(c) 테이블에 의한 위치 제어

테이블에 의한 위치 변화는 정회전과 역회전을 나름대로 정의하여 표로 나타낼 수 있으며 제어 형태를 일정하지 않고 불규칙적으로도 제어할 수 있도록 다양화를 줄 수 있다. 예로서 12초 동안 정회전을 2회전 및 20초 동안 정회전을 1회전 하며 역회전은 36초 동안 2회전 및 12초 동안 3회전하도록 총 80초 동안 연속 정회전 및 역회전하는 메커니즘을 설계한다.

(i) 테이블 조건주기

㉠ 이제는 동력원(드라이버)을 설정하여야 하는데 먼저 모델트리의 link_d_link_a의 회전축에 마우스를 갖다 대고 오른쪽 버튼을 1초 정도 누르고 서보 모터를 클릭한다.

㉡ 서보 모터의 이름은 servomotor4로 하고 서보 모터의 유형에서 동작축은 link_d_link_a_ axis를 설정한다. 여기서 서보 모터의 방향을 보고 방향이 다르면 대칭이동을 클릭한다.

㉢ 다음은 프로파일 설정으로 사양 명세는 위치로 하고 강도는 테이블로 설정한다. 0~12초 동안은 2회 정회전 하도록 테이블을 설정하고 13~32초 동안은 1회 정회전 하도록 테이블을 설정하며 33~68초 동안은 2회 역회전하며 마지막으로 69~80초 동안은 3회 역회전 하도록 테이블을 설정한다(표 3.5). 그래프로 나타낸 것이 그림 3.24이다.

㉣ 확인을 클릭하고 마친다.

표 3.5 80초 동안 정회전 및 역회전의 내용

Time (sec.)	Magnitude (deg.)	Time (sec.)	Magnitude (deg.)	Time (sec.)	Magnitude (deg.)	Time (sec.)	Magnitude (deg.)
1	60	21	882	41	900	61	500
2	120	22	900	42	880	62	480
3	180	23	918	43	860	63	460
4	240	24	936	44	840	64	440
5	300	25	954	45	820	65	420
6	360	26	972	46	800	66	400
7	420	27	990	47	780	67	380
8	480	28	1008	48	760	68	360
9	540	29	1026	49	740	69	270
10	600	30	1044	50	720	70	180
11	660	31	1062	51	700	71	90
12	720	32	1080	52	680	72	0
13	738	33	1060	53	660	73	−90
14	756	34	1040	54	640	74	−180
15	774	35	1020	55	620	75	−270
16	792	36	1000	56	600	76	−360
17	810	37	980	57	580	77	−450
18	828	38	960	58	560	78	−540
19	846	39	940	59	540	79	−630
20	864	40	920	60	520	80	−720

(ii) 운동 해석

드라이브 설정 및 동작 조건을 주었으므로 이제는 주어진 동작 조건대로 제대로 움직이는지 확인할 필요가 있다. 이러한 메커니즘 해석을 위한 해석 과정은 다음과 같다.

㉠ 메커니즘 해석 아이콘( )의 다이얼로그 박스에서 이름을 table_crank로 입력한다.

㉡ 해석 유형을 위치로 설정한다.

㉢ 그래픽 디스플레이는 길이와 속도로 설정하고 종료 시간은 설계대로 80, 프레임 속도 10으로 값을 설정한다.

㉣ 실행을 클릭한다.

㉤ 중간에 저장한 것을 모두 삭제하고 마지막 것만 저장하기 위해서 풀다운 메뉴에서 파일 〉 삭제 〉 이전 버전을 클릭하고서 확인을 클릭하며 메인 도구상자에서 저장

(💾) 을 클릭한다.

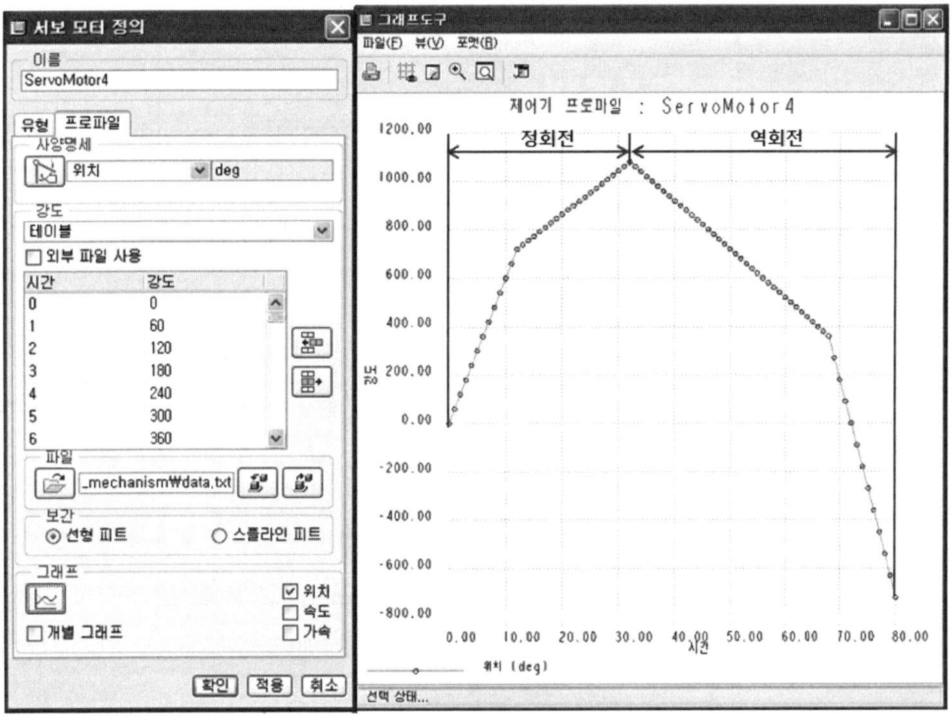

그림 3.24 테이블 회전 설정

(iii) 운동 해석 그래프

다음과 같이 해석 결과를 그래프로 제작해 보기로 한다.

㉠ 오른쪽 메뉴에서 측정 아이콘 을 클릭하면 측정 결과 창이 나타난다.

㉡ 측정 결과 창에서 새로운 측정 생성 아이콘 을 누르면 단위 정의 창이 나타나며 여기서 측정 하고자 하는 결과의 그래프 이름을 lever로 한다.

㉢ 유형은 위치로 하고 동작축은 link_c_link_d.axis_1으로 하고 확인을 클릭한다.

㉣ 측정 결과 창에서 결과 셋의 table_crank를 눌러 주면 측정 이름에 대한 값들이 나타난다. 그래프 이름 lever를 누르고 위쪽에 를 누르면 그림 3.25와 같은 측정 결과가 그래프로 나타나며 이것을 보면 레버 크랭크 기구가 정확히 설계되었음을 알 수 있다.

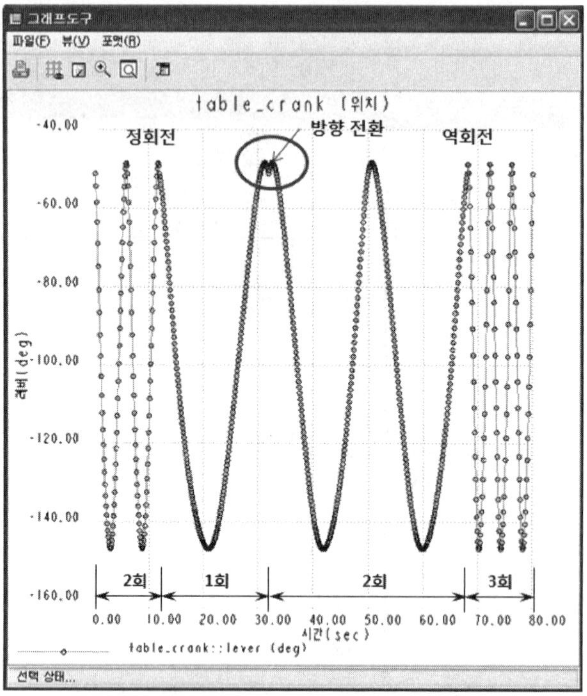

그림 3.25 테이블 설계 메커니즘 동작해석 그래프

(4) 동영상 제작

위에서 행한 운동 해석을 다음과 같이 동영상으로 제작해 보기로 한다.

㉠ 이미 메커니즘 해석이 끝나면 동작이 저장되어 있으므로 작업화면 오른쪽 메뉴에서 플레이백 아이콘(◀▶)을 클릭하면 그림 3.26과 같은 창이 나타난다.

㉡ 플레이백 창에서 다시 플레이백(◀▶)을 누르면 애니메이트 창이 나타난다.

㉢ 애니메이트 창에서 캡처를 클릭한다.

㉣ 동영상 이름은 운동 분석 파일 이름과 같게 한다. 즉, ramp_crank.mpg, cosine_crank.mpg, table_crank.mpg로 하고 동영상 형태는 MPEG로 하고 이미지 크기는 기본으로 특별한 요구 사항이 없으면 그대로 확인 버튼을 누른다. 그러면 동작이 이루어지면서 자동적으로 동영상이 만들어진다.

㉤ 애니메이트 창 닫기를 한다.

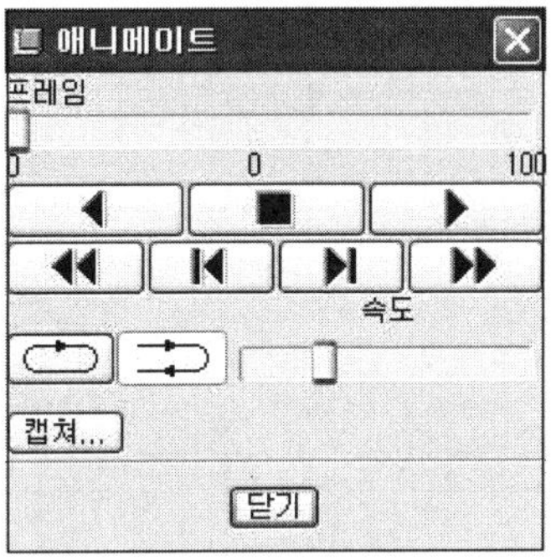

그림 3.26 애니메이트 창

도 전 3-1

레버 크랭크 기구에서 사용한 파트모델링 링크를 이용하여 양 크랭크 기구와 양 레버 기구를 설계하고 설계가 잘 되었는지 체크하라.

3.1.4 기어기구 설계

(1) 설계 예

10초 동안 원동기어가 1회전을 할 때 종동기어가 2회전 즉, 가속비가 2가 되도록 스퍼기어 기구를 설계한다.

(2) 파트 모델링

(a) 암

그림 3.27은 암 파트 모델의 2차원 도면이다. 이 암을 도면의 치수대로 그림 3.28과 같이 파트 모델링 한다. 암의 파트 모델링 시에 각 기준 평면에 이름을 따로 붙여 놓는다. 즉, arm_front, arm_right, arm_top 등으로 이름을 붙여 놓는다.

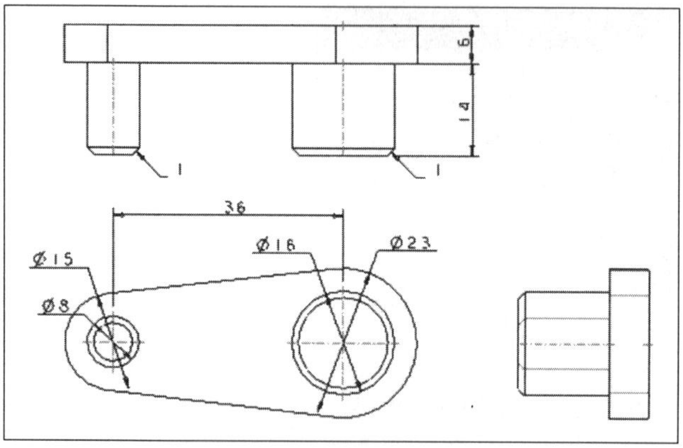

그림 3.27 암의 제작도면

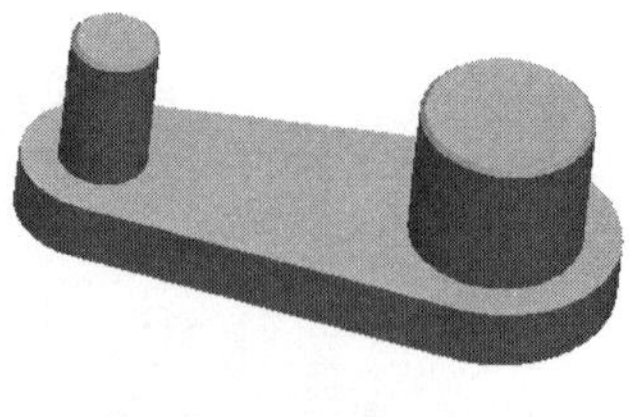

그림 3.28 암 파트모델

(b) 종동 기어

그림 3.29는 기어 잇수가 12인 종동 기어 파트 모델의 2차원 도면이다. 이 종동 기어를 도면의 치수대로 그림 3.30과 같이 파트 모델링 한다. 그리고 저장 파일 이름을 driven_gear라 한다. 또한 종동 기어의 각 기준 평면에 이름을 다른 이름 즉, driven_gear_front, driven_gear_right, driven_gear_top 등으로 이름을 붙여 놓는다. 그 이유는 조립을 할 때 부품이 여러 가지이면 구별이 어렵기 때문이다. 따라서 습관을 붙이는 것이 좋을 것이다.

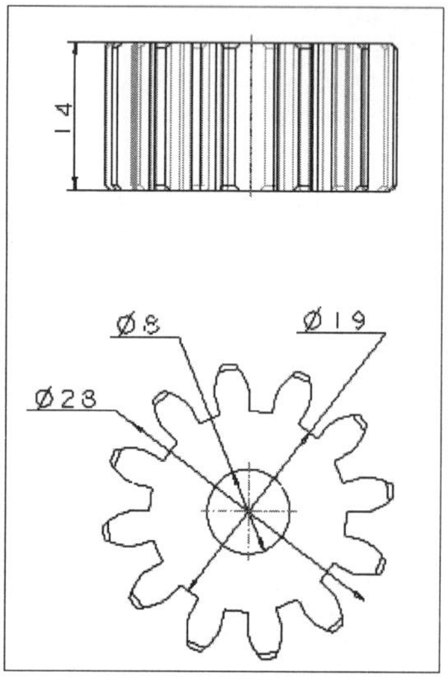

그림 3.29 종동기어 2D 도면

그림 3.30 종동 기어 3D 모델

(c) 원동 기어

원동 기어 잇수는 가속비가 2이고 종동기어의 잇수가 12이므로 식 (1.2)에 의해 24가 된다. 그림 3.31은 원동 기어 파트 모델의 2차원 도면이다. 이 원동 기어를 도면의 치수대로 그림 3.32와 같이 파트 모델링 한다. 그리고 저장 파일 이름을 driving_gear이라 한다. 또한 원동 스퍼기어의 각 기준 평면에 이름을 다른 이름 즉, driving_gear_front, driving_gear_right, driving_gear_top 등으로 이름을 붙여 놓는다.

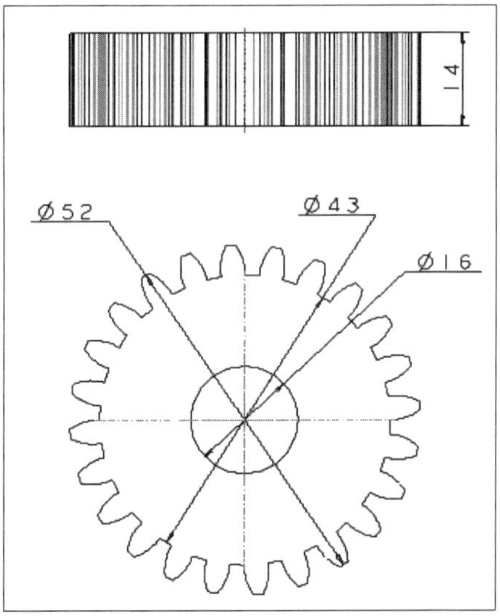

그림 3.31 원동 기어 2D 도면

그림 3.32 원동 기어 3D 모델

(3) 어셈블리

(a) 기어 베이스 고정

㉠ 새로 만들기 아이콘을 클릭하고 유형은 어셈블리, 파일이름은 gear_mechanism로 하고 확인 버튼을 누른다.

㉡ 어셈블리 아이콘(▣)을 누르고 arm.prt 파일을 오픈한다.

㉢ 다이얼로그 박스의 배치에서 기본이름(예; connect**)을 클릭하면 오른쪽에 이름 설정이 나타나며 여기서 이름을 base로 입력하고 Enter키를 클릭한다.

㉣ 기본(▣)을 선택하여 어셈블리의 기본으로 정하고 확인 버튼을 누른다.

(b) 원동 기어 연결

㉠ 어셈블리 아이콘(▣)을 누르고 driving_gear.prt를 오픈한다.

㉡ 다이얼로그 박스의 배치에서 기본이름(예; connect**)을 클릭하면 오른쪽에 이름 설정이 나타나며 여기서 이름을 driving_gear로 입력하고 Enter키를 클릭한다.

㉢ 기어는 회전 움직임만 하므로 자유도는 1이고 핀 연결을 하면 된다. 따라서 사용자 정의에서 핀으로 설정하고 두 파트모델의 중심축(암의 원동기어 연결 중심축과 원동기어의 암 연결 중심축)을 클릭하여 축 정렬을 설정한다.

㉣ 변환은 두 파트모델이 상대적으로 움직일 평면으로 암의 연결 기둥 윗면과 원동기어의 윗면을 설정하고 확인 버튼을 클릭한다.

㉤ 회전축은 기어 이의 볼록 나온 중앙 부분을 잡기 위해 종동 기어의 DRIVING_DTM2 면과 ASM_TOP면을 일치 시킨다(그림 3.33).

그림 3.33 원동 기어를 조립한 모습

(c) 종동 기어 연결

㉠ 어셈블리 아이콘(▣)을 누르고 driven_gear.prt 파일을 오픈한다.

㉡ 다이얼로그 박스의 배치에서 기본이름(예; connect**)을 클릭하면 오른쪽에 이름 설정이 나타나며 여기서 이름을 driven_gear로 입력하고 Enter키를 클릭한다.

㉢ 사용자 정의에서 핀으로 설정하고 두 파트모델의 중심축(암의 종동기어 연결 중심축과

종동기어의 암 연결 중심축)을 클릭하여 축 정렬을 설정한다.

㉣ 변환은 두 파트모델이 상대적으로 움직일 평면으로 암의 연결 기둥 윗면과 종동기어의 윗면을 설정하고 확인 버튼을 클릭한다.

㉤ 회전축은 기어 이의 움푹 들어간 중앙 부분을 잡기 위해 종동 기어의 DRIVEN_DTM4 면과 ASM_TOP면을 일치 시킨다(그림 3.34).

㉥ 메인 도구상자에서 저장(💾) 를 클릭하고 확인을 클릭한다.

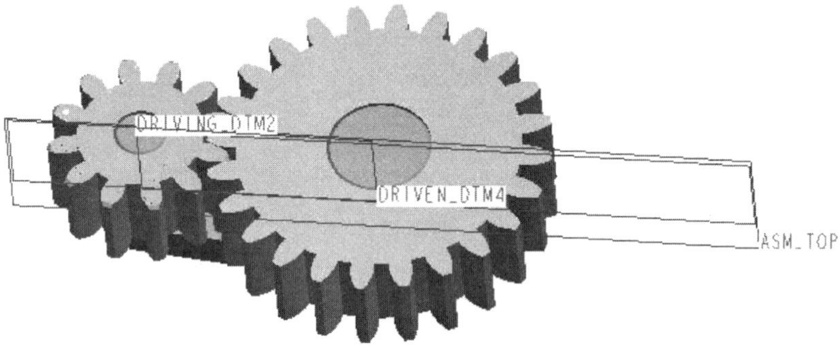

그림 3.34 종동 기어를 조립한 모습

(4) 메커니즘 설계

지금까지는 부품을 조립하여 움직일 수 있는 상태까지 만들어 보았다. 이제부터는 완성된 조립 형상을 움직여 보도록 한다.

(a) 연결조건 주기

㉠ 풀다운 메뉴의 응용 프로그램에서 메커니즘을 클릭하고 메커니즘 환경으로 들어간다.

㉡ 좌측에 메커니즘 모델트리에서 결합의 +부분을 클릭하여 기어 메뉴에 커서를 갖다 대고 마우스 오른 쪽 버튼을 1초 정도 누르면 새로 만들기 메뉴가 나오며 이것을 클릭한다(그림 3.35).

㉢ 기어 쌍의 정의 다이얼로그박스의 기어1에서 동작 축은 그림 3.36과 같이 driving_gear_connection.axis_1을 선택하고 바디는 저절로 설정이 되며 피치 지름은 48(mm)로 한다. 이 피치 지름은 기어를 파트모델링 할 때 이미 정해져 있으므로 파트

모델에서 정한 값을 넣으면 된다. 한 가지 주의할 것은 단위가 파트 모델과 어셈블리에서 정한 단위이어야 하므로 이 점만 주의하면 된다.

㉣ 기어 쌍의 정의 다이얼로그박스의 기어2에서 동작 축은 그림 3.37과 같이 diven_gear_connection.axis_1을 선택하고 바디는 저절로 설정이 되며 피치 지름은 24(mm)로 하고 확인을 누른다.

㉡ 좌측에 메커니즘 모델트리에서 결합의 조인트의 +를 누르면 부품의 연결 항목이 나온다. 여기서 driving_gear_connection의 +를 누른다.

㉢ driving_gear_connection의 회전축에 마우스를 갖다 대고 오른쪽 버튼을 1초 정도 누르고 서보 모터를 클릭한다.

㉣ 서보 모터 정의 다이얼로그박스에서 유형은 동작축으로 하고 driving_gear_connection .axis_1을 선택하고서 프로파일 탭을 클릭한다.

㉢ 동작 정의 박스에서 사양 명세와 강도를 정의한다. 사양 명세는 위치로 하고 강도는 램프로 하며 A=0, B=36으로 입력한다. 이것의 의미는 휠이 36도 간격으로 10초(기본으로 설정되어 있음) 동안 360도 회전하도록 한다는 것이다. 이로서 동작의 조건은 모두 입력이 된 것이다.

㉣ 확인을 눌러 드라이버 설정 및 동작조건 설정을 완료한다(그림 3.38).

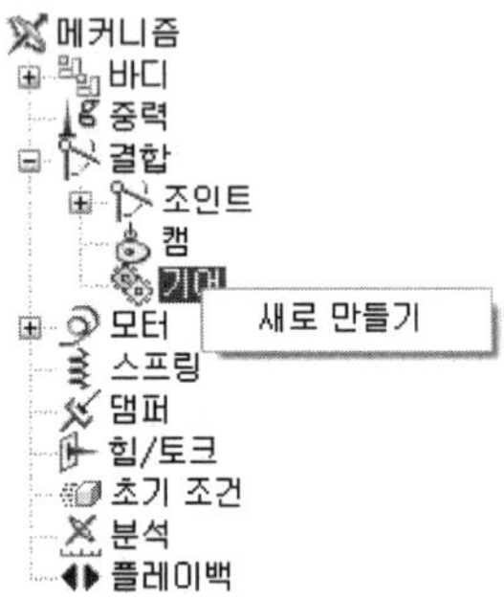

그림 3.35 기어 정의 들어가기

그림 3.36 원동 기어 정의

그림 3.37 종동 기어 정의

그림 3.38 기어 조건을 넣은 후의 모습

(b) 운동 해석

드라이브 설정 및 동작 조건을 주었으므로 이제는 주어진 동작 조건대로 제대로 움직이는지 확인할 필요가 있다. 이러한 메커니즘 해석을 위한 해석 과정은 다음과 같다.

㉠ 메커니즘 해석 아이콘( )을 클릭하고 다이얼로그 박스에서 이름을 gear_mechanism

으로 입력한다.

㉡ 해석 유형을 위치로 설정한다.

㉢ 그래픽 디스플레이는 길이와 속도로 설정하고 종료 시간은 10, 프레임 속도 30으로 값을 설정한다.

㉣ 실행을 클릭한다.

㉤ 중간에 저장한 것을 모두 삭제하고 마지막 것만 저장하기 위해서 풀다운 메뉴에서 파일 〉 삭제 〉 이전 버전을 클릭하고서 확인을 클릭하며 메인 도구상자에서 저장( ) 을 클릭한다.

(c) 운동해석 그래프

다음과 같이 해석 결과를 그래프로 제작해 보기로 한다.

㉠ 오른쪽 메뉴에서 측정 아이콘 을 클릭하면 측정 결과 창이 나타난다.

㉡ 측정 결과 창에서 새로운 측정 생성 아이콘 을 누르면 단위 정의 창이 나타나며 여기서 측정 하고자 하는 결과의 그래프 이름을 super_gear_mechanism으로 한다.

㉢ 유형은 운동학적으로 하고 동작축은 driving_gear_connection.axis_1으로 하고 확인을 클릭한다.

㉣ 측정 결과 창에서 결과 셋의 AnalysisDefinition1을 눌러 주면 측정 이름에 대한 값들이 나타난다. 그래프 이름 super_gear_mechanism을 누르고 위쪽에 를 누르면 그림 3.39와 같은 측정 결과가 그래프로 나타난다. 이 측정결과를 바탕으로 원동기어의 회전에 따른 종동기어의 회전각을 그림 3.39에 나타내었다. 이 그래프를 보면 원동기어 1회전 당 종동기어가 원동기어의 회전방향과 반대 방향으로 2회전(720°)하고 있으며 설계대로 운동하는 것을 확인할 수 있다.

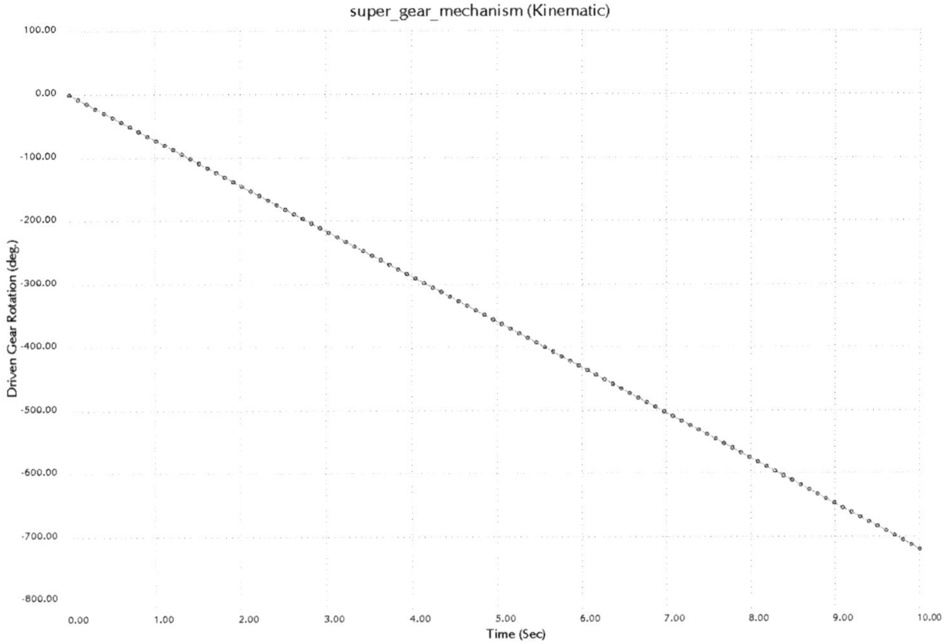

그림 3.39 종동 기어의 회전각 그래프

(d) 동영상 제작

다음과 같이 동영상을 제작한다.

㉠ 이미 메커니즘 해석이 끝나면 동작이 저장되어 있으므로 작업화면 오른쪽 메뉴에서 플레이백 아이콘(◀▶)을 클릭하면 플레이백 창이 나타난다.

㉡ 플레이백 창에서 다시 플레이백(◀▶)을 누르면 애니메이트 창이 나타난다.

㉢ 애니메이트 창에서 캡처를 클릭한다.

㉣ 동영상 이름은 gear_mechanism.mpg로 하고 동영상 형태는 MPEG로 하고 이미지 크기는 너비가 640, 높이가 516의 기본으로 특별한 요구 사항이 없으면 그대로 확인 버튼을 누른다. 그러면 동작이 이루어지면서 자동적으로 동영상이 만들어진다.

㉤ 애니메이트 창 닫기를 한다.

도 전 3-2

그림 3.38의 경우는 암을 고정하고 원동 기어를 회전하여 종동 기어에 회전 동력을 전달하는 기구이었다. 이번에는 원동 기어를 고정하고 암을 회전하여 종동 기어를 회전시키는 기구에 도전해 보도록 하자. 이 기구는 어떠한 회전을 하는지 알아보고 이러한 기구를 무엇이라 하는지 기구학 책 등을 찾아서 암 1회전에 종동 기어가 몇 회전하는지 궁리해 보아라.

3.1.5 회전 캠 기구 설계

(1) 서론

그림 3.40는 캠의 회전 운동으로 접촉자의 직선 왕복운동을 얻는 캠 기구의 어셈블리 모델을 나타낸다. 본 절에서는 캠 기구를 구성하는데 있어서 PRO/ENGINEER에서 어떻게 어셈블리하고 어떻게 동작 조건을 주어야 원하는 캠 기구의 기초적인 동작을 줄 수 있는지에 대해 살펴보기로 한다. 그림 3.40은 치수에 관계없이 임의대로 동작을 주는 것으로 한다. 정확한 캠 설계를 위해서는 전문서적을 참조하여 설계하기 바란다.

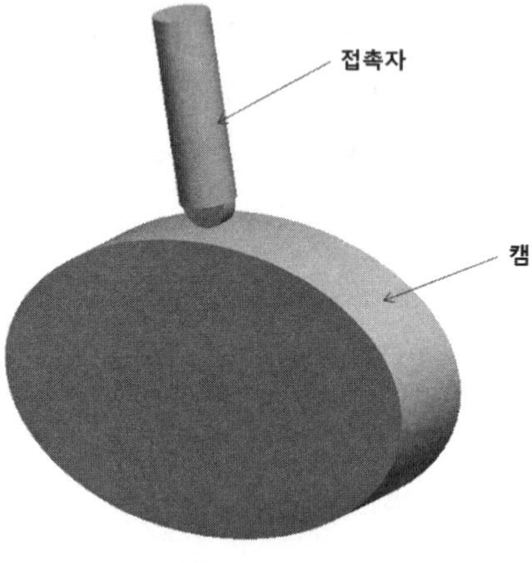

그림 3.40 캠 기구

(2) 파트모델링

그림 3.40의 캠 기구의 구성 요소인 캠은 큰 문제 없으나 접촉자를 파트모델링 할 때 접촉 부분을 그림 3.41과 같이 평면 라운드로 주어야 한다.

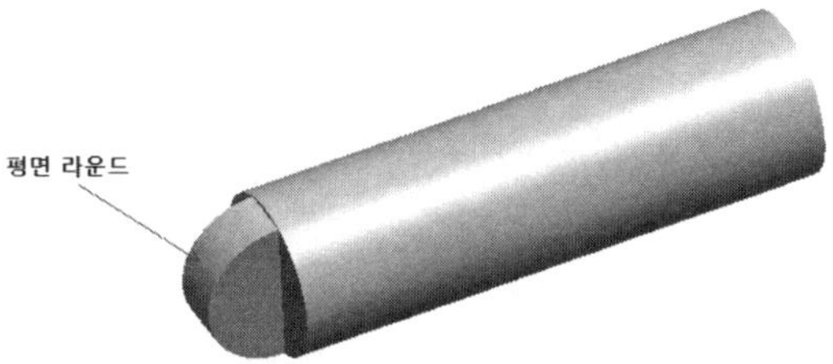

그림 3.41 접촉자(종동체)

(3) 어셈블리

캠(원동체)을 조합하기에 앞서 먼저 원동체가 회전 운동을 해야 하므로 회전 운동을 할 새로운 데이텀 축을 생성해야 한다. 또한 캠의 회전운동에 따라 접촉자(종동체)를 슬라이드 상하 운동하도록 조합하기 위해 새로운 데이텀 축을 생성해야 한다(그림 3.42).

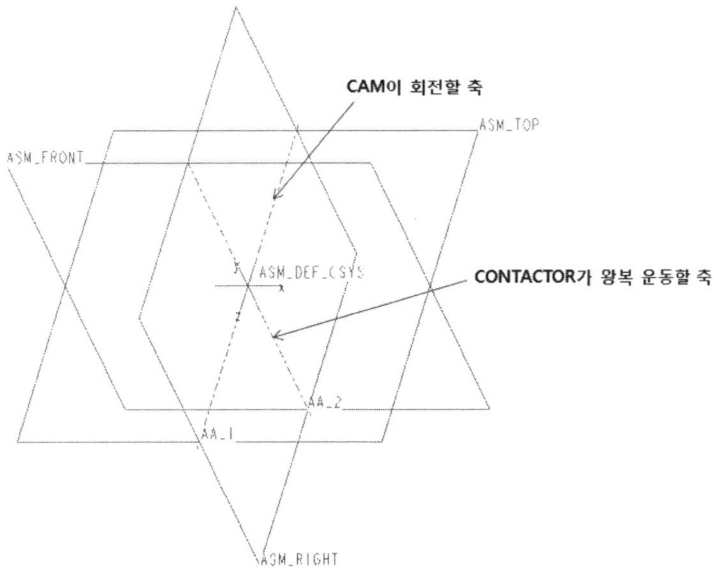

그림 3.42 캠의 회전과 접촉자의 왕복운동 축 생성

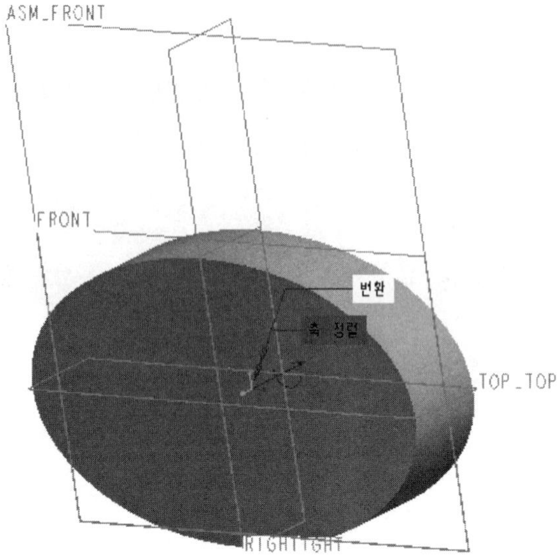

그림 3.43 캠의 축 정렬과 변환축 정렬 결과

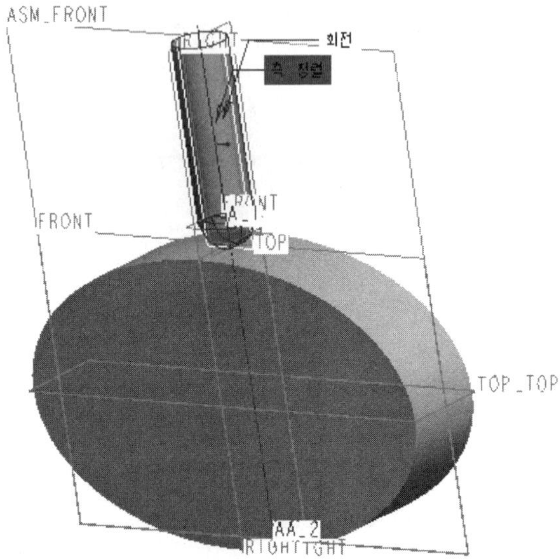

그림 3.44 접촉자의 축 정렬과 회전축 정렬 결과

그림 3.43는 회전운동 캠이 회전을 하기 위한 입력 결과를 나타낸 그림이다. 한편, 그림 3.44은 종동체(접촉자)가 캠을 따라 상하 운동을 하기 위한 슬라이드 조합의 결과를 나타낸 그림이다.

(4) 메커니즘 설계

(a) 접촉자와 회전운동 캠의 캠 결합

풀다운 메뉴의 응용 프로그램에서 메커니즘을 선택한다. 그림 3.45와 같이 모델 트리의 결합의 조인트에서 캠을 선택하고 오른쪽 버튼을 누르면 새로 만들기 메뉴가 나온다. 여기서 새로 만들기를 선택하면 캠1, 캠2 및 특성을 정의하는 창이 뜨면 그림과 같이 면을 지정하고 특성을 입력한다. 즉, 캠1은 원동체로 회전운동을 하는 캠의 면을 지정하라는 것으로 캠의 운동 면을 지정하며, 캠2는 종동체로 접촉자의 접촉 표면을 지정하라는 것으로 그림과 같이 접촉자의 접촉면을 지정한다. 이렇게 캠 결합을 한 후의 모습이 그림 3.46이다.

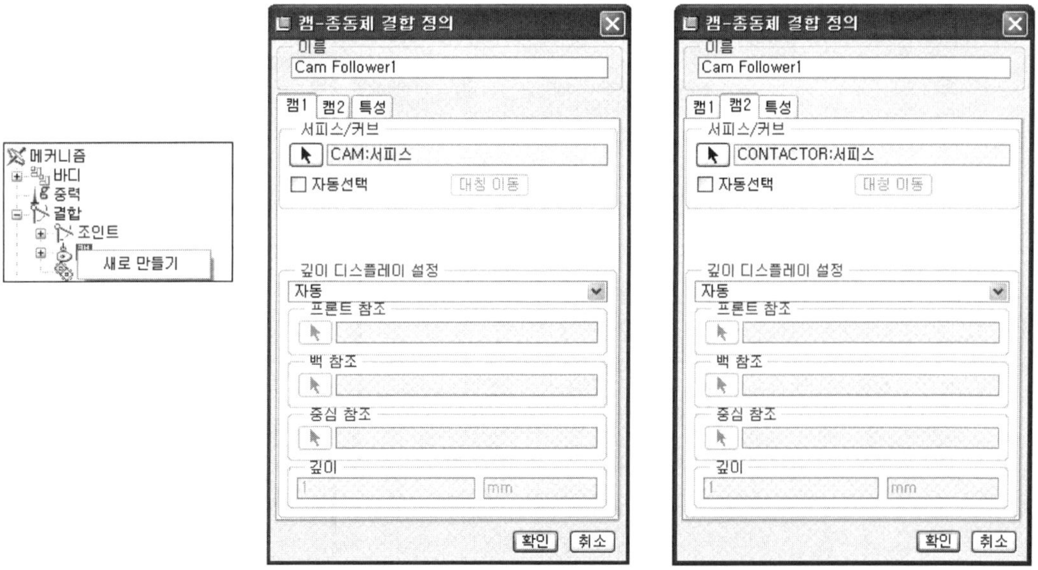

그림 3.45 캠 메커니즘 결합 정의

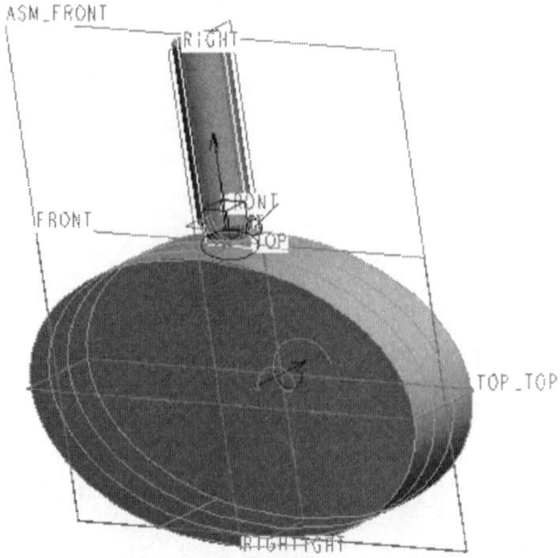

그림 3.46 캠 결합 후의 모습

(b) 서보 모터의 정의

우선 서보 모터의 정의는 모델 트리의 결합의 조인트의 캠의 변환축에서 마우스 오른쪽 버튼을 눌러 서보 모터 정의를 선택한다. 그러면 그림 3.47과 같이 창이 나타나며 그림 3.47과 같이 정의 한다.

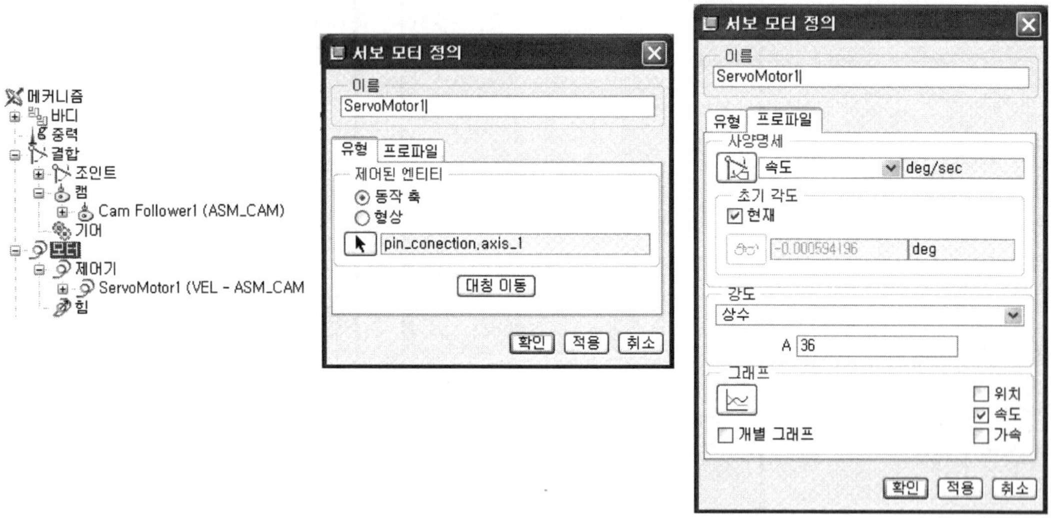

그림 3.47 서보 모터 정의 모습

(c) 중력 정의

중력은 오른쪽 도구 바에서 중력 도구( )를 선택하고 그림 3.48과 같은 창이 나타나면 확인만 누르면 된다.

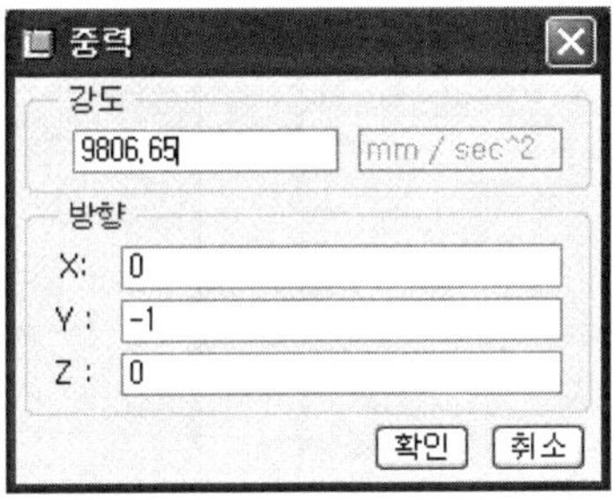

그림 3.48 중력 정의

(d) 메커니즘 해석

메커니즘 해석에 대한 정의를 한다. 먼저 오른쪽 도구 바에서 메커니즘 해석 도구( )를 클릭하면 그림 3.49과 같은 창이 나타난다. 여기서 유형은 위치로 한다. 그리고 기본 설정은 그래픽 디스플레이에서 길이와 속도로 설정하고 서보 모터를 10초당 36도 움직이도록 설정되었으므로 캠의 회전 시간을 40(4회전)으로 하고 프레임 속도는 캠의 회전 속도와 관계하므로 20 또는 더 느리게 하려면 20 이상을 주면 된다. 모든 입력이 끝나면 다음은 모터 설정으로 여기서는 서보 모터를 선택해야 한다. 마지막으로 확인을 누르고 실행을 한다.

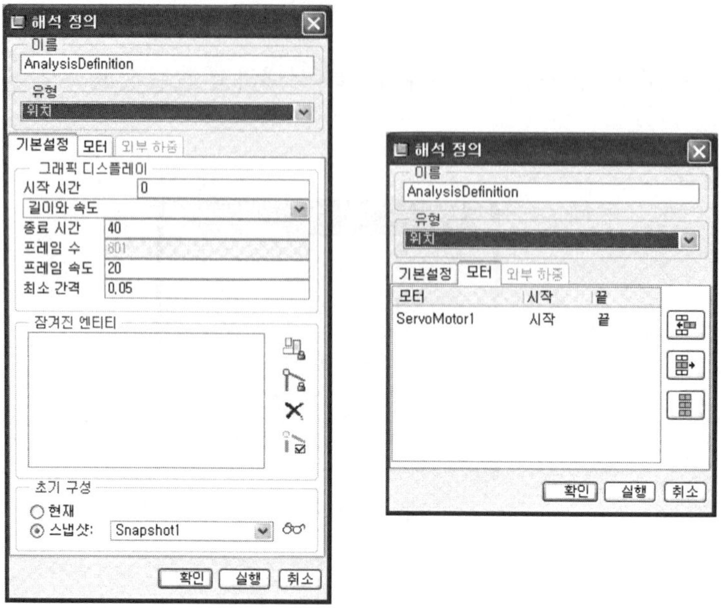

그림 3.49 모션 해석 정의

(e) 동영상 제작

플레이백 도구(◀▶)를 클릭하면 플레이백 창이 나타나고 여기서 ◀▶탭을 누르면 애니메이트 창이 나타난다. 여기서 캡쳐를 클릭하면 그림 3.50의 오른쪽과 같은 캡쳐 창이 나타난다. 여기서 이미지 크기를 고치려면 픽셀 크기를 설정하고 그렇지 않은 경우는 그냥 확인 버튼을 누르면 된다. 그러면 동작이 일어나면서 동영상이 만들어진다.

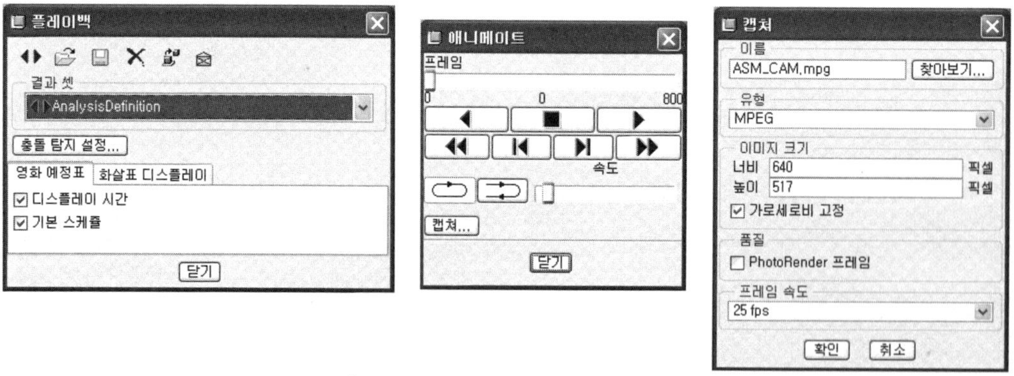

그림 3.50 동영상 제작을 위한 캡쳐

3.2 병진 구동에 의한 기구 설계

3.2.1 서론

원동부의 병진 구동에 의해 종동부의 병진 운동을 시키고자 할 때 또는 원동부의 회전 구동에 의해 종동부의 병진 운동을 시키고자 할 때 설계할 수 있는 대표적인 기구는 그림 3.51과 같은 직선 캠 기구와 랙과 피니언 기구이다.

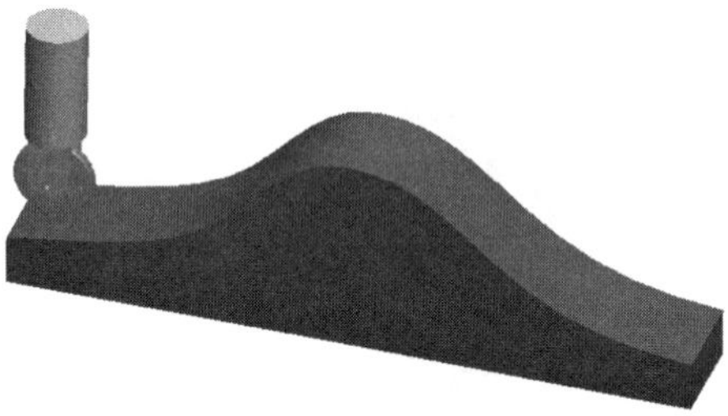

(a) 병진 운동 기구(직선 캠 기구)

(b) 병진 운동 기구(랙과 피니언 기구)

그림 3.51 병진 구동에 의한 기구 설계의 예

3.2.2 직선 캠 기구 설계

(1) 설계 예

최대 직선 이동 거리가 300으로 접촉자는 롤러 형태로 마찰력을 최대한으로 줄인 직선 캠 기구를 설계한다. 단, 캠의 모양은 임의로 하기로 한다.

(2) 파트모델링

직선 캠 기구의 구성 요소인 롤러 접촉자와 직선운동 캠의 파트모델링에서 먼저 직선운동 캠은 스케치에서 스플라인 곡선과 직선을 이용하여 그림 3.52와 같이 파트모델링한다.

그림 3.53은 롤러 접촉자의 파트모델링을 나타낸 것이다. 여기서 주의해야 하는 것은 롤러의 캠과의 접촉면을 반드시 평면으로 해주고 모서리는 라운드 처리해 주어야 한다.

그림 3.52 직선운동 캠(원동부)

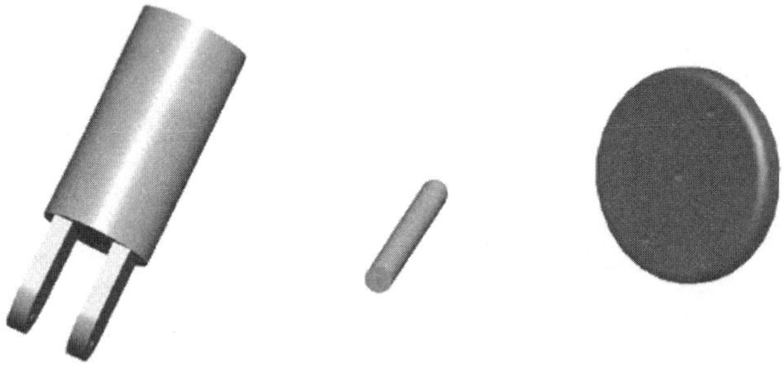

(a) 접촉자 몸체　　(b) 핀　　(c) 롤러

그림 3.53 롤러 접촉자의 파트 모델(종동부)

(3) 어셈블리

(a) 종동부 어셈블리

㉠ 접촉자 몸체 파일을 불러 어셈블리의 기본으로 한다.

㉡ 핀 파일을 불러 삽입과 면맞춤 어셈블리를 한다.

㉢ 롤러 파일을 불러 핀 결합을 선택하고 어셈블리를 하면 그림 3.54와 같이 롤러 접촉자 어셈블리가 완성된다.

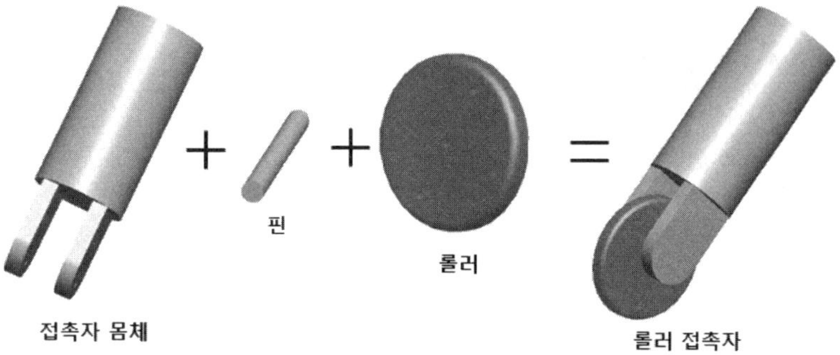

그림 3.54 롤러 접촉자(종동부) 어셈블리

(b) 전체 어셈블리

원동부를 조합하기에 앞서 먼저 원동부가 슬라이더 운동을 해야 하므로 슬라이더 운동을 할 새로운 데이텀 축을 생성해야 한다. 그림 3.55는 원동부가 슬라이더 운동을 할 직선 축을 생성한 모습이다.

그림 3.56은 롤러 접촉자가 제로위치에서 최대 이동 거리를 나타내기 위해 RIGHT면으로부터 300의 최대 이동거리에 해당하는 새로운 제로위치 데이텀 면을 생성하는 과정이다.

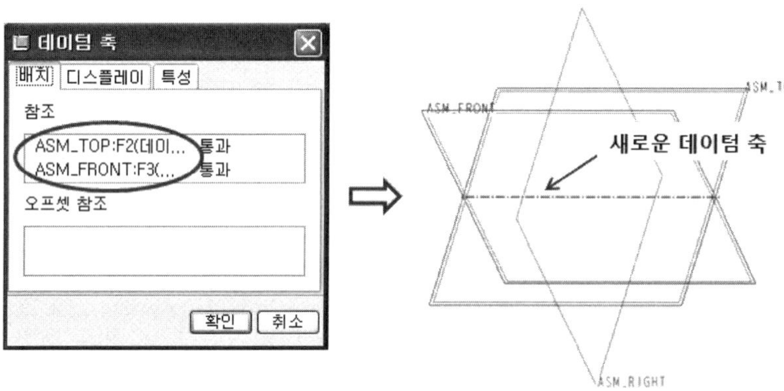

그림 3.55 직선운동 캠을 슬라이더 조합하기 위한 축 생성

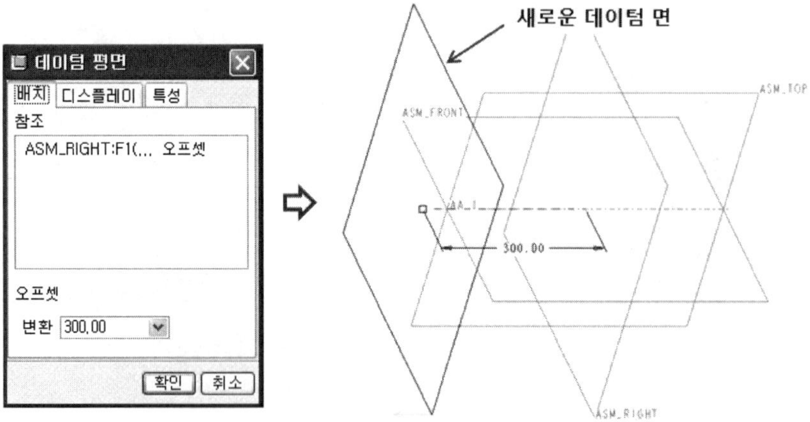

그림 3.56 롤러 접촉자의 제로위치를 위한 면 생성과정

그림 3.57은 캠의 직선운동에 따라 롤러 접촉자를 슬라이더 상하 운동하도록 조합하기 위해 생성한 데이텀 축이다.

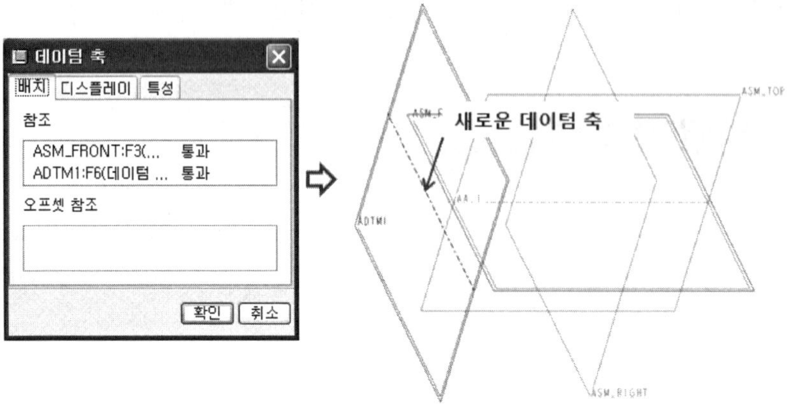

그림 3.57 롤러 접촉자를 슬라이더 조합하기 위한 축 생성 결과

그림 3.58은 직선운동 캠이 슬라이더 운동을 하기 위한 입력 조건 및 그 결과를 나타낸 그림이다. 한편, 그림 3.59는 종동체(접촉자)가 캠을 따라 상하 운동을 하기 위한 슬라이더 조합 조건 및 그 결과를 나타낸 그림이다.

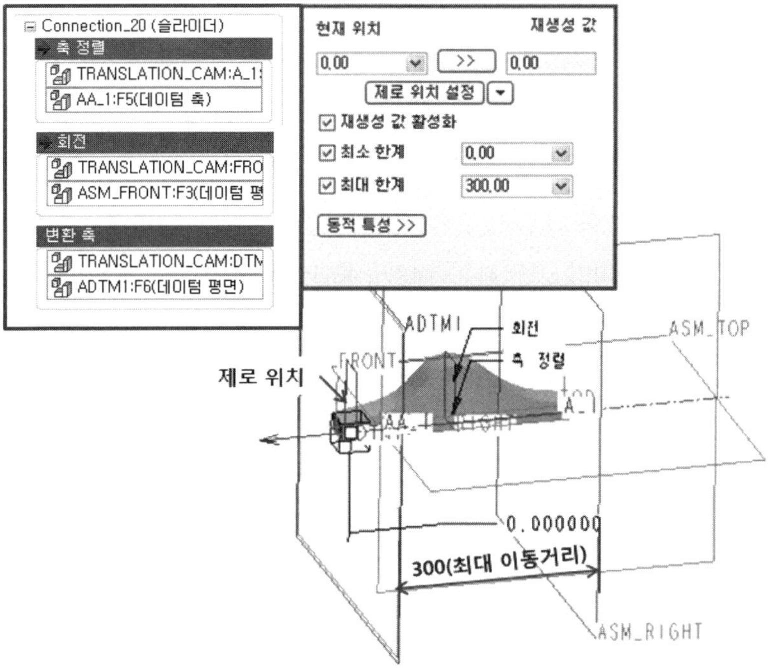

그림 3.58 캠의 슬라이더 조합 조건 입력

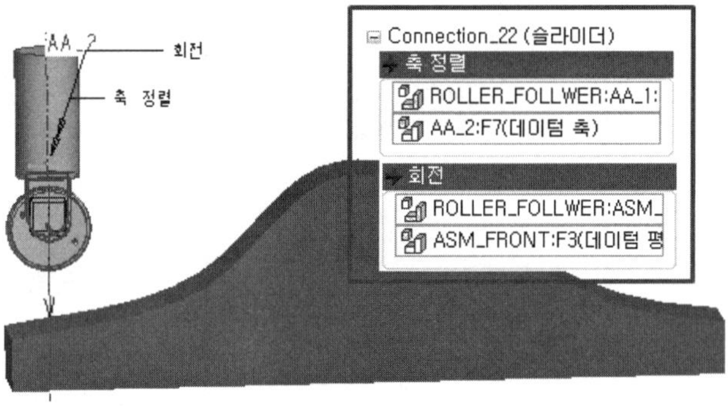

그림 3.59 접촉자의 슬라이더 조합 조건 입력

(4) 메커니즘 설계

(a) 접촉자와 직선운동 캠의 캠 결합 정의

풀다운 메뉴의 응용 프로그램에서 메커니즘을 선택한다. 그림 3.60과 같이 모델 트리의 결합의 조인트에서 캠을 선택하고 오른쪽 버튼을 누르면 새로 만들기 메뉴가 나온다. 여기서 새로 만들기를 선택하면 그림 3.60의 캠1, 캠2 및 특성을 정의하는 창이 뜨며 그림과 같이 면을 지정하고 특성을 입력한다. 즉, 캠1은 원동체로 직선운동을 하는 캠의 면을 지정하라는 것으로 그림과 같이 캠의 운동 면을 지정하며, 캠2는 종동체로 롤러의 접촉 표면을 지정하라는 것으로 그림과 같이 롤러의 접촉면을 지정한다. 그리고 중요한 것은 특성으로 마찰 접촉을 해야 롤러가 굴러가므로 마찰 활성화를 체크하고 정적 마찰계수 (μs)는 0.5, 동적 마찰 계수(μk)는 0.2로 해준다. 이것은 경우에 따라 설정 값을 바꿔주면 되지만 정적 마찰 계수가 동적 마찰 계수보다 커야 한다. 이렇게 캠 결합을 한 후의 모습이 그림 3.61이다.

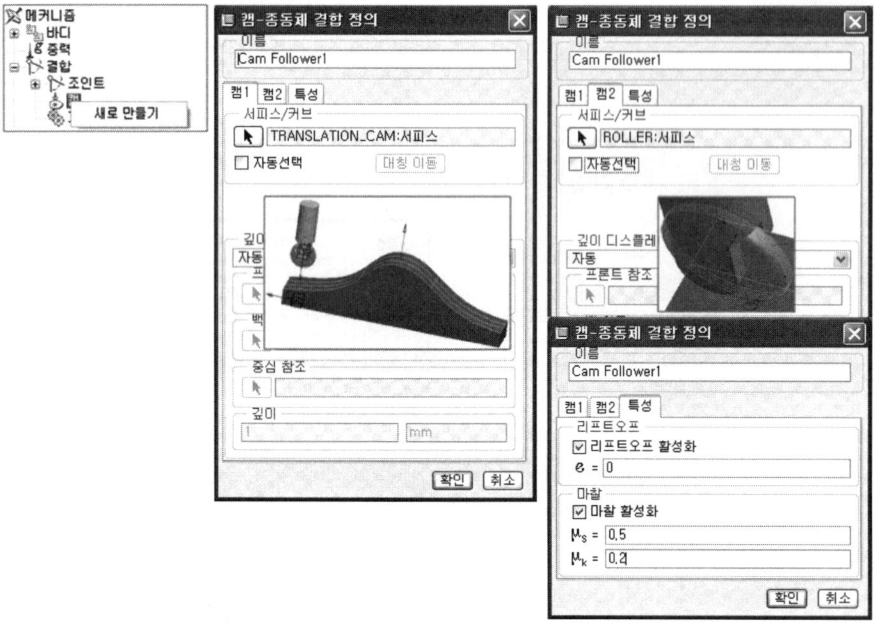

그림 3.60 캠 메커니즘 결합 정의

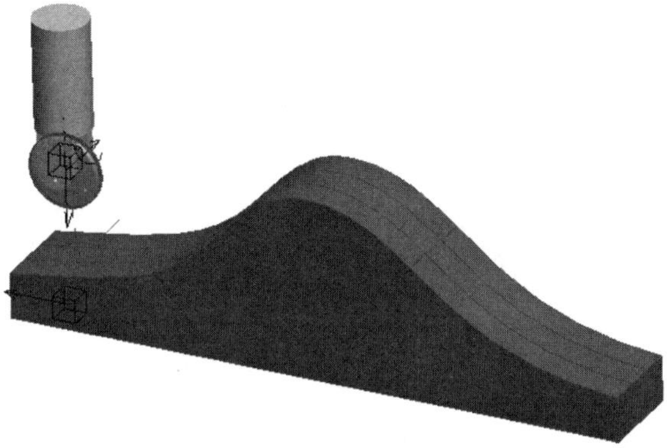

그림 3.61 캠 결합 후의 모습

(b) 서보 모터의 정의

우선 서보 모터의 정의는 모델 트리의 결합의 조인트의 cam의 변환축에서 마우스 오른쪽 버튼을 눌러 서보 모터 정의를 선택한다. 그러면 그림 3.62와 같이 창이 나타나며 그림과 같이 정의한다.

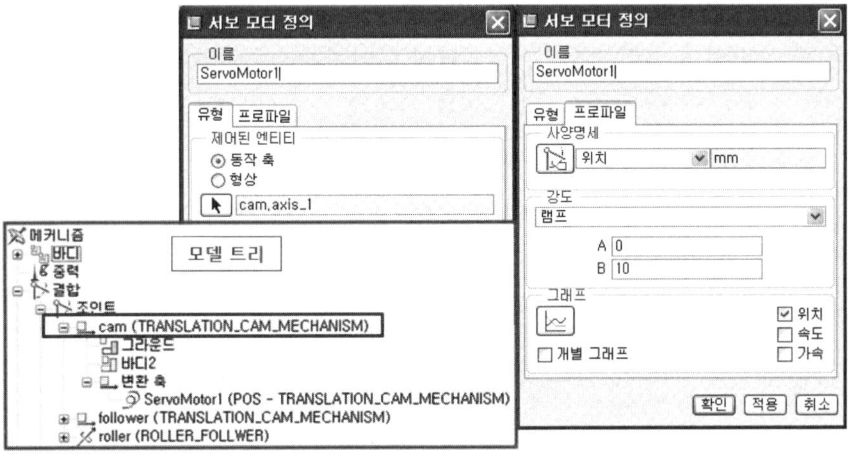

그림 3.62 서보 모터 정의 모습

(c) 중력 정의

중력은 오른쪽 도구 바에서 중력 도구(lg)를 선택하고 그림 3.63과 같은 창이 나타나면 확인만 누르면 된다.

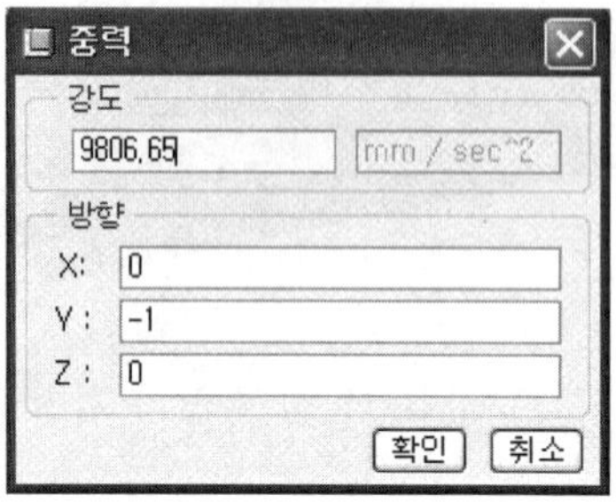

그림 3.63 중력 정의

(5) 운동 해석

(a) 해석 정의

메커니즘 해석에 대한 정의를 한다. 먼저 오른쪽 도구 바에서 메커니즘 해석 도구( )를 클릭하면 그림 3.64와 같은 창이 나타난다. 여기서 유형은 동적으로 한다. 그리고 기본 설정은 그래픽 디스플레이에서 시간과 속도로 설정하고 서보 모터를 10초당 100 움직이도록 설정하며 캠이 총 움직일 수 있는 거리는 300까지 이므로 기간을 30으로 하고 프레임 속도는 캠의 직진 속도와 관계하므로 20 또는 더 느리게 하려면 20 이상을 주면 된다. 모든 입력이 끝나면 다음은 모터 설정으로 여기서는 서보 모터를 선택해야 한다. 그리고 캠의 종동자의 롤러가 동적으로 움직여야 하므로 반드시 외부 하중 항목에서 중력 활성화를 체크하도록 한다. 마지막으로 확인을 누르고 실행을 한다.

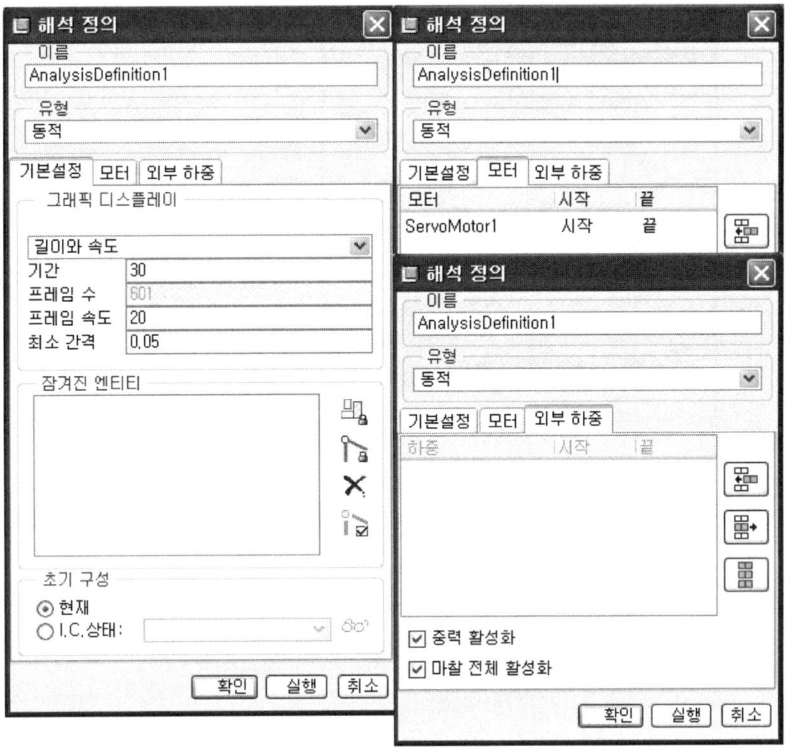

그림 3.64 운동 해석 정의

(b) 운동 해석 결과 그래프

운동 해석 결과를 그래프로 보려면 오른쪽 메뉴에서 측정 도구(⊠)를 이용한다. 그러면 그림 3.65의 왼쪽과 같이 측정결과 대화상자가 나타나는데 창에서 새로운 측정 생성 아이콘(🗋)을 클릭하면 측정 정의 대화상자가 나타난다. 여기서 점 또는 동작 축을 종동체의 슬라이더축을 클릭하여 캠의 직진에 따른 종동체의 위치를 측정 요소로 입력한다. 확인을 클릭하고 측정 결과 창의 결과 셋에서 AnalysisDefinition1을 클릭하면 측정결과가 대화 상자에 나타난다. 이 측정결과를 바탕으로 캠의 직진에 따른 종동체의 위치를 그림 3.66에 나타내었다. 여기서는 움직이는 모습만을 위주로 설계했다. 따라서 그래프의 종동체의 변위는 캠의 높이에 따라 변한 것이므로 원동체인 캠의 치수를 정확히 설계하면 종동체의 변위를 정확히 나타낼 수 있다.

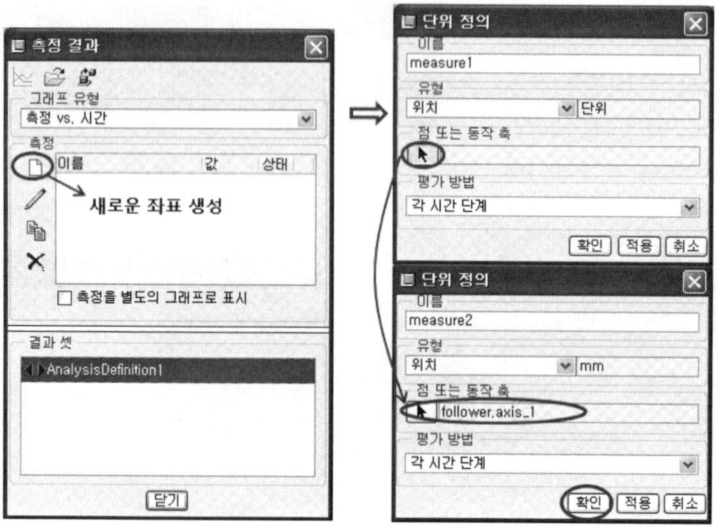

그림 3.65 운동 해석을 통한 측정 결과 그래프 관계 정의

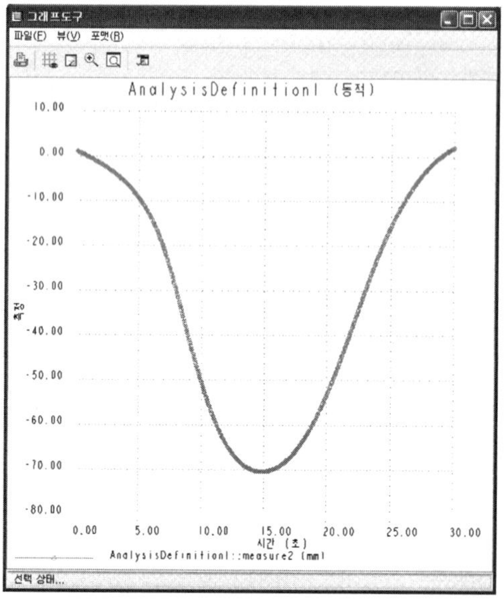

그림 3.66 운동 해석을 통한 측정 결과 그래프

(6) 동영상 제작

플레이백이 다 끝나면 그림 3.67과 같은 애니메이트 창이 나타난다. 여기서 캡쳐를 클릭하면 그림 3.67의 오른쪽과 같은 캡쳐 창이 나타난다. 여기서 이미지 크기를 고치려면 픽셀 크기를 설정하고 그렇지 않은 경우는 그냥 확인 버튼을 누르면 된다. 그러면 동작이 일어나면서 동영상이 만들어진다.

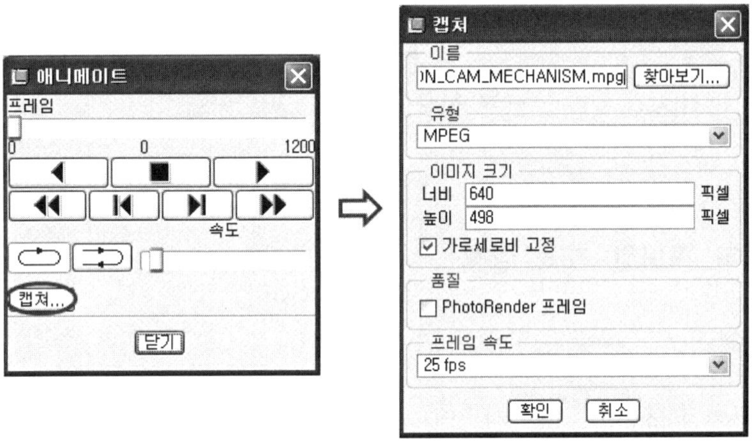

그림 3.67 동영상 제작을 위한 캡쳐

참조 슬라이더 조립은 공통적으로 다음과 같은 순서로 한다.

㉠ 어셈블리의 사용자 정의에서 슬라이더( )로 설정한다.

㉡ 배치의 슬라이더 연결 구속의 항목 가운데 축 정렬에서 운동자와 고정자가 같은 중심축에서 움직여야 하므로 작동 중심축을 설정하는 것이다.

㉢ 배치의 슬라이더 연결 구속의 항목 가운데 회전에서 운동자가 일정 각도를 유지하면서 병진 운동을 하도록 설정하는 것이다.

㉣ 배치의 슬라이더 연결 구속의 항목 가운데 변환의 경우는 슬라이더가 총 움직일 슬라이딩 거리를 설정하기 위한 것이다. 따라서 그림 3.68과 같이 고정자의 운동 한계면과 운동자의 운동 기준면을 선택하고 초기 상태와 최대 움직일 슬라이딩 거리를 설정해 주면 된다.

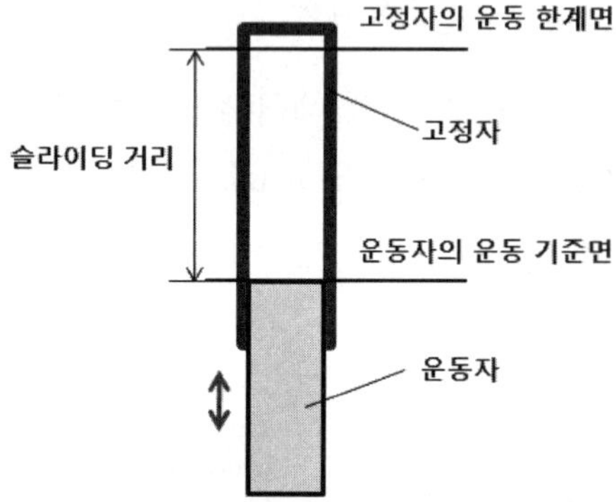

그림 3.68 슬라이딩 거리의 예

3.2.3 랙과 피니언 기구 설계

(1) 설계 예

피치원 지름이 48mm이고 모듈이 2인 피니언이 1회전(360°=2π)할 때 랙이 그림 1.17의 변위식 즉, $x = \frac{z \cdot p}{2\pi} \cdot 2\pi = \pi \cdot m \cdot z$에 의해 150.79mm 이동하는 랙과 피니언 기구를 설계한다.

단, 압력각은 20°, 이 높이는 4.5mm로 통일한다.

(2) 파트모델링

랙과 피니언 기구의 구성 요소인 랙과 피니언의 파트모델링에서 먼저 랙은 그림 3.69와 같이 직선 형태의 기어에 해당하며 피니언은 스퍼기어이다. 이 요소들을 파트모델링 한다. 그림 3.69(a) 랙의 이는 압력각이 20°이며 이 끝 높이가 2.0mm, 이 높이가 4.5mm이며 모듈 2, 잇수가 25이다(그림 3.70(a) 참조). 한편 그림 3.69(b) 피니언의 이는 압력각이 20도이며 이 높이가 4.5mm이며 모듈 2, 잇수가 24인 것으로 한다(그림 3.70(b) 참조).

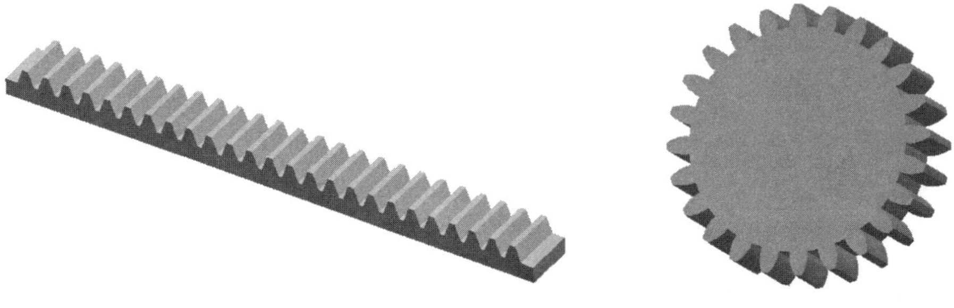

(a) 랙의 파트모델　　　　(b) 피니언의 파트모델

그림 3.69 랙과 피니언의 파트모델

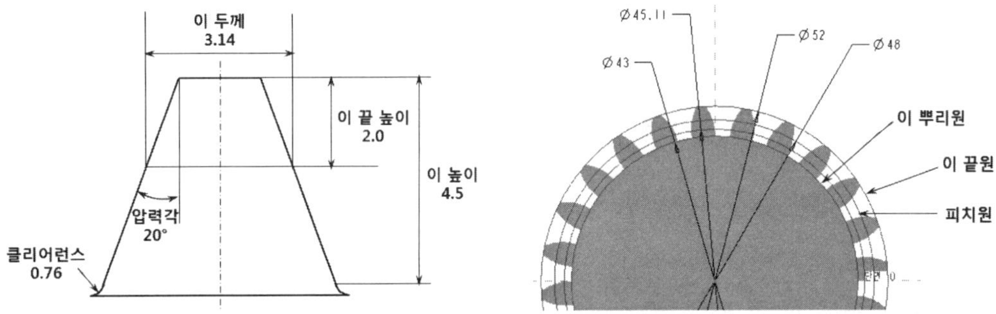

(a) 랙의 이 관련 치수　　　　(b) 피니언의 이 관련 치수

그림 3.70 랙과 피니언의 이 치수

(3) 어셈블리

(a) 데이텀 축 생성

그림 3.71은 랙이 슬라이더 운동을 할 직선 축(A_1)을 생성한 모습이다. AA_1 데이텀 축은 ASM_TOP과 ASM_FRONT 데이텀 평면을 통과하는 데이텀 축이다.

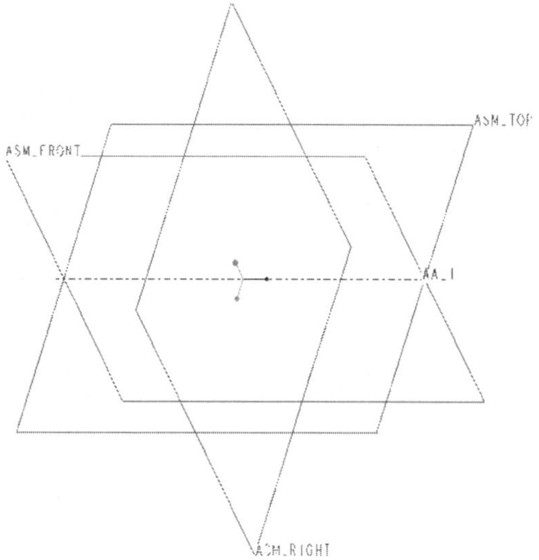

그림 3.71 새로운 데이텀 축 생성

그림 3.72는 피니언이 회전 운동을 할 데이텀 축(AA_2)을 생성한 모습이다. ADTM1 데이텀 평면은 ASM_TOP면으로부터 기어 피치원 반지름(24)의 거리에 옵셋된 평면이다. AA_2 데이텀 축은 ASM_RIGHT과 ADTM1 데이텀 평면을 통과하는 데이텀 축이다.

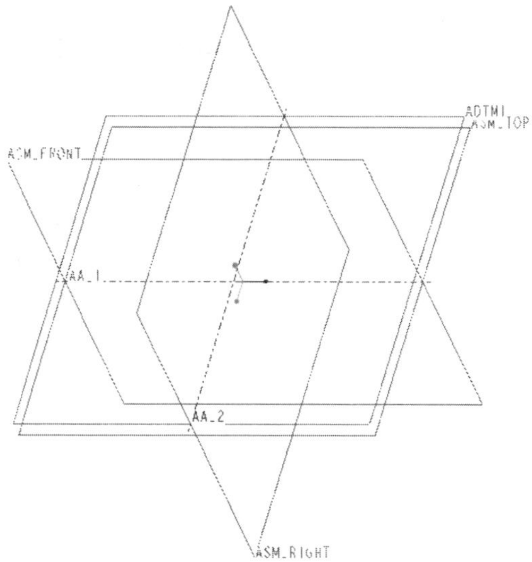

그림 3.72 ADTM1 데이텀 평면과 AA_2 데이텀 축 생성

(b) 전체 어셈블리

그림 3.73은 직선운동 랙이 슬라이더 운동을 하기 위한 입력 조건 및 결과를 나타낸 그림이다.

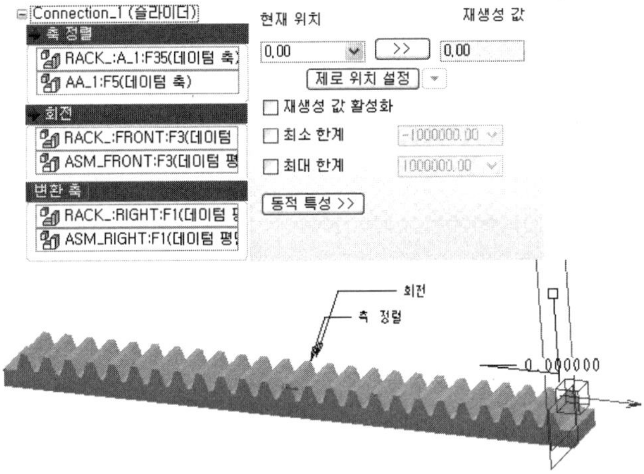

그림 3.73 랙이 슬라이더 운동을 하기 위한 입력 조건 및 결과

그림 3.74는 피니언이 회전 운동을 하기 위한 입력조건 및 그 결과를 나타낸 그림이다.

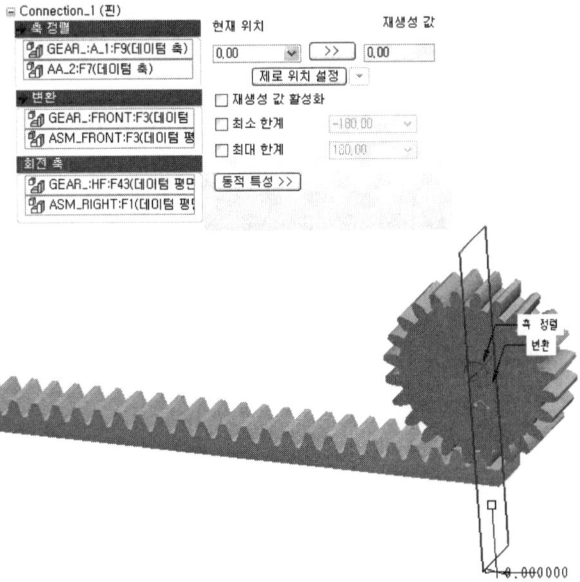

그림 3.74 피니언이 회전 운동을 하기 위한 입력조건 및 그 결과

(4) 메커니즘 설계

(a) 랙과 피니언의 기어 쌍 정의

그림 3.75와 같이 유형에서 “표준”을 “랙과 피니언”으로 바꾼다. 피니언 탭에서 동작 축 선택 아이콘 을 누르고 핀 조인트 클릭한다. 피치 원 지름 48로 쓴다.

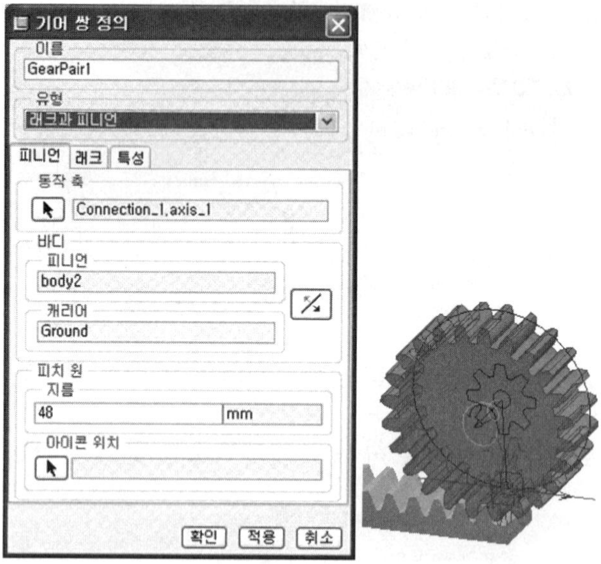

그림 3.75 피니언의 기어 쌍 정의

그림 3.76과 같이 래크 탭에서 동작 축 선택 아이콘 을 누르고 슬라이더 조인트 클릭한다.

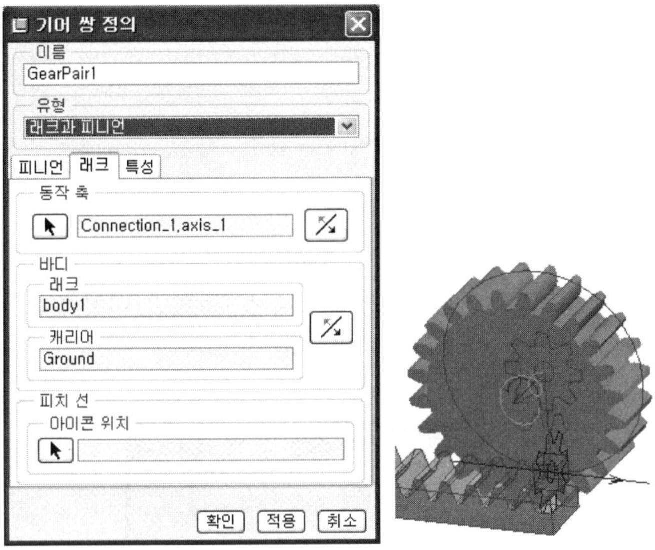

그림 3.76 랙의 기어 쌍 정의

(b) 서보 모터의 정의

우선 서보 모터의 정의는 모델 트리의 결합의 조인트의 회전축에서 마우스 오른쪽 버튼을 눌러 서보 모터를 선택한다. 그러면 그림 3.77과 같이 창이 나타나며 프로파일 탭에서 그림과 같이 정의한다.

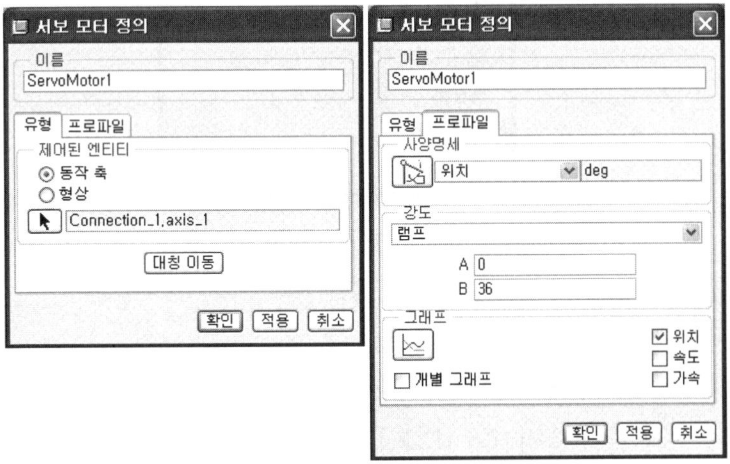

그림 3.77 서보 모터의 정의

(5) 운동 해석

(a) 해석 정의

운동 해석에 대한 정의를 한다. 먼저 오른쪽 도구 바에서 메커니즘 해석 도구( )를 클릭하면 그림 3.78과 같은 창이 나타난다. 여기서 유형은 위치로 한다. 그리고 기본 설정은 그래픽 디스플레이에서 길이와 속도로 설정하고 서보 모터를 피니언이 10초당 360° 움직이도록 설정되었으므로 피니언 한 바퀴를 돌리면 랙이 150.79(PI×모듈×피니언 잇수)의 거리로 움직이게 된다.

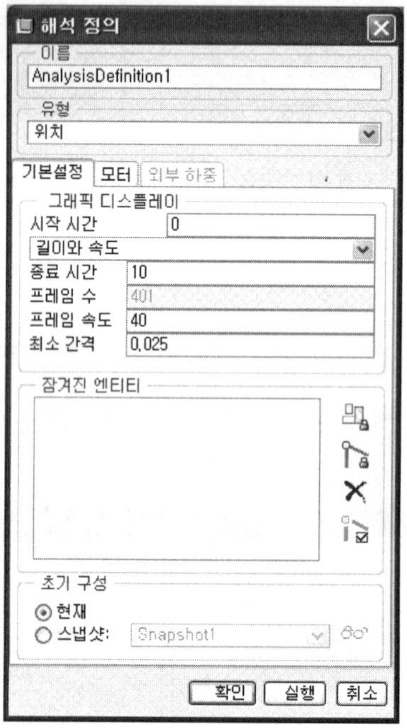

그림 3.78 메커니즘 해석 정의

(b) 운동 해석 결과 그래프

운동 해석 결과를 그래프로 보려면 오른쪽 메뉴에서 측정 도구( )를 이용한다. 그러면 그림 3.79의 왼쪽과 같이 측정결과 대화상자가 나타나는데 그래프 유형을 측정 vs. 측정으로 설정하고 창에서 새로운 측정 생성 아이콘()을 클릭하면 측정 정의 대화상자가 나타난다. 그래프 유형이 측정 vs. 측정이므로 두 가지의 측정치가 필요하다. 즉, measure1은 피니언에 관한 것으로 점 또는 동작 축을 그림 3.79와 같이 피니언의 회전축으로 measure2는 랙의 슬라이더 축으로 그림 3.79와 같이 클릭하여 피니언의 각 위치에 따른 랙의 직진을 측정 요소로 입력한다. 확인을 클릭하고 측정 결과 창의 결과 셋에서 AnalysisDefinition1을 클릭하면 측정결과가 대화 상자에 나타난다. 이 측정결과를 바탕으로 피니언의 회전에 따른 랙의 변위 위치를 그림 3.80에 나타내었다. 그림 3.80에서 보면 10초 동안 피니언은 360도 회전하고 랙은 설계한 것과 같이 150.79로 정확히 설계된 것을 알 수 있다.

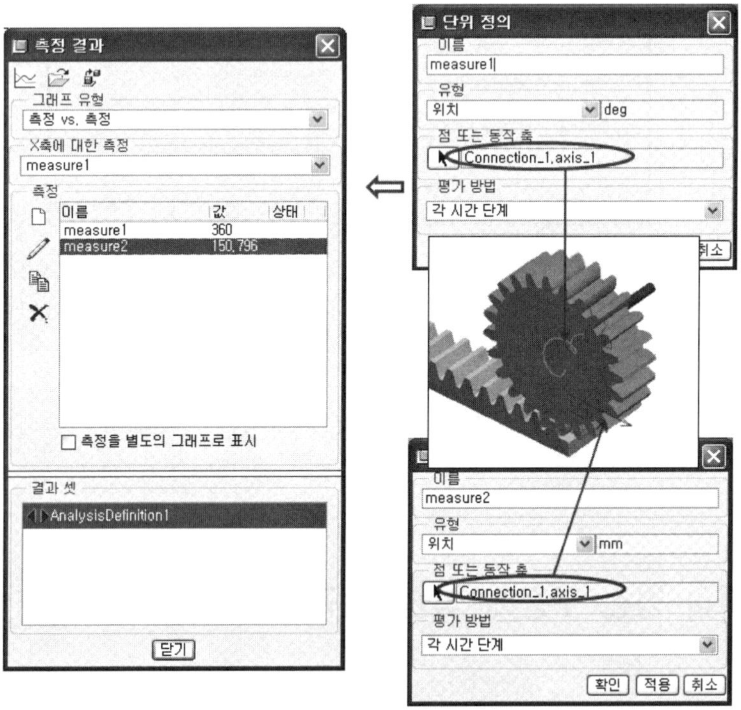

그림 3.79 측정 결과 그래프 정의

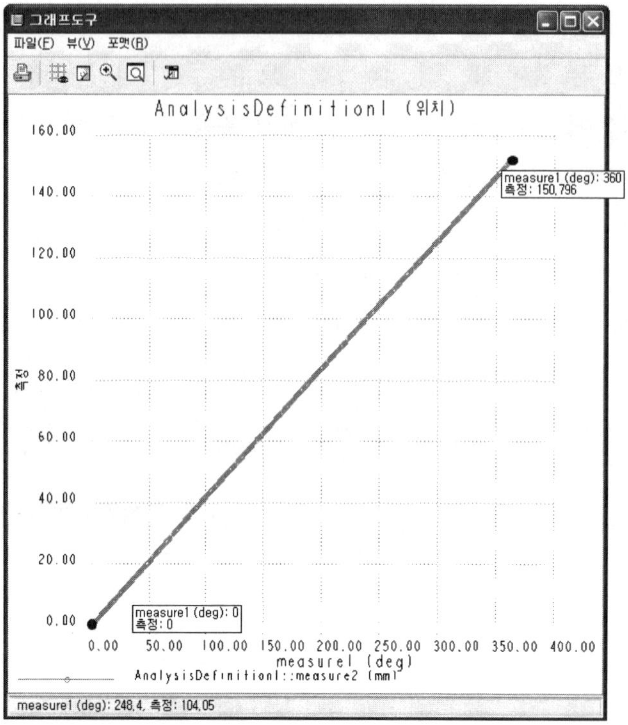

그림 3.80 운동 해석을 통한 측정 결과 그래프

(6) 동영상 제작

동영상 제작은 앞 절에서 한 내용과 같으므로 여기서는 생략하기로 한다.

3.4 회전 병진 구동에 의한 기구 설계

3.3.1 서론

회전과 병진을 동시에 운동 시키고자 할 때 설계할 수 있는 대표적인 기구는 원통 조립형 기구이다.

그림 3.81의 1과 3처럼 위 아래로 병진 운동을 하고 2와 같이 회전 운동을 하는 원통 좌표 로봇이 대표적이라 할 수 있다.

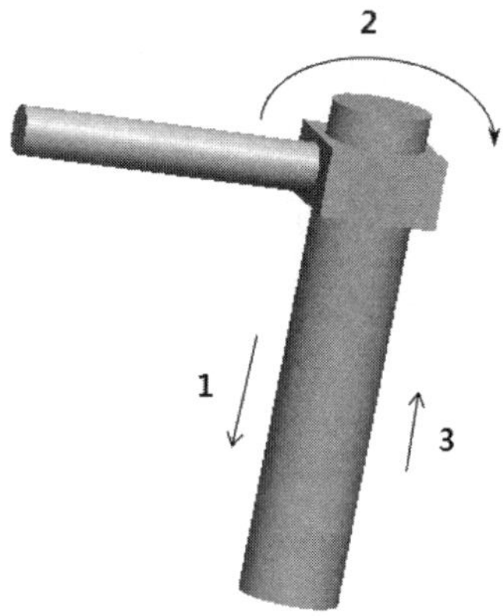

그림 3.81 원통 조립의 예

3.3.2 원통 조립형 기구 설계

(1) 설계 예

암이 아래로 300mm 병진운동을 한 후에 180° 회전 운동을 하고 다시 위로 300mm 병진 운동을 하는 원통 조립형 기구를 설계한다. 단, 파트모델의 치수는 임의로 한다.

(2) 파트모델링

(a) 암 홀더　　　　(b) 암

그림 3.82 암 홀더와 암의 파트모델

(3) 어셈블리

원통 결합은 다음과 같이 한다.

㉠ 어셈블리의 사용자 정의에서 원통(⚯)로 설정한다.

㉡ 배치의 원통 연결 구속의 항목 가운데 축 정렬에서 지정 축을 따라 암이 병진 운동을 하도록 설정한다. 즉, 그림 3.83의 경우 암이 상하로 병진 운동하도록 암의 중심축과 고정체인 암 홀더의 중심축을 차례로 설정한다.

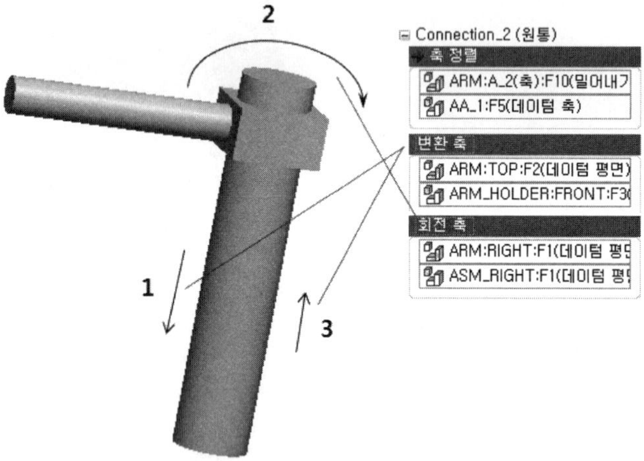

그림 3.83 원통 결합 열결조건의 예

㉢ 배치의 원통 연결 구속의 항목 가운데 변환축에서 암이 총 움직일 수 있는 슬라이딩 거리를 설정한다.

㉣ 배치의 원통 연결 구속의 항목 가운데 회전축에서 회전의 시작이 될 기준면을 설정한다.

(4) 메커니즘 설계

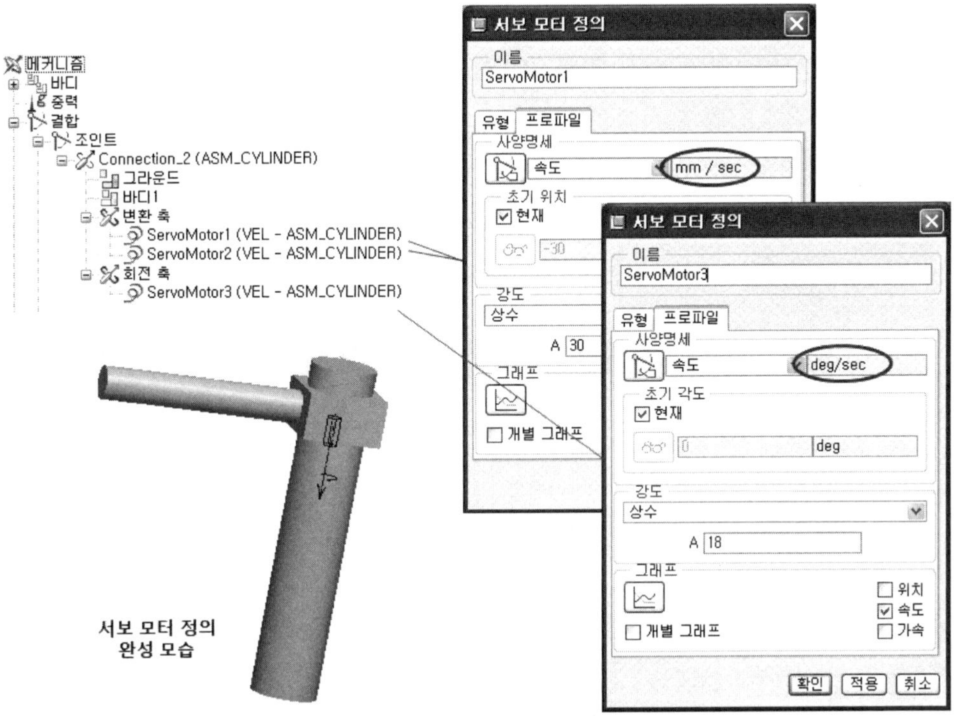

그림 3.84 원통 결합에서 서보 모터의 정의

그림 3.84와 같이 원통 결합에서 병진 운동 부분의 서보 모터와 회전 운동 부분의 서보 모터를 각각 정의한다. 즉, 서보 모터 정의 창에서 유형의 동작축을 설정할 때 그림 3.84의 모델 트리에서 병진운동의 경우는 변환축을 클릭하고, 회전 운동의 경우는 회전축을 클릭하면 자동적으로 병진 축과 회전축이 설정되므로 잘 이용하기 바란다. 또한 각각 단위가 다른 것을 확인하기 바라며, 반드시 서보 모터 정의 유형은 속도로 하기 바란다. 여기서는 암이 최대 300mm로 상하 병진 운동하도록 했으며 암은 한쪽으로 180도 회전하는 것으로 하였으므로 이를 운동 해석에서 확인해 보자.

(5) 운동 해석

운동해석 정의 창에서 기본설정은 그림 3.85와 같이 아래로 300mm 병진 운동을 한 후에 180° 회전 운동을 하고 다시 위로 300mm만큼 병진 운동하는 메커니즘을 구성하기로 하였으므로 그림 3.85의 오른쪽과 같이 3개의 모터를 설정하고 하나의 모터는 각각 10초씩 동작하는 것으로 하였다. 따라서 모든 동작을 마치기 위해서는 총 30초가 소요된다. 그런데 운동 모드가 바뀔 때 1초 정도의 간격을 두었으므로 총 소요 시간은 32가 된다(그림 3.85의 왼쪽).

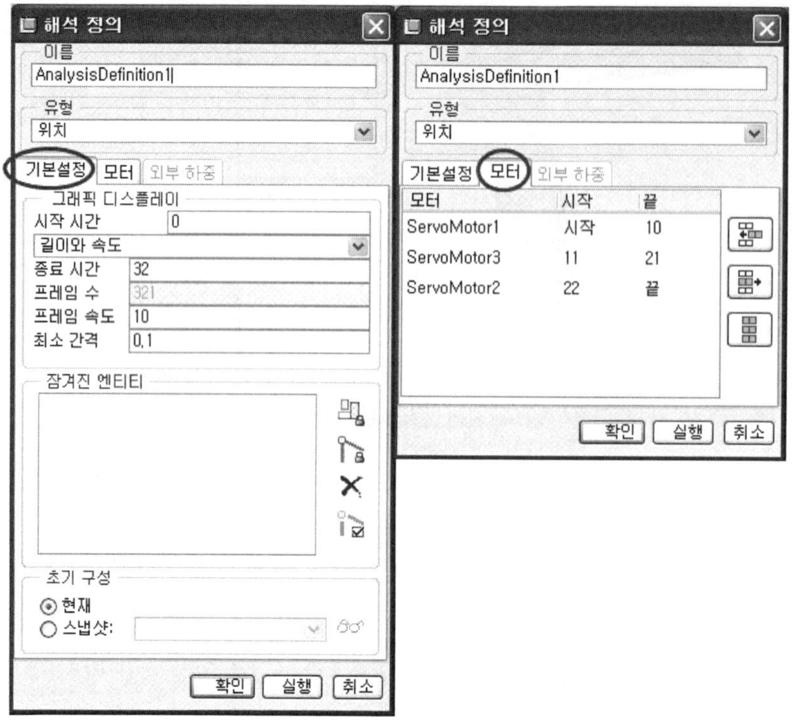

그림 3.85 운동 해석의 정의

운동 해석 정의에 따라 운동 해석을 하고 운동 해석 결과를 그래프로 나타내기 위해 그림 3.86과 같이 단위 창에 병진 운동 부분과 회전 운동 부분의 단위를 정의한다. 그림

3.87은 측정 결과를 그래프로 나타낸 것이다. 병진 운동 부분은 300mm 정확히 움직인 것을 확인했으며 회전 부분 역시 180°로 설계한 대로 회전된 것을 알 수 있다.

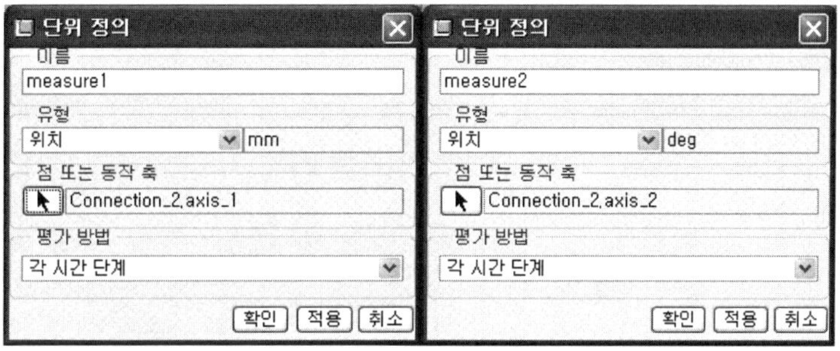

그림 3.86 병진 운동 부분과 회전 운동 부분의 단위 정의

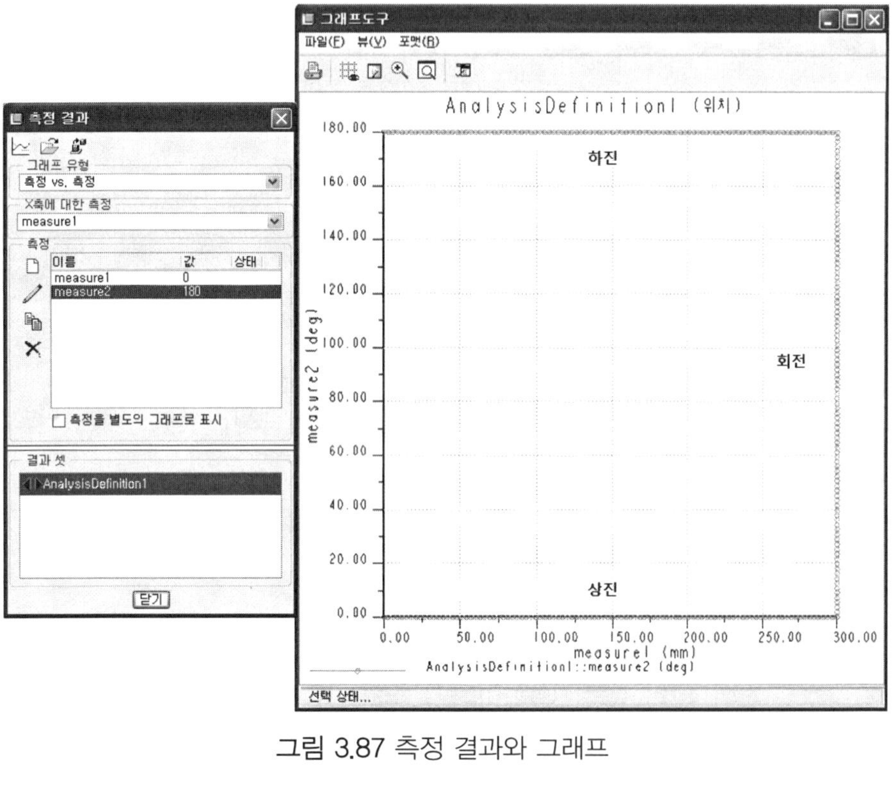

그림 3.87 측정 결과와 그래프

3.4 모든 방향 회전 구동에 의한 기구 설계

3.4.1 서론

모든 방향으로 회전 운동을 시키고자 할 때 설계할 수 있는 대표적인 기구는 볼 결합 기구이다.

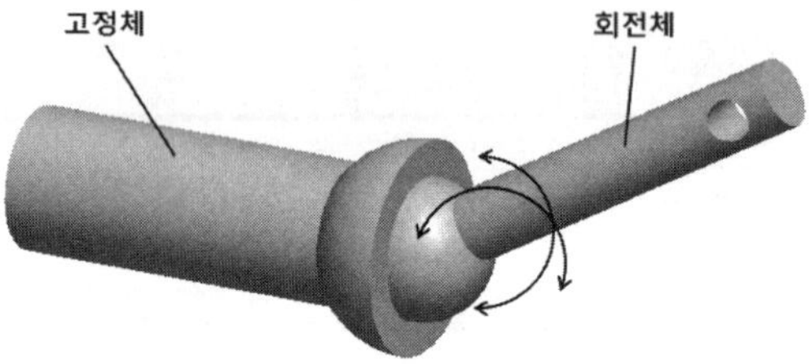

그림 3.88 볼 결합 기구의 예

3.4.2 볼 결합 기구 설계

(1) 설계 예

x축과 y축으로 40° 회전하면서 z축에 대해 3회전하는 볼 결합기구를 설계한다. 단, 치수는 임의로 정하기로 한다.

(2) 파트 모델링

볼 운동바인 part1의 파트모델은 그림 3.89와 같다. 그림의 데이텀 점 PNT0은 볼 구속을 위한 점 정렬 점이다. 이 점은 TOP, RIGHT, FRONT 데이텀 평면과 만나는 점이다.

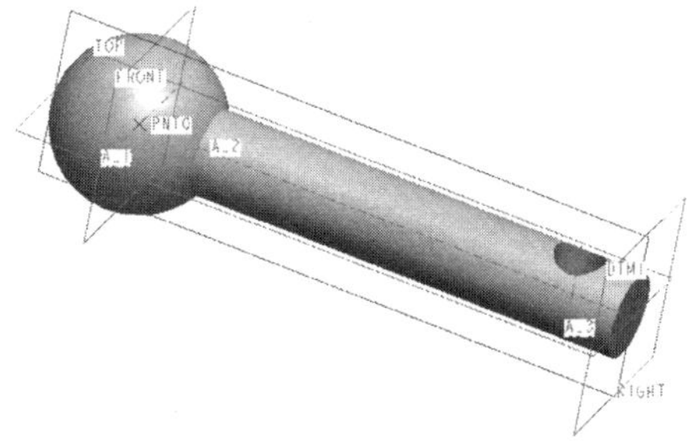

그림 3.89 Part1의 파트모델

볼 지지바인 part2의 파트모델은 그림 3.90과 같다. 그림의 데이텀 점 PNT0은 볼 구속을 위한 점 정렬 점이다. 이 점은 TOP, RIGHT, FRONT 데이텀 평면과 만나는 점이다.

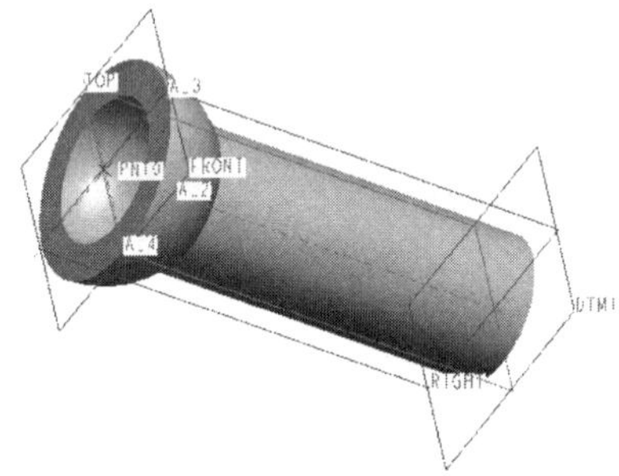

그림 3.90 Part2의 파트모델

또한 그림과 같이 part2에 part1의 볼 운동바가 회전할 데이터 축 A_3, A_4를 만들어야 된다.

(3) 어셈블리

㉠ Part2 파일을 불러 어셈블리의 기본으로 정의한다.

㉡ Part1 파일을 불러 볼 구속을 선택한다. 그러면 그림 3.91의 왼쪽과 같은 창에서 배치를 누르고 그림과 같이 part1과 part2의 PNT0의 데이텀 점을 점 정렬의 요소로 선택하고 완료를 누른다.

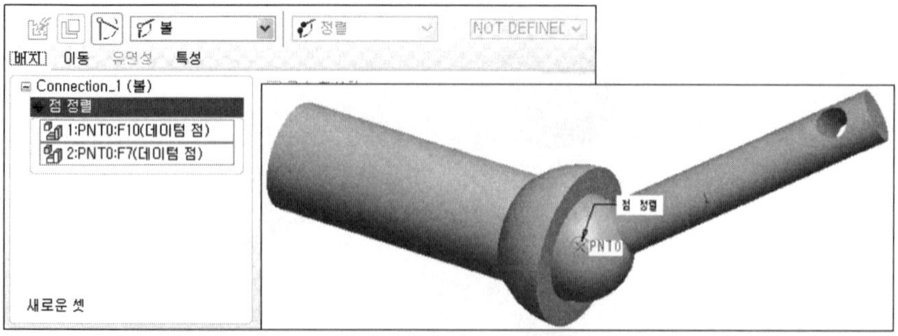

그림 3.91 Part1과 Part2의 볼 구속연결의 과정과 결과

㉢ 그림 3.92의 왼쪽과 같이 풀다운 메뉴에서 컴포넌트 드래그를 선택하면 그림 3.92의 (a)와 같은 드래그 창이 뜨며 여기서 스냅 샷을 누른다.

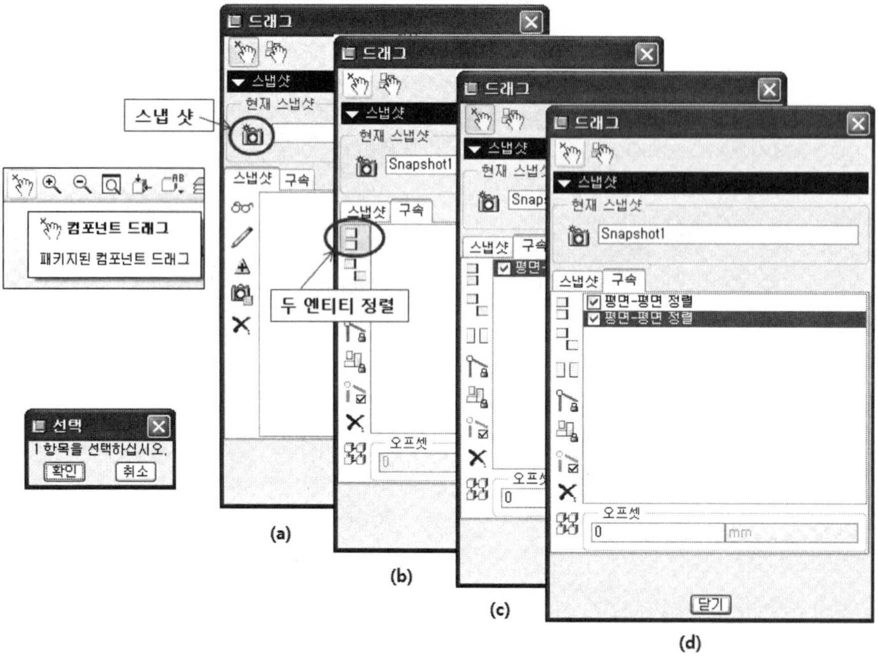

그림 3.92 스냅 샷 정의 과정

그러면 Snap shot1이라는 이름이 설정되며 다음에 그림 (b)와 같이 두 엔티티 정렬을 클

릭하고 볼 운동 바의 Right면과 어셈블리의 Right면을 차례로 클릭하고 선택 창의 확인을 누르면 두 평면이 나란히 정렬되어 그림 (c)와 같이 된다. 다음 역시 두 엔티티 정렬을 클릭하고 볼 운동 바의 Top면과 어셈블리의 Top면을 차례로 클릭하고 선택 창의 확인을 누르면 그림 (d)와 같이 두 평면이 나란히 정렬된다. 두 평면에 대해 정렬이 끝났으면 마지막에는 드래그 창의 닫기를 한다. 이와 같은 정렬은 항상 초기 상태를 그림 3.93과 같이 정렬하고 동작을 시작하겠다는 의미이다.

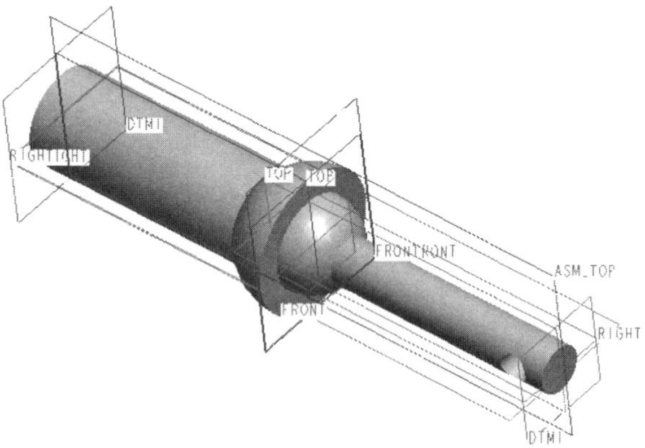

그림 3.93 스냅 샷 정의 결과

(4) 메커니즘 설계

(a) x축의 회전동작 조건 주기

㉠ 서보 모터1을 정의하기 위해 모델트리의 모터 제어기에 커서를 데고 오른쪽 마우스 버튼을 눌러 새로 만들기를 한다.

㉡ 그림 3.94의 서보 모터 정의 창이 나타나며 여기서 유형을 형상으로 하고 part1의 RIGHT면을 제어된 엔티티로 하고 참조 엔티티는 어셈블리의 ASM_RIGHT면으로 한다.

㉢ 창의 밑 부분의 Motion 유형을 회전으로 하면 Motion 방향을 설정하는 입력 창이 나타나며 여기서 part2의 A_3를 지정한다.

㉣ 다음은 서보 모터 정의 창의 프로파일을 클릭하고 나서 사양명세를 속도로 하고 1초당 4도의 각도로 회전하게 하기 위해 상수를 4로 한다.

㉤ 서보 모터 정의 창을 확인을 클릭하여 닫는다. 그러면 그림 3.95와 같은 결과가 나타난다.

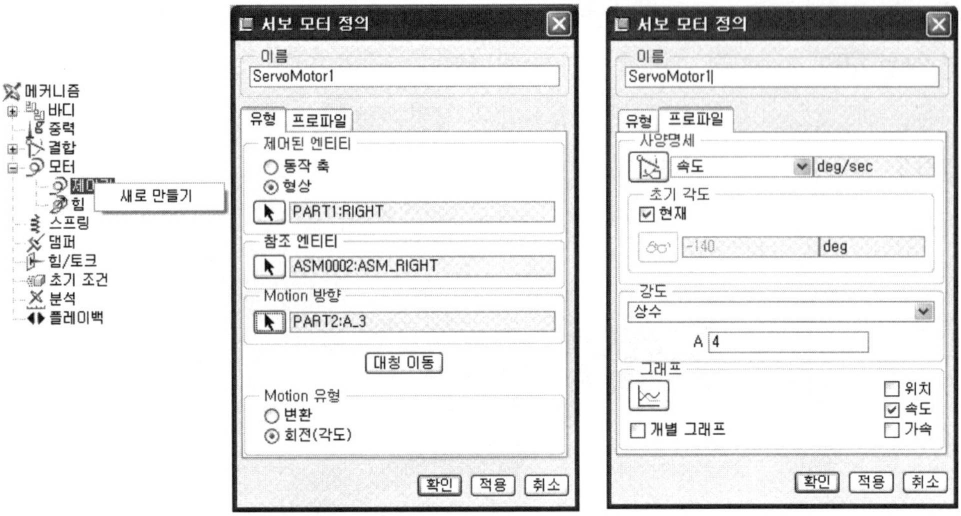

그림 3.94 서보 모터1 정의 과정

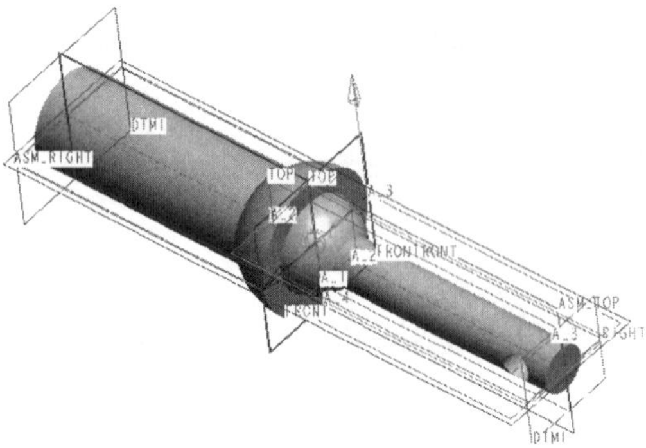

그림 3.95 서보 모터1 정의 결과

(b) y축의 회전동작 조건 주기

㉠ 서보 모터2를 정의하기 위해 모델트리의 모터 제어기에 커서를 데고 오른쪽 마우스 버튼을 눌러 새로 만들기를 한다.

㉡ 그림 3.96의 서보 모터 정의 창이 나타나며 여기서 유형을 형상으로 하고 part1의 TOP

면을 제어된 엔티티로 하고 참조 엔티티는 어셈블리의 ASM_TOP면으로 한다.

㉢ 창의 밑 부분의 Motion 유형을 회전으로 하면 Motion 방향을 설정하는 입력 창이 나타나며 여기서 part2의 A_1을 지정한다.

㉣ 다음은 서보 모터 정의 창의 프로파일을 클릭하고 나서 사양명세를 속도로 하고 1초당 4도의 각도로 회전하게 하기 위해 상수를 4로 한다.

㉤ 서보 모터 정의 창을 확인을 클릭하여 닫는다.

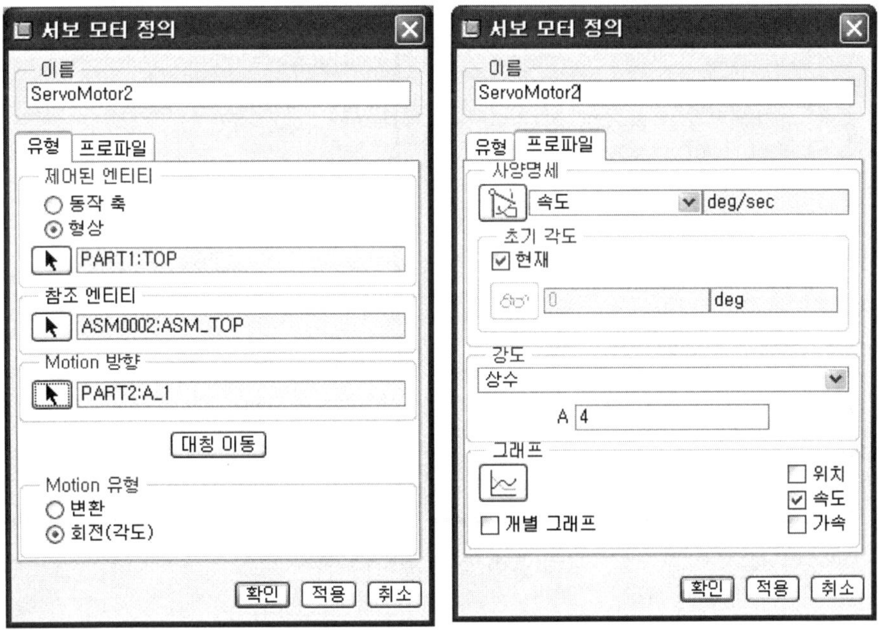

그림 3.96 서보 모터2 정의 과정

(c) z축의 회전동작 조건 주기

㉠ 서보 모터3을 정의하기 위해 모델트리의 모터 제어기에 커서를 데고 오른쪽 마우스 버튼을 눌러 새로 만들기를 한다.

㉡ 그림 3.97의 서보 모터 정의 창이 나타나며 여기서 유형을 형상으로 하고 part1의 TOP 면을 제어된 엔티티로 하고 참조 엔티티는 어셈블리의 ASM_TOP면으로 한다.

㉢ 창의 밑 부분의 Motion 유형을 회전으로 하면 Motion 방향을 설정하는 입력 창이 나

타나며 여기서 part2의 A_2를 지정한다.

㉣ 다음은 서보 모터 정의 창의 프로파일을 클릭하고 나서 사양명세를 속도로 하고 1초 당 36도의 각도로 회전하게 하기 위해 상수를 36으로 한다.

㉤ 서보 모터 정의 창을 확인을 클릭하여 닫는다.

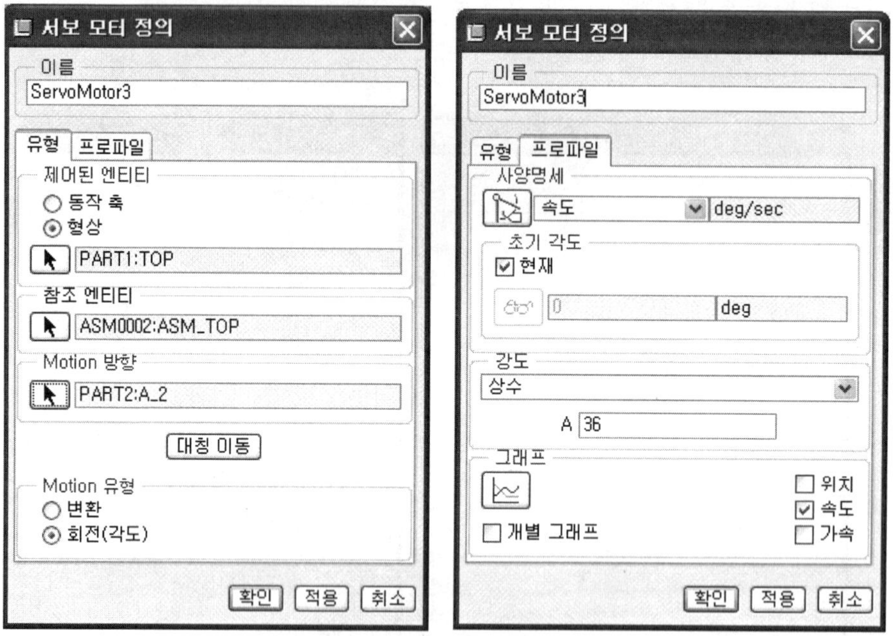

그림 3.97 서보 모터3 정의 과정

(5) 운동 해석

(a) 초기조건 정의

항상 같은 위치에서 시작하도록 초기 조건을 주기 위해 그림 3.98과 같이 모델트리에서 초기조건에 커서를 데고 오른쪽 버튼을 누르면 초기조건 정의 창이 나타난다. 여기서 앞에서 정의한 스냅 샷1을 지정하고 확인을 누른다.

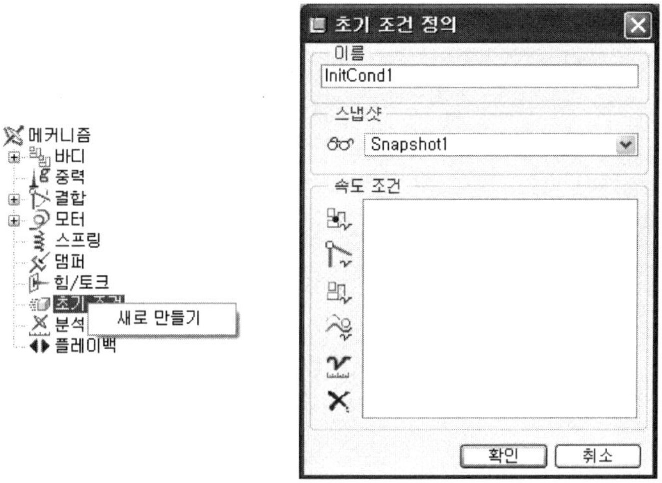

그림 3.98 초기조건 정의 과정

(b) 해석 정의

다음과 같은 해석을 하도록 하겠다. 즉, 볼 기구에 대해 x축으로 40도 회전한 다음 z축에 대해 3회전하도록 구성한 기구에 대해 해석하도록 한다.

㉠ x축으로 40도 회전하는데 총 10초 소요되며 z축에 대해 3회전 하는데 총 30초 소요된다. 따라서 기본 설정은 종료시간은 40초로 한다.

㉡ 초기 구성은 스냅 샷을 이용하는 것으로 한다.

㉢ 모터는 그림 3.99의 오른쪽과 같이 서보 모터1(x축)은 10초간, 서보 모터3(z축)는 30초간 작동하도록 설정한다.

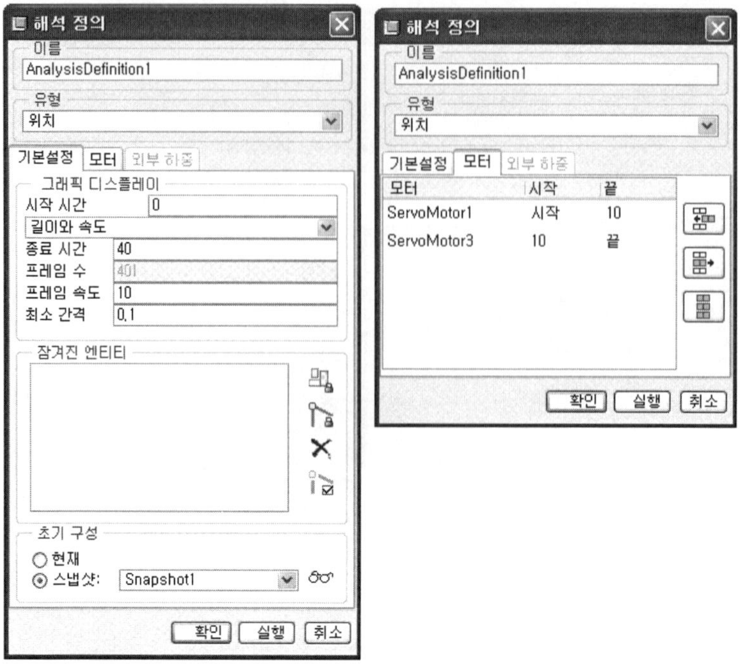

그림 3.99 해석 정의 과정

3.5 일정 루트 구동에 의한 기구 설계

3.5.1 어셈블리

일정 루트를 따라 움직이는 기구를 설계할 때 대표적인 기구는 슬롯 결합 기구이다.

일정 루트를 따라 움직이는 구동하게 하는 대표적인 조립은 그림 3.100과 같은 슬롯 연결이다. 부품의 파트모델링은 간단하여 생략하기로 하고 어셈블리에서 슬롯의 연결을 다음과 같이 한다.

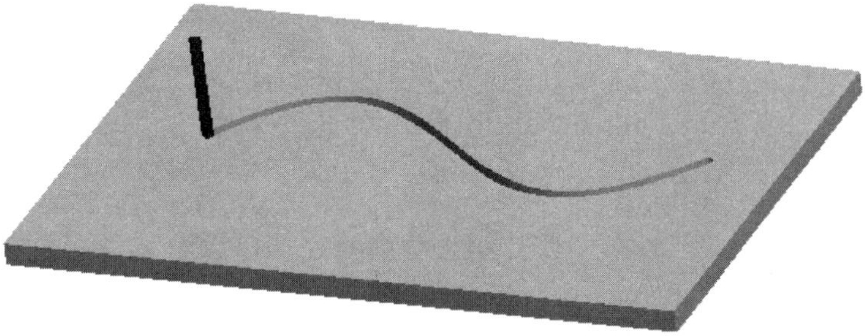

그림 3.100 슬롯 연결의 예

㉠ 어셈블리의 사용자 정의에서 슬롯( )을 클릭한다.

㉡ 배치의 슬롯 연결 구속의 항목 가운데 선 위의 점에서 그림 3.101과 같이 SLOT2(이동자)의 중심 데이텀 점(미리 이동자의 접촉 중앙에 설정해 놓는다)과 SLOT1의 슬롯 부분의 이동 궤적 선(고정자의 이동 슬롯의 중앙 궤적선을 미리 설정해 놓는다)을 선택한다. 이것의 의미는 이동자 밑면의 가운데 점이 슬롯의 중심선을 따라 움직이게 설정한 것이다.

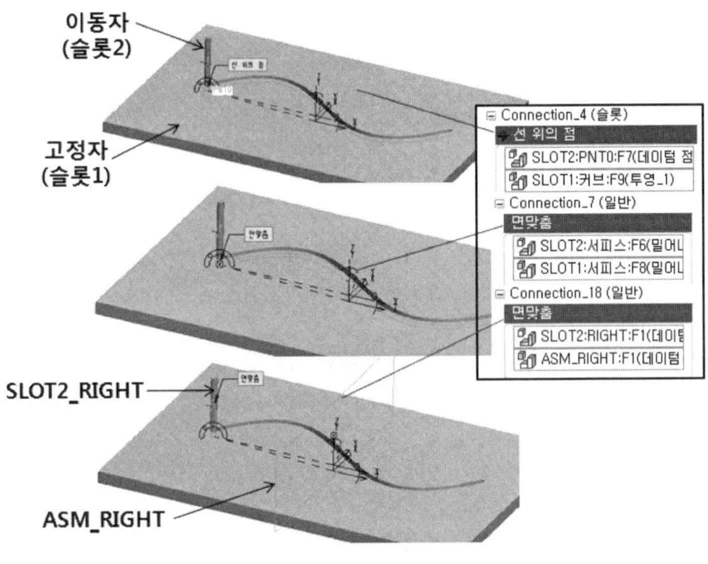

그림 3.101 슬롯 결합 설정 과정

㉢ 새로운 셋을 클릭하고 사용자 정의에서 일반( )을 클릭한다. 그리고 연결 구속항목에서 면맞춤을 선택한다. 그림 3.101과 같이 SLOT2(이동자)의 밑면과 SLOT1의 슬롯 부분의 이동 궤적 밑면을 선택한다. 이것의 의미는 이동자 밑면이 슬롯의 밑면에 밀착되게 움직이도록 설정한 것이다.

㉣ 다시 한 번 새로운 셋을 클릭하고 사용자 정의에서 일반( )을 클릭한다. 그리고 연결 구속항목에서 면 맞춤을 선택한다. 그림 3.101과 같이 SLOT2(이동자)의 RIGHT면과 어셈블리 RIGHT면을 선택한다. 이것의 의미는 이동자가 회전 하지 않으며 어셈블리 RIGHT면에 항상 평행하게 움직이도록 설정한 것이다.

3.5.2 메커니즘 설계

(1) 드라이버 설정

㉠ 서보 모터를 정의하기 위해 모델트리의 모터 제어기에 커서를 데고 오른쪽 마우스 버튼을 눌러 새로 만들기를 한다.

㉡ 그림 3.102의 서보 모터 정의 창이 나타나며 여기서 유형을 형상으로 하고 SLOT2의 RIGHT면을 제어된 엔티티로 하고 참조 엔티티는 어셈블리의 SLOT1의 옆면으로 한다.

㉢ 다음은 서보 모터 정의 창의 프로파일을 클릭하고 나서 그림 3.103과 같이 사양명세를 속도로 하고 강도는 상수를 2로 한다.

㉣ 서보 모터 정의 창을 확인을 클릭하여 닫는다.

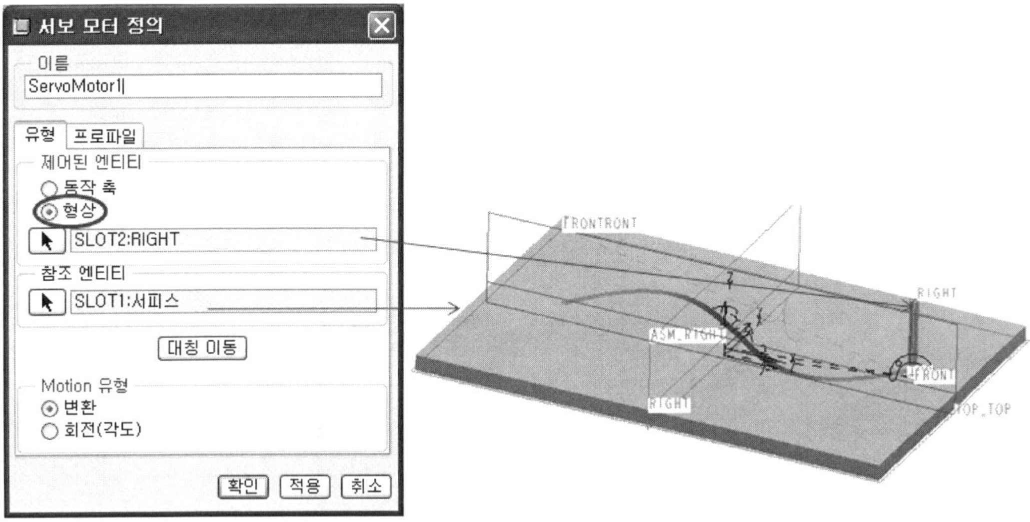

그림 3.102 서보 모터 유형 설정 과정

그림 3.103 서보 모터 프로파일 설정 과정

(2) 운동 해석

(a) 초기조건 정의

항상 같은 위치에서 시작하도록 초기 조건을 주기 위해 모델트리에서 초기조건에 커서를 데고 오른쪽 버튼을 누르면 초기조건 정의 창이 나타난다. 여기서 앞에서 어느 위치에서 시작할 것인지 정의한 스냅 샷1을 지정하고 확인을 누른다.

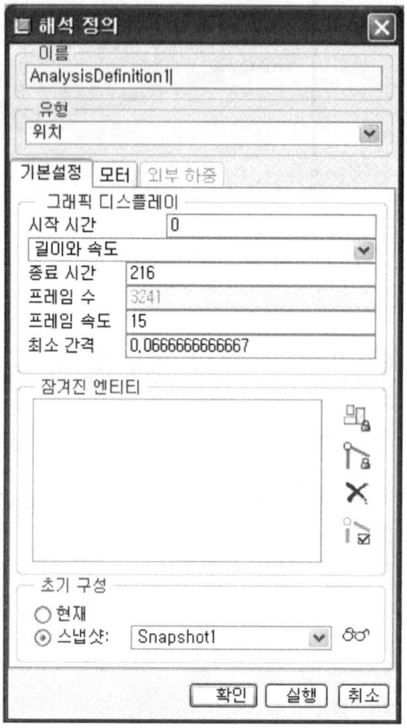

그림 3.104 해석 정의 과정

(b) 해석 정의

㉠ 슬롯을 따라 이동자가 움직이는데 총 216초 소요된다고 가정하면 그림 3.104와 같이 종료시간은 216초로 한다.

㉡ 초기 구성은 스냅 샷을 이용하는 것이 좋다.

제 2 편

일반 응용

제 4 장 평행운동 기구 응용 설계

본 장에서는 가상 동작 기구설계의 응용으로서 가장 널리 이용되는 링크기구를 응용하여 산업 또는 일상생활에서 이용될 수 있는 평행운동 메커니즘을 설계해 본다. 링크에 의한 평행운동 기구에 제어 조건을 주어 재미있는 동작을 실현해 보며, 일상생활에서 많이 이용하는 자동차의 와이퍼를 메커니즘 설계하고 그 운동을 가상적으로 해석한다. 그리고 시뮬레이션과 측정 그래프를 통하여 이 기구가 설계한 대로 운동을 하는지 확인하는데 역점을 두었다. 본 장에서 다룰 내용은 다음과 같다.

(1) 음악 지휘 메커니즘 (2) 자동차 와이퍼 메커니즘

4.1 음악 지휘 메커니즘

4.1.1 서론

우리 주변을 살펴보면 평행 운동을 하는 기구가 많이 있으며 여러 형태로 평행운동을 설계할 수 있다.

여러분이 기계공학을 전공한 Pro/Engineer 전문가이며 특히 링크기구에 의한 평행운동 기구에 대해 전공이라고 하자. 어린이 단체에서 초등학교 저학년 어린이를 위해 링크기구에 의한 평행 운동 기구를 설명하기 위해 재미있는 가상 기구를 만들어 달라는 요구가

들어왔다면 여러분은 어떻게 할 것인가?

4.1.2 아이디어 도출

알고 있는 사실은 다음과 같다.

(1) 초등학교 저학년 어린이를 대상으로 한다.

(2) 평행기구의 움직임을 설명해야 한다.

(3) 재미있어야 한다.

(4) 가상기구로 표현해야 한다.

위의 알고 있는 사실을 바탕으로 다음과 같은 아이디어를 도출했다고 가정한다.

(1) 초등학교 저학년이므로 가장 재미있어 하는 것이 음악과 율동일 것이다.

(2) 음악과 율동을 평행기구로 표현하자.

(3) 초등학교 저학년에게 가장 알려진 음악은 동요로 "학교 종이 땡땡땡"이다.

(4) "학교 종이 땡땡땡"을 평행 운동 기구로 표현하자.

(5) 그러면 "학교 종이 땡땡땡"을 음의 높이에 맞춰 위 아래로 평행하게 움직이는 것으로 한다.

(6) 평행하게 움직이게 하기 위해서는 평행운동 기구(parallel motion mechanism) 가운데 링크기구를 이용하는 것으로 한다.

(7) 링크 기구를 이용한 평행운동 기구 가운데 Hart's parallel 기구로 한다.

(8) 어린이를 상대로 하기 때문에 지휘 포인터는 밝고 활기찬 이미지를 줄 수 있는 밝은 색을 사용한다.

(9) 동영상 제작에 "학교 종이 땡땡땡"의 동요를 삽입하여 더욱 생동감 있게 한다.

4.1.3 조사된 사실들

(1) "학교종이 땡땡땡" 음계

초등학교 시절에 많이 부르던 "학교종이 땡땡땡"의 동요에 대한 음계를 조사하였다. 그 조사 결과를 토대로 "학교 종이 땡땡땡" 1절을 음계로 표 4.1과 같이 나타내는 것으로 하였다.

표 4.1 "학교 종이 땡땡땡" 음표(8분 음표; 1박자, 4분 음표; 2박자)

음계	솔	솔	라	라	솔	솔	미	솔	솔	미	미	레
박자	1	1	1	1	1	1	2	1	1	1	1	2
음계	솔	솔	라	라	솔	솔	미	솔	미	레	미	도
박자	1	1	1	1	1	1	2	1	1	1	1	2

(2) Hart's parallel 기구

앞에서 Hart's parallel 기구를 사용하기로 했고 이 기구에 대해서 조사하였다. Hart's parallel 기구는 그림 4.1과 같다. Hart's parallel 기구는 그림에서 링크 $\overline{56}$, $\overline{78}$이 서로 같으며 링크 $\overline{67}$, $\overline{58}$이 서로 같다. 또한 $\overline{14}$, $\overline{42}$도 서로 같은 구조를 하고 있다. 회전 대우 1, 2의 중심 및 점 3은 각각 링크 $\overline{56}$, $\overline{76}$, $\overline{58}$의 중심선 상에 있으며 이것을 같은 비로 나눈다. 이 때 링크 $\overline{14}$를 고정하면 점 3은 링크 $\overline{14}$에 직각인 직선을 그리는 기구이다.

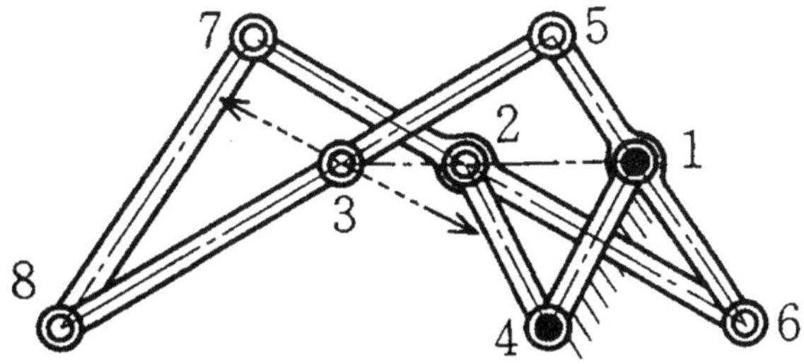

그림 4.1 Hart's parallel 기구

4.1.4 링크 치수 결정

그림 4.1의 Hart's parallel 기구의 특성을 살리기 위해서는 각 링크의 치수를 알아야 하며 그 치수들은 다음과 같이 정하는 것으로 한다.

링크 $\overline{56}$ = 링크 $\overline{78}$ 로부터 링크 $\overline{56}$ = 링크 $\overline{78}$ = 300㎜이고, 링크 $\overline{67}$ = 링크 $\overline{58}$ 로부터 링크 $\overline{67}$ = 링크 $\overline{58}$ = 500㎜이다. 또한 링크 $\overline{14}$ = $\overline{42}$ 로부터 링크 $\overline{14}$ = 링크 $\overline{42}$ = 150㎜이다. 한편, 점 3은 각각 링크 $\overline{56}$, $\overline{76}$, $\overline{58}$ 의 중심선 상에 있으므로 링크 $\overline{56}$, $\overline{76}$, $\overline{58}$ 의 중심에 링크 연결을 할 수 있는 구멍 내지는 돌출부가 있어야 한다.

따라서 각 링크 길이를 링크 $\overline{14}$ = 링크 $\overline{42}$ =150㎜, 링크 $\overline{67}$ = 링크 $\overline{58}$ = 500㎜, 링크 $\overline{56}$ = 링크 $\overline{78}$ = 300㎜인 평행운동 기구이다.

4.1.5 형상 모델링

(1) 각 기구 요소의 파트모델링

그림 4.2의 링크 1-4의 2D 도면을 그림 4.3과 같이 3D 파트모델링 하여 link_1_4의 파일 이름으로 저장한다.

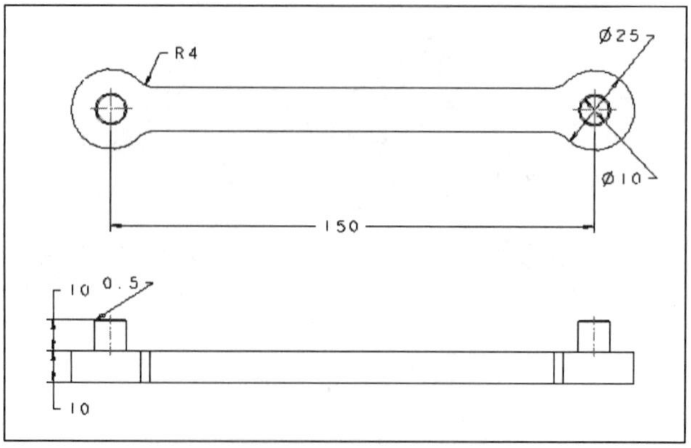

그림 4.2 링크 1–4의 2D 도면

그림 4.3 링크 1–4의 3D 모델

그림 4.4의 링크 2-4의 2D 도면을 그림 4.5와 같이 3D 파트모델링 하여 link_2_4의 파일 이름으로 저장한다.

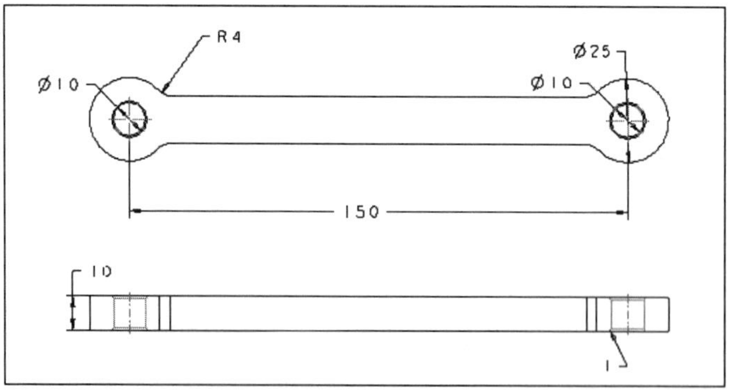

그림 4.4 링크 2–4의 2D 도면

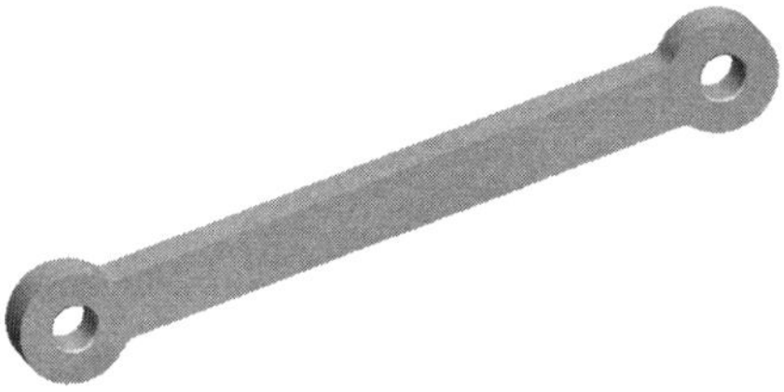

그림 4.5 링크 2-4의 3D 모델

그림 4.6의 링크 5-6의 2D 도면을 그림 4.7과 같이 3D 파트모델링 하여 link_5_6의 파일 이름으로 저장한다.

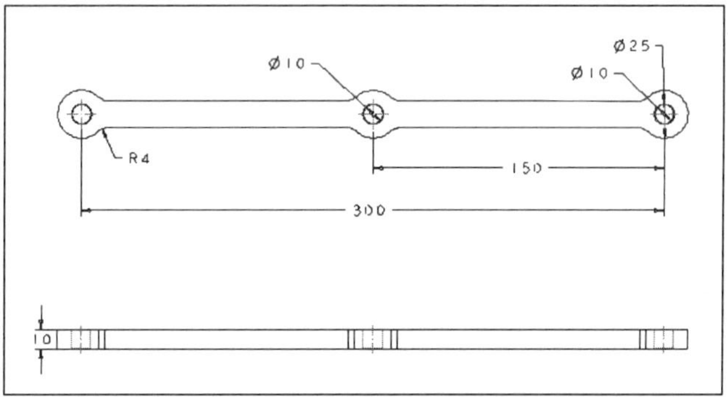

그림 4.6 링크 5-6의 2D 모델

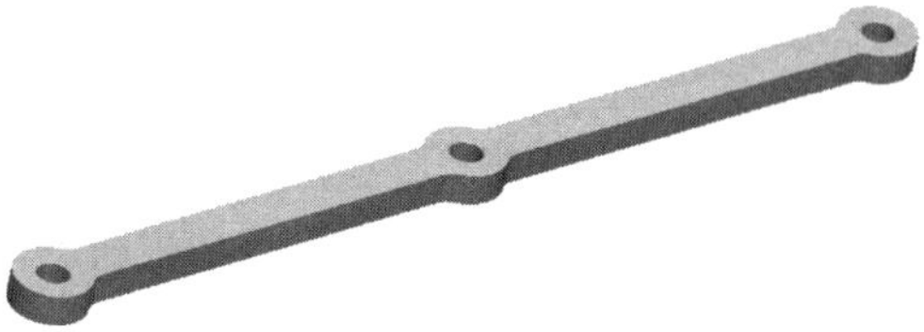

그림 4.7 링크 5-6의 3D 모델

그림 4.8의 링크 5-8의 2D 도면을 그림 4.9와 같이 3D 파트모델링 하여 link_5_8의 파일 이름으로 저장한다.

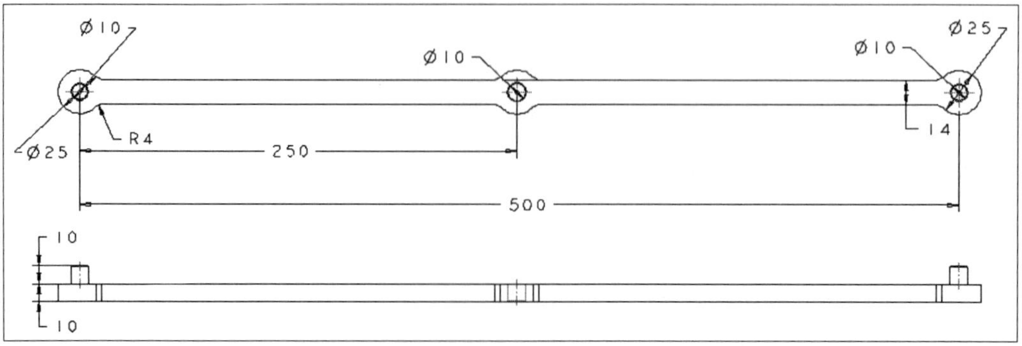

그림 4.8 링크 5-8의 2D 모델

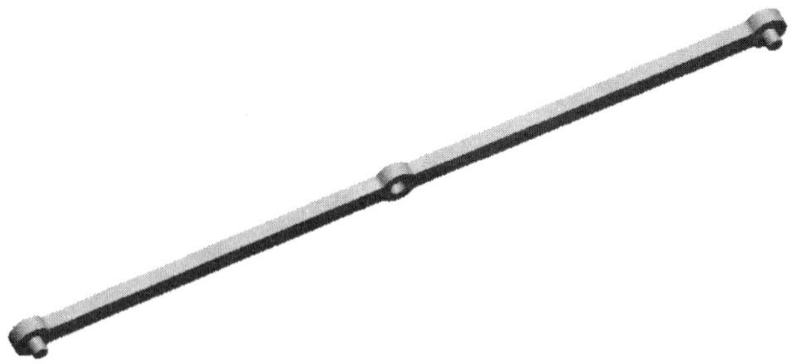

그림 4.9 링크 5-8의 3D 모델

그림 4.10의 링크 7-6의 2D 도면을 그림 4.11과 같이 3D 파트모델링 하여 link_7_6의 파일 이름으로 저장한다.

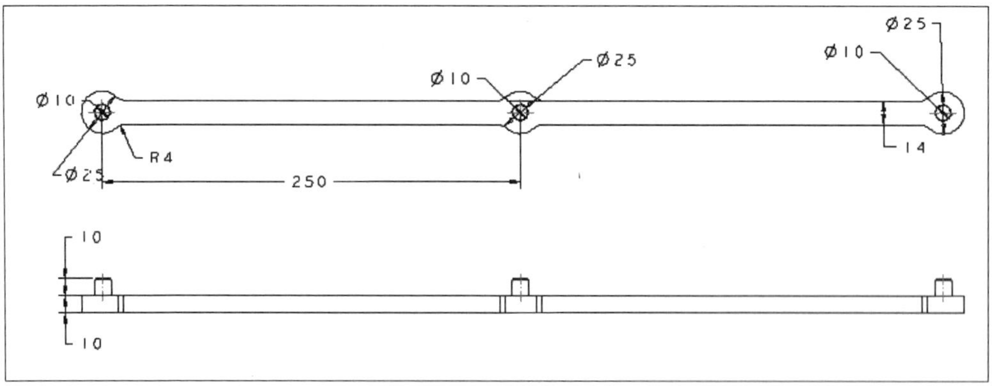

그림 4.10 링크 7-6의 2D 모델

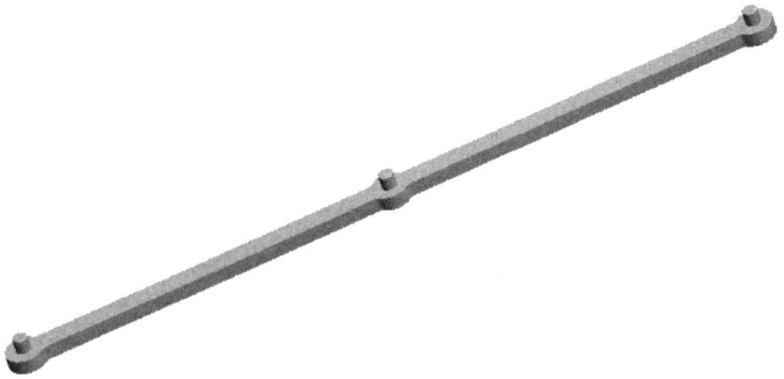

그림 4.11 링크 7-6의 3D 모델

그림 4.12의 링크 7-8의 2D 도면을 그림 4.13과 같이 3D 파트모델링 하여 link_7_8의 파일 이름으로 저장한다.

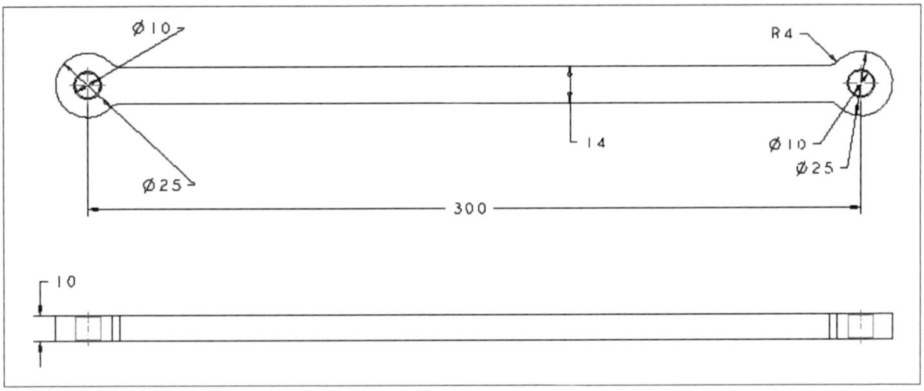

그림 4.12 링크 7-8의 2D 모델

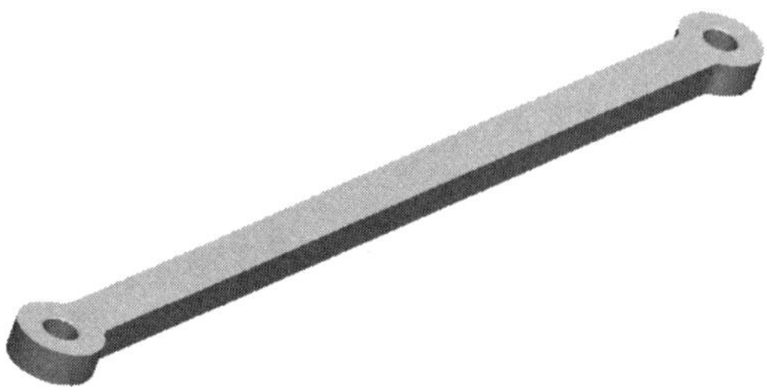

그림 4.13 링크 7-8의 3D 모델

그림 4.14의 링크 포인터의 2D 도면을 그림 4.15와 같이 3D 파트모델링 하여 link_pointer의 파일 이름으로 저장한다. 이 링크 포인터는 지휘할 때 지휘 모습이 잘 보이도록 하기 위한 포인터로 빨간색으로 한다.

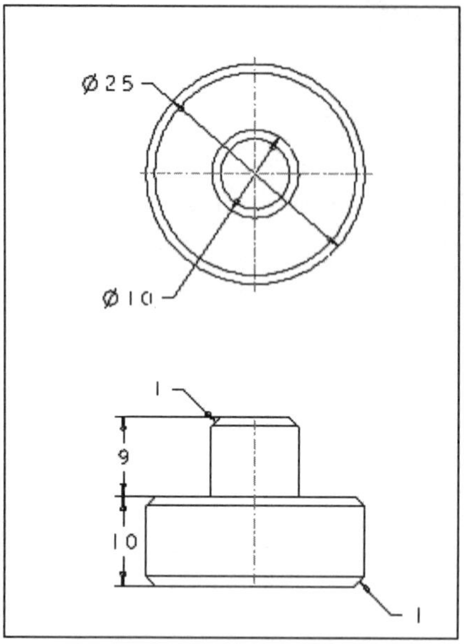

그림 4.14 링크 포인터의 2D 모델

그림 4.15 링크 포인터의 3D 모델

(2) 어셈블리

링크 조립은 일정한 회전 운동에 의한 유동 조립으로 핀 이음매로 링크 사이를 연결하여야 하며 이 사실에 대해서는 제 2장에서 이미 서술하였다. 표 4.3은 그림 4.1에 대한 링크 사이에 어떤 이음매를 핀 연결해야 하는지를 정리한 것이다.

표 4.3 Hart's parallel 기구의 이음매

	링크1-4	링크2-4	링크5-6	링크5-8	링크7-6	링크7-8
링크1-4		pin	pin			
링크2-4	pin				pin	
링크5-6	pin			pin	pin	
링크5-8			pin			pin
링크7-6		pin	pin			pin
링크7-8				pin	pin	

첫 번째 이음매는 링크 1-4와 2-4를 그림 4.16과 같이 핀 연결 조립한다.

그림 4.16 링크 1-4와 2-4 pin연결

두 번째 이음매는 링크 1-4와 5-6을 그림 4.17과 같이 핀 연결 조립한다.

그림 4.17 링크 1-4와 5-6 pin연결

세 번째 이음매는 링크 2-4와 7-6을 그림 4.18과 같이 핀 연결 조립하고 이어서 링크 5-6과 7-6을 핀 연결한다.

그림 4.18 링크 2-4와 7-6 pin연결 및 링크 5-6과 7-6 pin연결

네 번째 이음매는 링크 7-6과 7-8을 그림 4.19와 같이 핀 연결 조립한다.

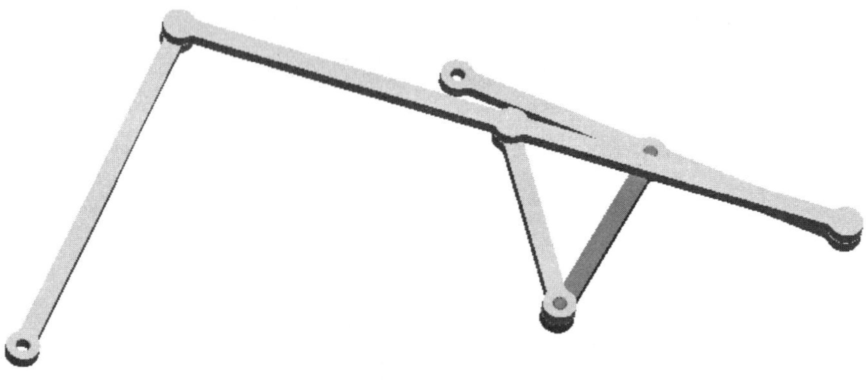

그림 4.19 링크 7-6과 7-8 pin연결

다섯 번째 이음매는 링크 5-6과 5-8을 그림 4.20과 같이 핀 연결 조립하고 이어서 링크 5-8과 7-8을 핀 연결 조립한다.

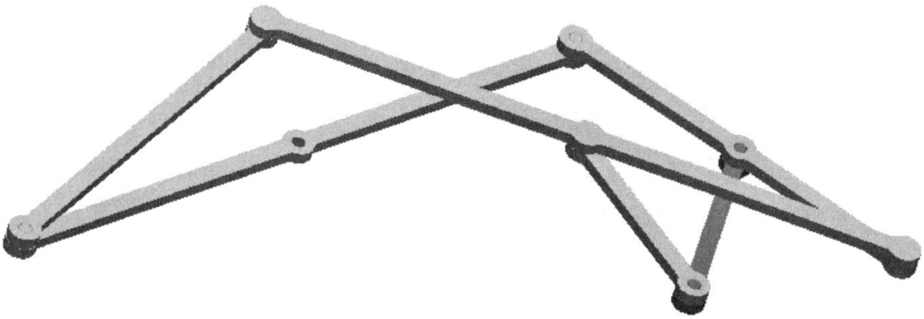

그림 4.20 링크 5-6과 5-8 pin연결 및 링크 5-8과 7-8 pin연결

마지막 조립으로 지휘하는 모습을 보기 위해 포인터를 그림 4.21과 같이 면 맞춤 구속 조립한다.

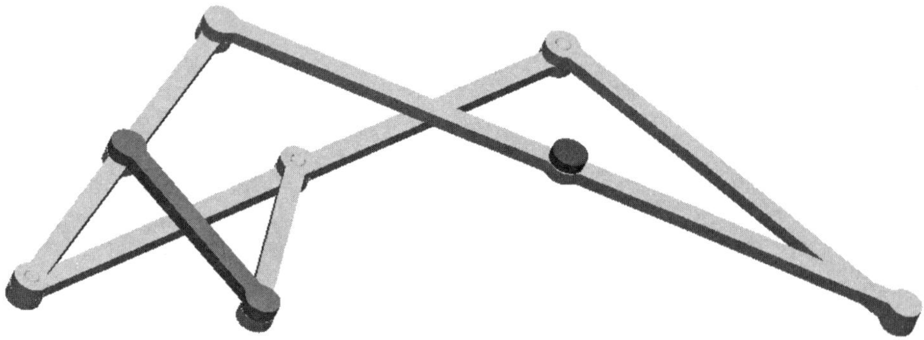

그림 4.21 Hart's parallel 기구

4.1.6 메커니즘 설계

(1) 제어 설계

(a) 초기 조건과 총 스트로크 설정하기

① 풀다운 메뉴의 응용 프로그램에서 메커니즘을 클릭하고 메커니즘 환경으로 들어간다.

② 모델 트리 부분의 메커니즘에서 그림 4.22와 같이 정의 편집 메뉴로 들어간다. 구속조건을 주기 전에 수동에 의한 확인 조작을 한다. 수동에 의한 확인 조작은 컴포넌트 드래그 아이콘 를 선택하거나 Ctrl+Alt를 동시에 누르면서 포인터 부분을 클릭한다. 그리고 평행기구의 전체적인 움직임을 파악하고 링크기구 구조가 변형되지 않는 범위 내에서 시작하고자 하는 위치에서 멈춘다. 이 점을 제로 포인트(make zero)로 하고 그림 4.23과 같이 회전 축의 회전 최소각도와 최대각도를 각각 0(제로 포인트) 및 90으로 설정하여 총 스트로크가 90이 되게 한다.

③ 확인 버튼을 누른다.

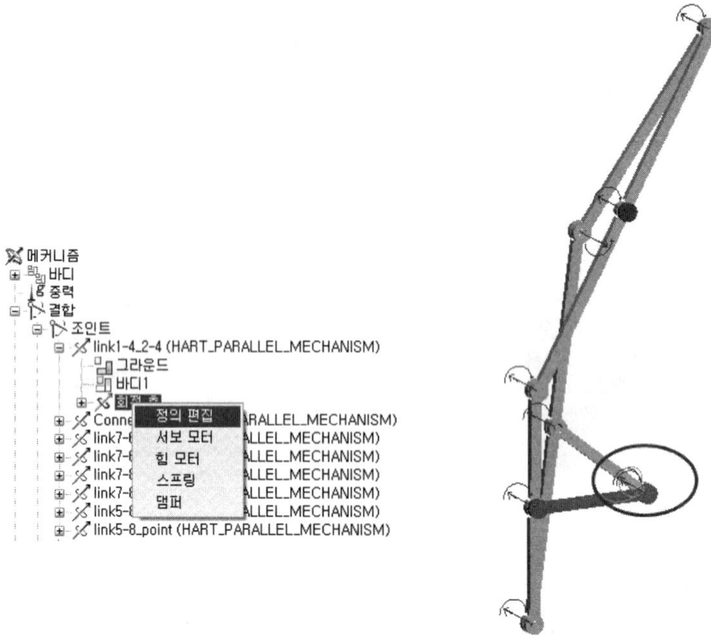

그림 4.22 회전축 정의 편집 메뉴

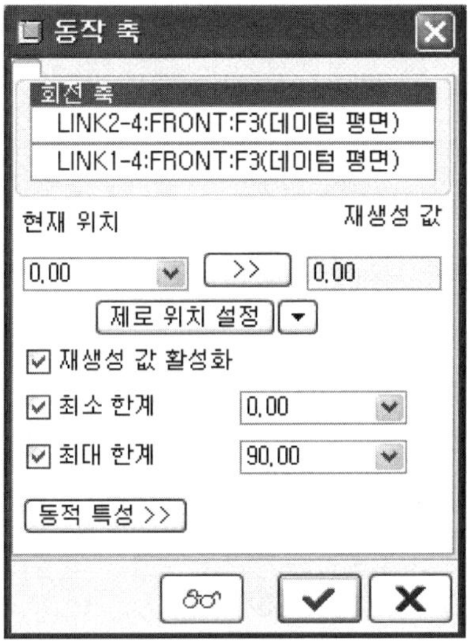

그림 4.23 제로 위치 및 최소, 최대한계 설정

(b) 제어기 설정하기

서보 모터를 설정할 축을 정하여 다음과 같이 설치한다.

㉠ 메커니즘 모터 설정 메뉴에서 서보 모터를 클릭하고 새로 만들기로 들어간다.

㉡ 서보 모터를 설치할 축으로 링크 1-4와 링크 2-4의 핀 이음매 축을 정한다.

(c) 제어 조건 설정하기

지휘 포인터가 평행으로 움직일 수 있는 기구의 스트로크는 (1)제어설계에서 90으로 정했으므로 8음계에 대해 움직이는 모습을 충분히 보기 위해 한 음계 당 10씩 움직이는 것으로 한다. 즉, 표 4.4는 각 음계를 수치로 나타낸 것이다.

표 4.4 음계에 따른 수치화

음계	도	레	미	파	솔	라	시	도
수치화	10	20	30	40	50	60	70	80

초등학교 시절에 많이 부르던 "학교종이 땡땡땡"의 동요 1절 음계에 대해 표 4.4의 크기로 수치화한 것이 표 4.5이다.

표 4.5 "학교 종이 땡땡땡" 음계와 음계에 따른 수치화 및 박자

음계	솔	솔	라	라	솔	솔	미	솔	솔	미	미	레
박자(초)	1	1	1	1	1	1	2	1	1	1	1	2
수치화	50	50	60	60	50	50	30	50	50	30	30	20
음계	솔	솔	라	라	솔	솔	미	솔	미	레	미	도
박자(초)	1	1	1	1	1	1	2	1	1	1	1	2
수치화	50	50	60	60	50	50	30	50	30	20	30	10

표 4.5를 바탕으로 제어 조건은 제어기 설정에 이어 다음과 같이 설정한다.

㉠ 제어기 대화 상자의 프로파일 탭에서 사양 명세는 위치로 하고 강도는 테이블로 한다. 왜냐하면 표 4.5의 "학교 종이 땡땡땡" 음계의 수치를 모터의 구동 시간에 따라 테이블로 작성하기 위해서이다.

㉡ 시간에 따라 어떠한 그래프를 그리는지를 나타낸다(그림 4.24).

㉢ music1의 파일이름으로 저장한다.

㉣ 확인을 눌러 제어기 설정 및 제어조건 설정을 완료한다.

(2) 기구 운동 해석

제어기 설정 및 제어 조건을 주었으므로 이제는 주어진 동작 조건대로 제대로 움직이는지 확인할 필요가 있다. 표 4.5에 의하면 총 지휘시간은 28초이지만 지휘 포인터를 올렸다 내려야 하므로 2배인 56초가 된다. 이러한 메커니즘 운동 해석은 다음 과정으로 행한다.

㉠ 메커니즘 해석 아이콘( )의 다이얼로그 박스에서 이름을 parallel_mechanism으로 입력한다.

㉡ 해석 유형을 위치로 설정한다.

㉢ 그래픽 디스플레이는 길이와 속도로 설정하고 종료 시간은 56, 프레임 속도 20으로 값을 설정한다.

㉣ 실행을 클릭한다.

㉤ 중간에 저장한 것을 모두 삭제하고 마지막 것만 저장하기 위해서 풀다운 메뉴에서 파일 〉 삭제 〉 이전 버전을 클릭하고서 확인을 클릭하며 메인 도구상자에서 저장( ) 을 클릭한다.

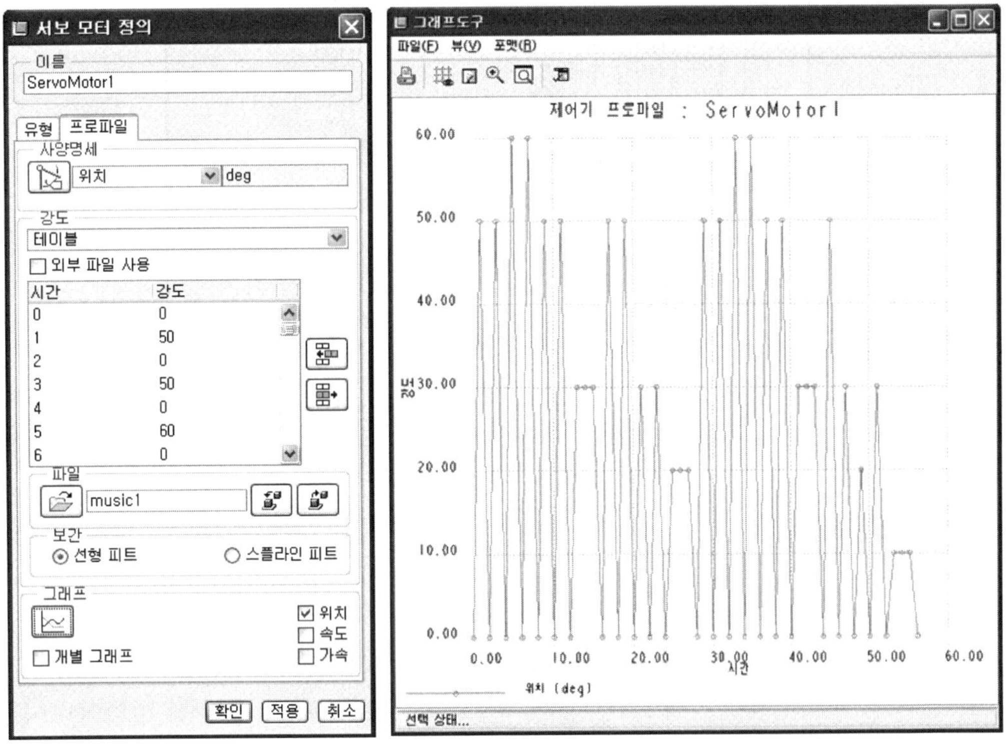

그림 4.24 서보 모터 프로파일 설정 모습과 설정 후의 그래프

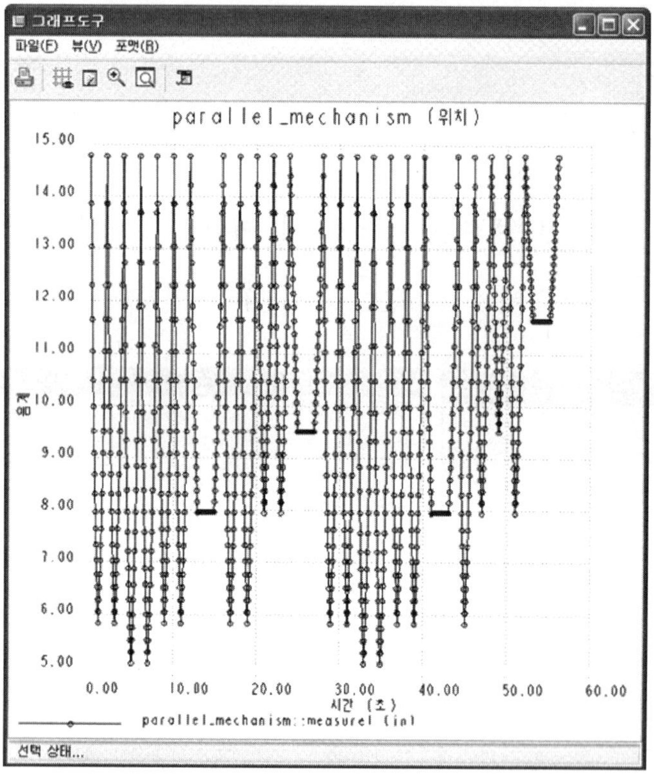

그림 4.25 지휘 포인터의 음계에 따른 변위 그래프

(3) 운동 해석 그래프

운동해석을 마친 후에 그 해석 결과를 그래프로 보기 위해서는 다음과 같이 한다.

㉠ 오른쪽 메뉴에서 측정 아이콘 을 클릭하면 측정 결과 창이 나타난다.

㉡ 측정 결과 창에서 새로운 측정 생성 아이콘 을 누르면 단위 정의 창이 나타나며 여기서 측정 하고자 하는 결과의 그래프 이름을 measure1으로 한다.

㉢ 유형은 위치로 하고 동작축은 지휘 포인터(링크5-8의 중간점)로 하고 확인을 클릭한다.

㉣ 측정 결과 창에서 결과 셋의 parallel_mechanism을 눌러 주면 측정 이름에 대한 값들이 나타난다.

㉤ 위쪽에 를 누르면 그림 4.25와 같은 측정 결과가 그래프로 나타난다. 이 측정결과와

그림 4.24의 입력 그래프를 비교하면 "학교 종이 땡땡땡"에 맞춰 메커니즘이 정확히 설계가 되었음을 알 수 있다.

(4) 동영상 제작

운동 해석을 마친 상태에서 실제로 기구가 어떻게 움직였는지를 동영상으로 저장하고자 할 때는 다음과 같이 한다.

㉠ 이미 메커니즘 해석이 끝나면 동작이 저장되어 있으므로 작업화면 오른쪽 메뉴에서 플레이백 아이콘(◀▶)을 클릭하면 플레이백 창이 나타난다.

㉡ 플레이백 창에서 다시 플레이백(◀▶)을 누르면 애니메이트 창이 나타난다.

㉢ 애니메이트 창에서 캡처를 클릭한다.

㉣ 동영상 이름은 parallel_mechanism.mpg로 하고 동영상 형태는 MPEG로 하고 이미지 크기는 너비가 640, 높이가 598 기본으로 특별한 요구 사항이 없으면 그대로 확인 버튼을 누른다. 그러면 동작이 이루어지면서 자동적으로 동영상이 만들어진다.

㉤ 애니메이트 창 닫기를 한다.

4.2 자동차 와이퍼 설계

4.2.1 서론

우리 주변에 승용차가 있는데 자동차 앞 유리창을 주위 깊게 살펴보면 와이퍼가 있다. 자동차의 종류에 따라 다르기는 하지만 보편적인 것은 2탠덤 방식의 와이퍼 구조가 가장 많은 것을 알 수 있다.

여러분이 기계공학 전문가라고 하자. 자동차 회사에서 직사각형으로 폭 W= 2m, 높이 H= 1.2m인 자동차 앞 유리창에 맞는 2탠덤 방식의 와이퍼를 설계해 달라는 요구가 들어오면 여러분은 어떻게 하겠는가?

4.2.2 제한 조건

문제에 대한 제한 조건으로서는 다음과 같다고 가정한다.

(1) 될 수 있으면 넓은 범위를 닦는 것으로 한다.
(2) 운전석 측(우측)의 닦기 영역을 될 수 있는 한 작게 한다.
(3) 블레이드는 유리창으로부터 벗어나지 않게 한다.
(4) 와이퍼 구동부는 유리창의 하부로부터 벗어나지 않게 한다(차폭 내에서 억제한다).
(5) 와이퍼 회전 구동 모터는 일반적으로 승용차에 많이 사용하는 것으로 한다.
(6) 와이퍼 회전 속도는 3단계로 한다. 즉, 저속, 중속, 고속으로 한다.
(7) 회전 구동 모터에 의한 회전축의 길이는 30mm로 한다.

4.2.3 조사된 사실들

문제를 해결하기 위해 조사된 사실들을 정리하면 다음과 같다.

(1) 그림 4.26과 같이 2탠덤 방식의 자동용 와이퍼는 평행운동 기구와 레버 크랭크 기구로 이루어져 있다.
(2) 일반적인 평행 운동 기구의 구성 조건은 1.1.2항에서 서술했듯이 그림 4.27 (a)와 같으며 와이퍼에서의 평행운동 기구 부분은 그림 4.27 (b)와 같다.
(3) 레버 크랭크 기구의 일반적인 운동 구조는 1.1.1항에서 서술했듯이 그림 4.28 (a)와 같으며 와이퍼에서 레버 크랭크 기구 부분은 그림 4.28 (b)와 같다.
(4) 닦아야 할 유리창의 크기는 문제에서 제공했듯이 직사각형으로 $2000 \times 1200(W \times H)$mm이다.
(5) 모터의 회전운동은 레버 크랭크 기구에 의해 레버-암-블레이드의 요동운동으로 변환하며 될 수 있는 대로 넓은 범위를 닦기 위해서는 블레이드가 수평으로부터 수직까지 최대한으로 움직여야 한다. 즉, 암의 요동의 최대각은 90°이다.
(6) 운전석 측의 닦기 영역을 될 수 있는 대로 작게 하려면 조수 측에서 운전석 측으로 그

림 4.26과 같이 블레이드가 회전해야 한다.

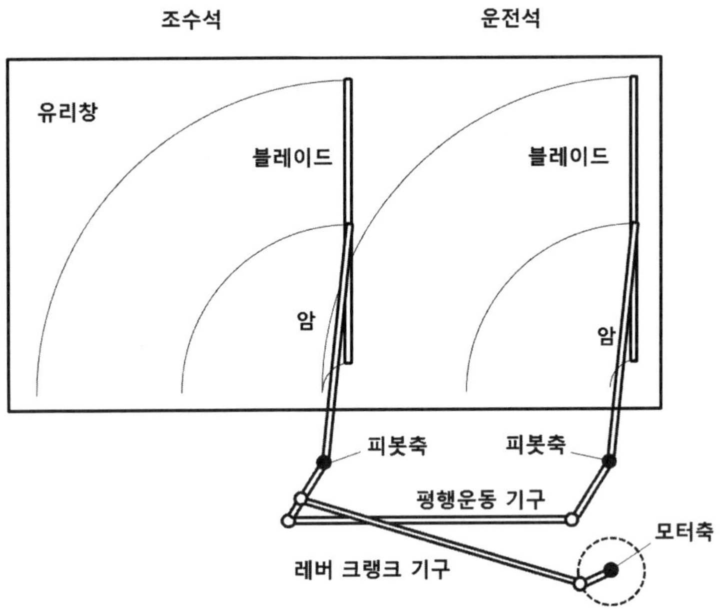

그림 4.26 자동차용 와이퍼와 그의 구동 기구

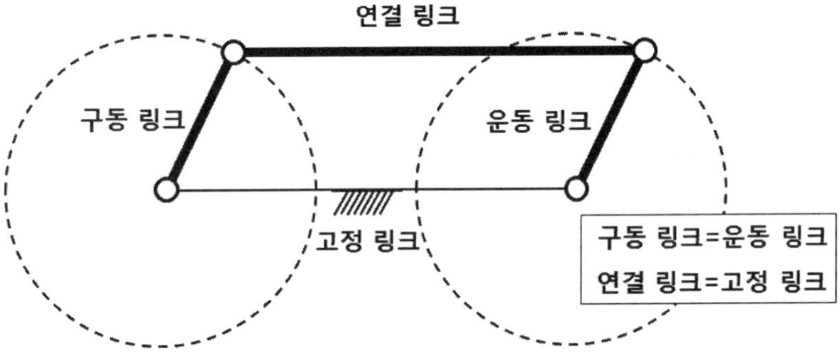

(a) 일반적인 구성 조건

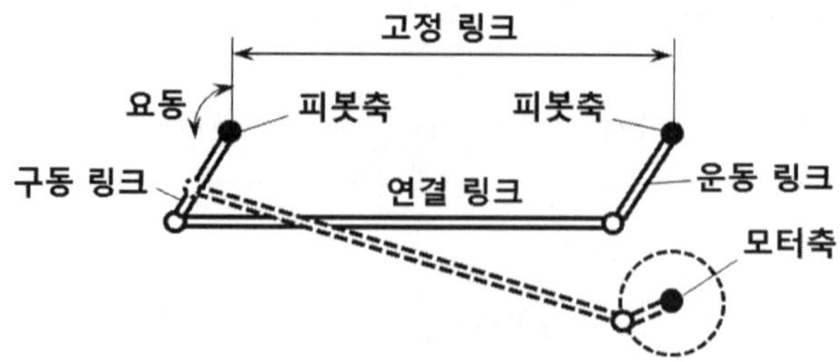

(b) 와이퍼의 평행운동 기구 부분

그림 4.27 평행 운동 기구

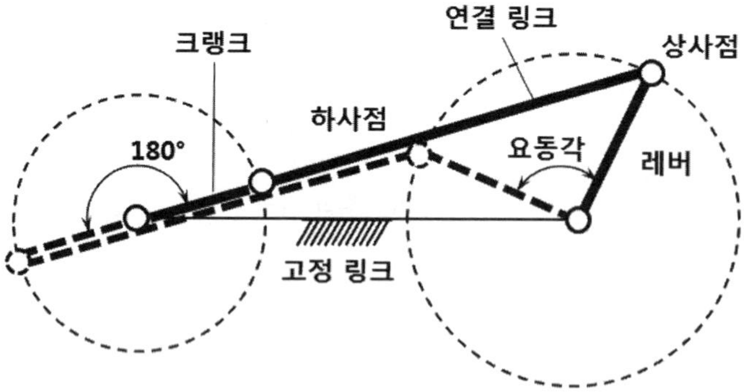

(a) 일반적인 운동 구조

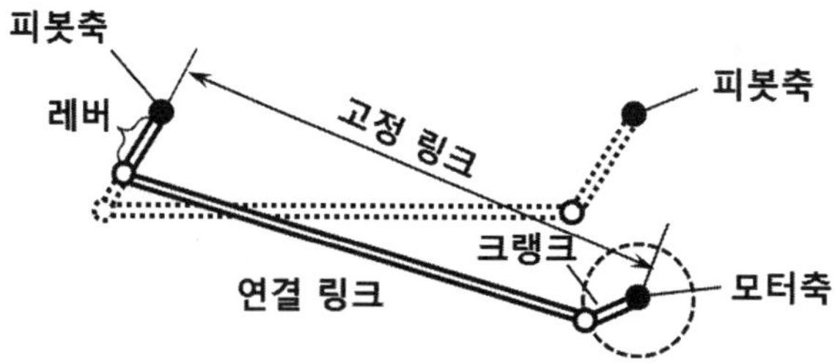

(b) 와이퍼의 레버 크랭크 기구 부분

그림 4.28 레버 크랭크 기구

4.2.4 요소 크기 결정

조사된 사실들을 바탕으로 와이퍼 각 요소들의 크기를 알아야 내야 한다. 그 내용들은 다음과 같다.

(1) 피봇축의 위치는 그림 4.29과 같이 정한다. 즉, 유리창 밑면으로부터 50mm, 옆면으로부터 170mm이다.

(2) 모터축의 위치는 그림 4.29과 같이 정한다. 즉, 유리창 밑면으로부터 560mm, 옆면으로부터 170mm이다.

(3) 블레이드의 길이는 그림 4.29과 같이 정한다. 즉, 유리창의 높이 가운데 윗부분에서 100mm, 아랫 부분에서 200mm를 제외한 900mm이다.

(4) 그림 4.29에서 피봇 축과 피봇 축 사이의 거리를 680mm로 정하면 열결 링크의 길이는 두 피봇축 사이의 거리와 같으므로 680mm가 된다.

(5) 그림 4.29에서 암의 길이는 블레이드의 중간에 암이 연결되므로 블레이드의 절반 길인 450mm와 유리창의 밑부분 여유와 피봇 축의 위치를 감안하여 700mm로 정한다.

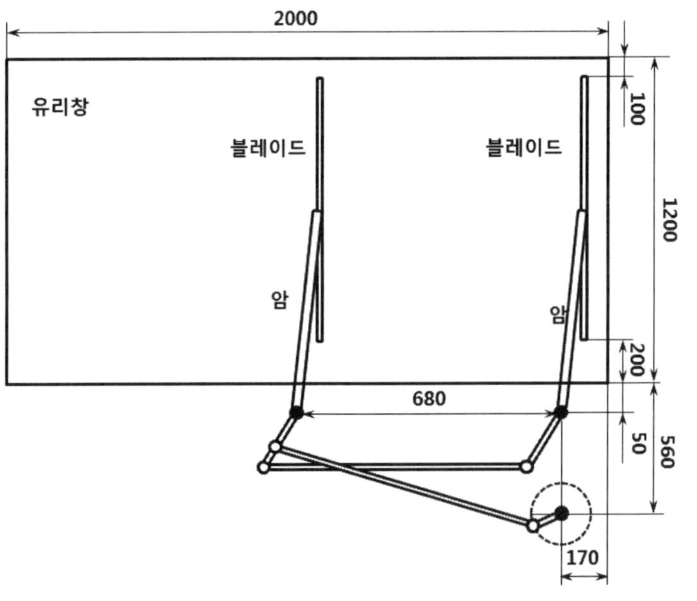

그림 4.29 유리창에 대한 피봇축의 위치

(6) 그림 4.28 (b)에서 고정 링크의 길이 즉, 모터 축과 피봇 축 사이의 거리는 두 피봇 축 사이의 거리보다 긴 850mm로 정한다.

(7) 그림 4.28 (b)에서 크랭크의 길이를 100mm로 정하면 레버의 길이는 그림 4.30에 의해 다음 식으로 구해진다.

$$c = \frac{a}{\sin\frac{\alpha}{2}} = \frac{100}{\sin\frac{90°}{2}} = 100\sqrt{2} \fallingdotseq 141\,\text{mm}$$

여기서 c는 레버의 길이, a는 크랭크 길이, α는 요동 각이다.

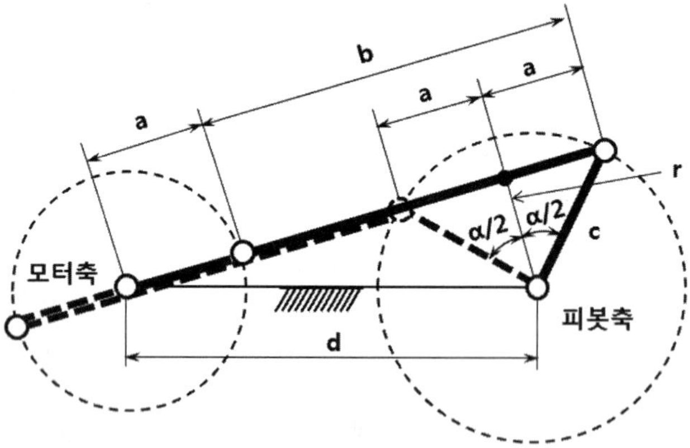

그림 4.30 각 요소의 변수와 각 링크 사이의 관계

(8) 그림 4.30에서 요동각 α가 90°이므로 피봇 축으로부터 연결링크까지의 거리 r은 다음과 같다.

$$r = \frac{a}{\tan\frac{\alpha}{2}} = \frac{a}{\tan\frac{90°}{2}} = a = 100\,\text{mm}$$

(9) (2)에서 d가 850mm로 했으므로 그림 4.30의 연결링크 b의 길이는 다음과 같다.

$$b^2 = d^2 - r^2 = 850^2 - 100^2 = 722500 - 10000 = 712500$$

$$\therefore b = \sqrt{712500} \fallingdotseq 844$$

(10) 그림 4.27 (a)처럼 평행운동하기 위해서는 대응하는 구동 링크와 운동 링크의 길이가 같아야 한다. 또한 그림 4.28 (b)로부터 운동링크의 길이가 레버 길이 c의 길이보다 길어야 한다. 따라서 레버 길이가 141이므로 운동 링크길이는 200으로 정한다.

4.2.5 형상 모델링

(1) 각 요소의 파트모델링

(a) 유리창

그림 4.31은 유리창의 치수(2000×1200)를 나타낸 2차원 도면이다. 그림 4.32는 2차원 도면을 3차원으로 나타낸 파트 모델링이다. 파일 이름은 window로 한다.

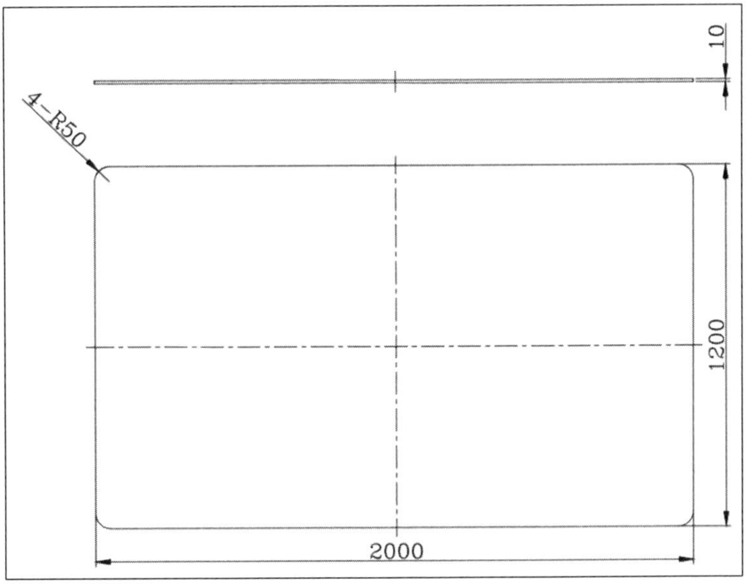

그림 4.31 유리창의 2D 도면

그림 4.32 유리창 파트모델의 3D

(b) 기판(base)

와이퍼가 작동하기 위해 모터축과 피봇축이 위치할 장소를 필요한 부품들을 고정 시킬 수 있는 부분으로 그림 4.29를 고려하여 기판의 치수를 나타낸 2차원 도면이 그림 4.33이다.

그림 4.34는 2차원 도면을 3차원으로 나타낸 파트 모델링이다. 파일 이름은 base로 한다.

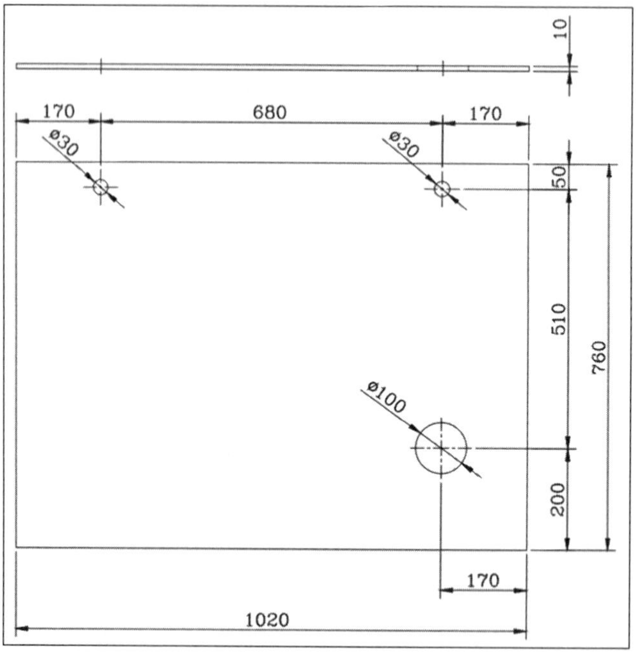

그림 4.33 기판의 2D 도면

그림 4.34 기판 파트모델의 3D

(c) 블레이드(blade)

블레이드는 유리창을 닦는 역할을 한다. 이 블레이드는 레버-암의 암에 부착되어 와이퍼 세트를 이룬다. 실제 물이 닦이는 부분의 유리창 크기는 2000×1200이므로 높이 1200mm보다 작아야 하며 4.2.4의 (3)으로부터 블레이드의 길이는 900mm이다.

그림 4.35는 2차원 도면이며, 그림 4.36은 3차원 파트 모델링이다. 파일 이름은 blade로 한다.

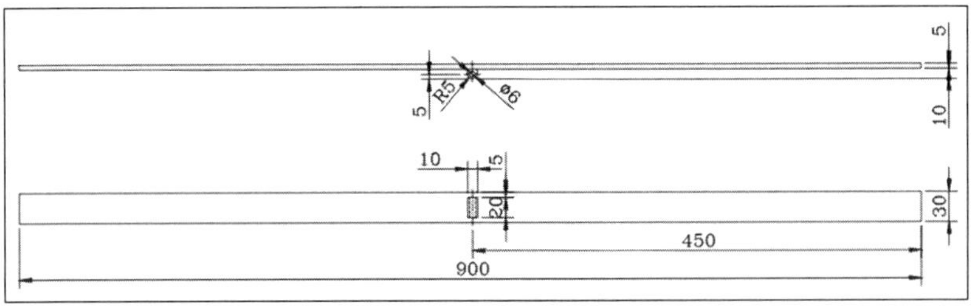

그림 4.35 블레이드 도면

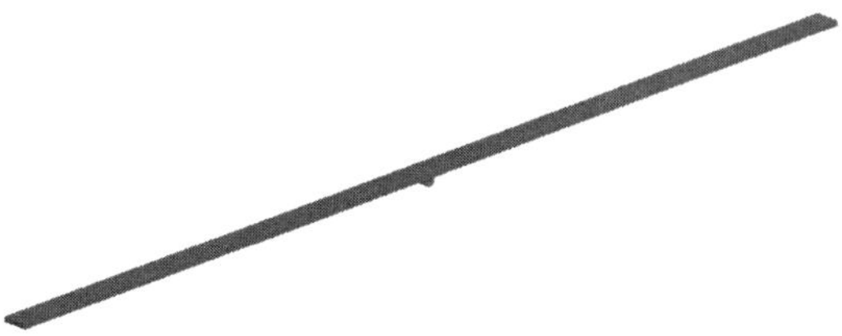

그림 4.36 블레이드

(d) **크랭크 축**(crank shaft)

그림 4.37은 크랭크축의 치수를 나타낸 2D도면이다. 그림 4.38은 크랭크축의 3D 형상이며 모터와 크랭크축을 따로 모델링하는 이유는 크랭크축이 모터를 기준으로 회전운동을 해야 하기 때문이다. 4절 링크에서 크랭크축이 모터에 고정되며 이 크랭크의 길이는 조건에서 100mm로 했으므로 100mm이다. 파일 이름은 crank_shaft로 한다.

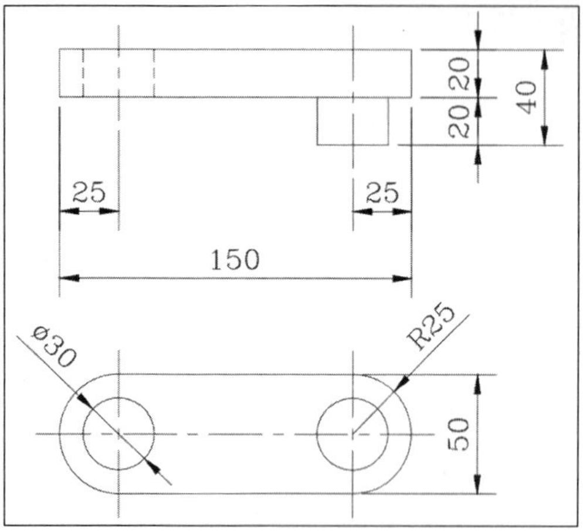

그림 4.37 크랭크축 도면

그림 4.38 크랭크축

(e) **모터**(motor)

그림 4.39는 회전 구동모터의 치수를 나타낸 2차원 도면이다. 그림 4.40은 모터의 모습이다. 모터의 실제 형상보다 운동 메커니즘에 중점을 두었기에 단순화 하여 모델링하였다. 모터가 기판에 고정되고 모터의 축이 회전운동을 한다. 파일 이름은 motor로 한다.

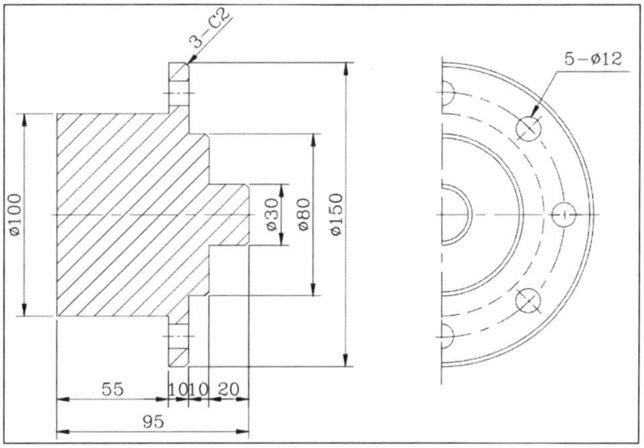

그림 4.39 모터 2D 도면

그림 4.40 모터 형상

(f) 구동 링크-암(driving link-arm)

구동 링크-암은 두 가지 운동을 동시에 하는 부분이다. 즉, 크랭크와 연결되는 연결봉과 연결되어 크랭크에서 전달하는 각 변위에 따라 구동 링크-암이 요동운동을 하는 레버 크랭크 기구 부분과 구동 링크-암을 평행운동 시키는 평행운동 기구 부분이다.

4.2.4에서 레버 크랭크 기구의 레버의 길이는 141mm이고 평행 운동 기구의 구동 링크의 길이는 200mm로 결정된 구동 링크-암의 치수를 도면으로 나타낸 것이 그림 4.41이다. 이것을 3차원 형상모델링 한 것이 그림 4.42이다. 파일 이름은 lever_arml으로 한다.

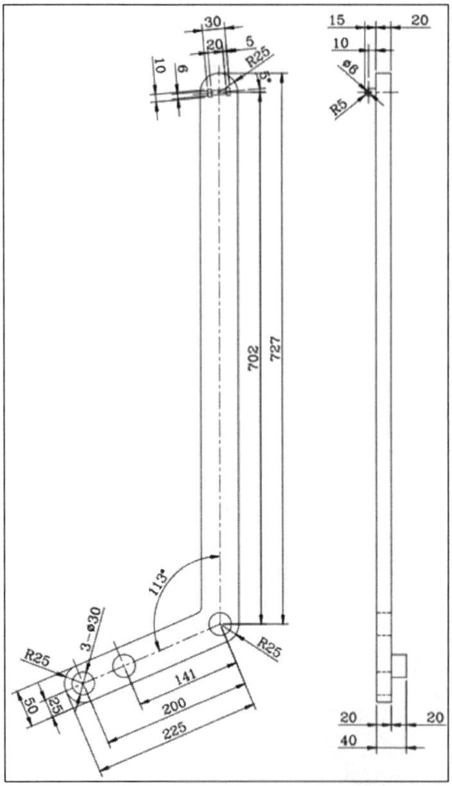

그림 4.41 구동 링크-암 도면

그림 4.42 구동 링크-암 형상

(g) 운동 링크-암(driven link-arm)

운동 링크-암은 구동 링크-암과 연결되어 평행운동을 하는 레버-암이다. 따라서 평행운동 조건에 따라 운동 링크의 길이는 구동 링크-암의 구동 링크와 마찬가지로 200mm로 동일해야 한다. 이상의 치수를 정리하여 2차원 도면으로 나타낸 것이 그림 4.43이며 3차원 형상모델링 한 것이 그림 4.44이다. 파일 이름은 lever_arm2로 한다.

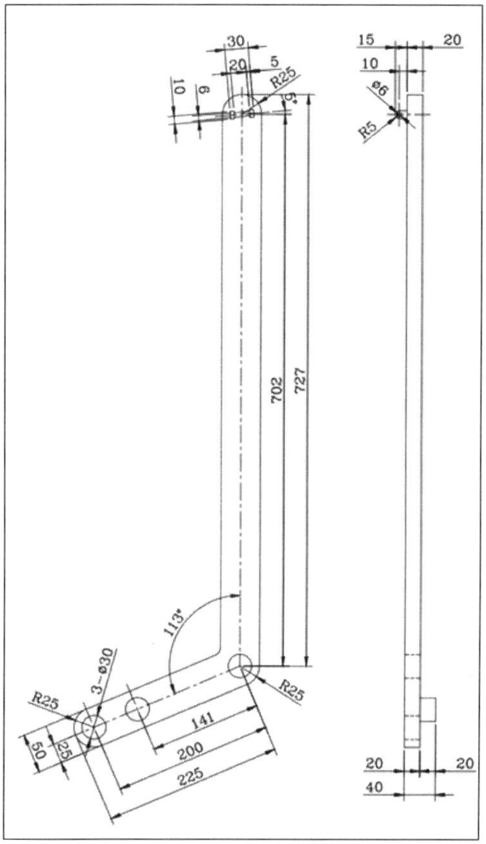

그림 4.43 운동 링크-암 도면

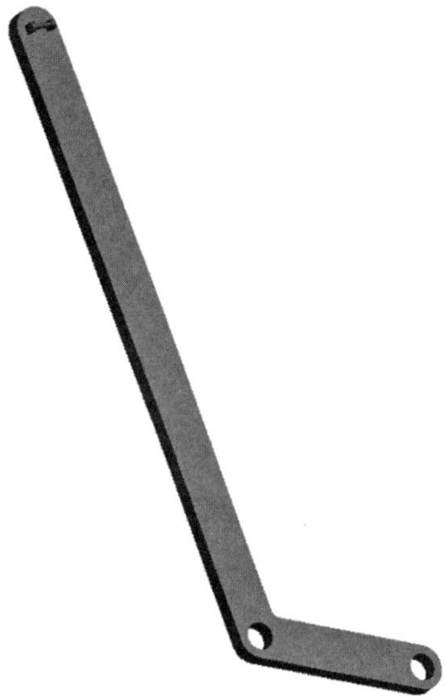

그림 4.44 운동 링크-암 형상

(h) **크랭크 연결봉**(crank_connector)

크랭크 연결봉은 크랭크축과 구동 링크-암을 연결하는 연결봉으로 레버 크랭크 기구를 형성하는 하나의 요소이다. 이 크랭크 연결봉은 4.2.4항에서 정한 844mm이다. 이상의 치수를 정리하여 2차원 도면으로 나타낸 것이 그림 4.45이며 3차원 형상모델링 한 것이 그림 4.46이다. 파일 이름은 connector_1으로 한다.

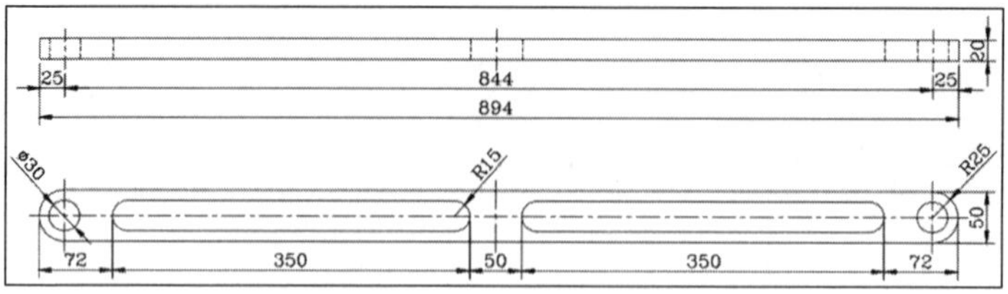

그림 4.45 크랭크 연결봉 도면

그림 4.46 크랭크 연결봉 형상

(i) 운동-구동 링크 연결봉(driven_driving link)

운동-구동 링크 연결봉은 그림 4.27과 같이 구동 링크-암과 운동 링크-암을 연결해 주는 연결봉으로 평행운동 기구를 형성하는 하나의 요소이다. 운동-구동 링크 연결봉의 길이는 4.2.4에서 정한 680mm이다. 이상의 치수를 정리하여 2차원 도면으로 나타낸 것이 그림 4.47이며 3차원 형상모델링 한 것이 그림 4.48이다. 파일 이름은 connector_2로 한다.

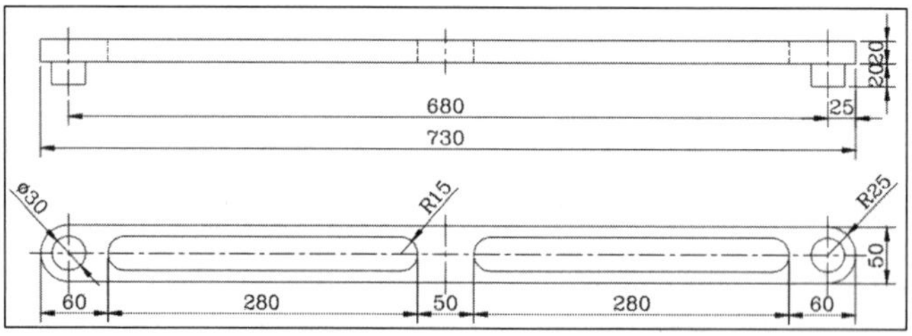

그림 4.47 운동-구동 연결봉 도면

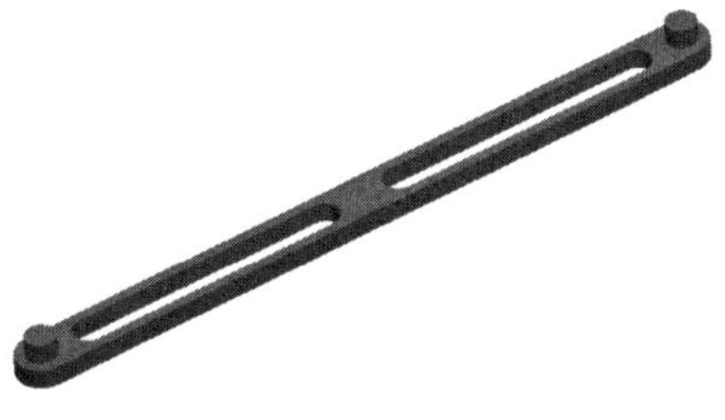

그림 4.48 운동-구동 링크 연결봉

(j) 회전 지지자(holder)

회전 지지자는 기판에 고정되어 구동 링크-암과 운동 링크 암이 요동운동을 하도록 암을 회전 지지하는 피봇 요소이다. 이 회전 지지자는 두 군데에 사용된다. 즉, 레버 크랭크 기구에 의해 크랭크가 회전을 하면 구동 링크-암이 요동운동을 하도록 회전 지지하는 부분과 평행 운동 기구에 의해 운동 링크 암이 요동운동을 하도록 회전 지지하는 부분에 사용된다. 회전 지지자의 지름은 그림 4.33의 기판 도면으로부터 50mm이고 암이 회전 지지되는 내부 지름은 30mm이다. 이상의 치수를 정리하여 2차원 도면으로 나타낸 것이 그림 4.49이며 3차원 형상모델링 한 것이 그림 4.50이다. 파일 이름은 holder로 한다.

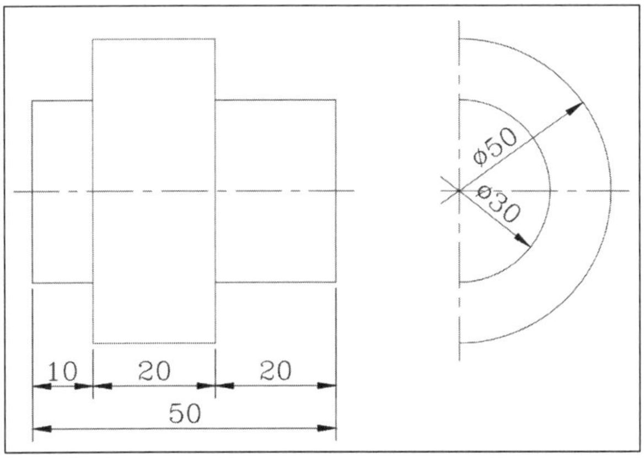

그림 4.49 레버-암 고정자 도면

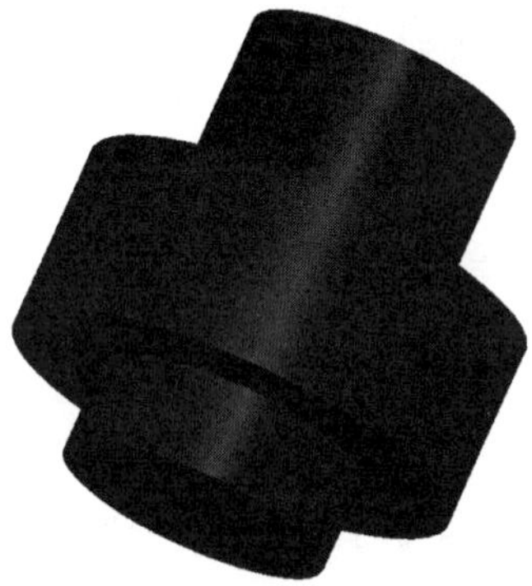

그림 4.50 레버-암 고정자 형상

(2) 어셈블리

(a) 와이퍼 세트 1 조립

와이퍼 세트 1은 레버-암과 블레이드를 조합한 것으로 모터의 회전에 따라 크랭크 연결봉으로부터 직접 전동을 받아 크랭크 레버 기구를 형성한다. 또한 와이퍼 세트 1은 모터의 회전에 따라 요동 운동하면서 유리창을 닦는 역할을 한다. 다음과 같은 수순에 의해 진행한다.

(i) 레버 암1

㉠ 풀다운메뉴 파일의 새로 만들기라는 메뉴에서 유형을 어셈블리로 하고 이름으로 wiper_set1을 입력한다.

㉡ 확인을 클릭해서 작업 메인 창을 띄운다.

㉢ 단위 설정(mmNs계)을 한다.

㉣ 작업 화면의 어셈블리 도구( )를 클릭하고 먼저 어셈블리의 기본이 될 파일 lever-arm1.prt을 오픈 한다.

㉤ 어셈블리 입력값의 설정 창에서 사용자 정의와 자동정의가 있는데 자동을 선택하고 구속 유형은 기본으로 한다.

㉥ 컴퍼넌트 배치 대화상자의 조립상태에서 "완전구속"이라는 메시지가 나타났을 때 확인 버튼을 누른다.

(ii) 블레이드

㉠ 어셈블리 도구( )를 클릭하여 blade.prt 파일을 불러온다.

㉡ 어셈블리 정의 편집 창에는 사용자 정의와 자동 정의가 있는데 이 가운데 사용자 정의에서 핀 연결 아이콘(핀)을 클릭하고 블레이드의 연결축 중심축과 암 연결 중심축을 일직선으로 정렬한다.

㉢ 어셈블리 정의 편집 창의 배치의 변환에서 어셈블리 참조로 블레이드 연결부분 옆면과 컴포넌트 참조로 암의 연결부분 옆면을 선택한다.

㉣ 컴퍼넌트 배치 대화상자의 조립상태에서 "연결 정의가 완료 되었습니다"라는 메시

지가 나타났을 때 확인 버튼을 누른다. 그림 4.51은 조립이 완성된 모습이다.

핀 결합을 하는 이유는 블레이드가 유리면의 경사에 따라 상하로 움직일 수 있어야 하기 때문이다.

그림 4.51 와이퍼 세트 1 어셈블리

(b) 와이퍼 세트 2 조립

와이퍼 세트 2는 암과 블레이드를 조합한 것이며 와이퍼 세트 1과 평행 운동하는 부분으로 레버 연결봉에 의해 와이퍼 세트 1과 연결된다. 다음과 같은 수순에 의해 진행한다.

(i) 레버 암2

㉠ 풀다운메뉴 파일의 새로 만들기라는 메뉴에서 유형을 어셈블리로 하고 이름으로 wiper_set2를 입력한다.

㉡ 확인을 클릭해서 작업 메인 창을 띄운다.

㉢ 단위 설정(mmNs계)을 한다.

㉣ 작업 화면의 어셈블리 도구( )를 클릭하고 먼저 어셈블리의 기본이 될 파일 lever-arm2.prt를 오픈한다.

㉤ 어셈블리 입력값의 설정 창에서 사용자 정의와 자동정의가 있는데 자동을 선택하고 구속 유형은 기본으로 한다.

ⓑ 컴퍼넌트 배치 대화상자의 조립상태에서 "완전구속"이라는 메시지가 나타났을 때 확인 버튼을 누른다.

(ii) 블레이드

㉠ 어셈블리 도구(아이콘)를 클릭하여 blade.prt 파일을 불러온다.

㉡ 어셈블리 정의 편집 창에는 사용자 정의와 자동 정의가 있는데 이 가운데 사용자 정의에서 핀 연결 아이콘(핀)을 클릭하고 블레이드의 연결축 중심축과 암 연결 중심축을 일직선으로 정렬한다.

㉢ 어셈블리 정의 편집 창의 배치의 변환에서 어셈블리 참조로 블레이드 연결부분 옆면과 컴포넌트 참조로 암의 연결부분 옆면을 선택한다.

㉣ 어셈블리 정의 편집 창의 조립상태에서 "연결 정의가 완료 되었습니다"라는 메시지가 나타났을 때 확인 버튼을 누른다. 그림 4.52는 조립이 완성된 모습이다.

그림 4.52 와이퍼 세트 2 어셈블리

(c) 2탠덤 형식의 와이퍼 기구 조립

전체적인 와이퍼 기구를 완성하기 위해 다음과 같이 어셈블리를 행한다.

(i) 베이스

㉠ 풀다운메뉴 파일의 새로 만들기라는 메뉴에서 유형을 어셈블리로 하고 이름으로

wiper_mechanism를 입력한다.

㉡ 확인을 클릭해서 작업 메인 창을 띄운다.

㉢ 단위 설정(mmNs계)을 한다.

㉣ 작업 화면의 어셈블리 도구( )를 클릭하고 먼저 어셈블리의 기본이 될 파일 base.prt를 오픈한다.

㉤ 어셈블리 입력값의 설정 창에서 사용자 정의와 자동정의가 있는데 자동을 선택하고 구속 유형은 기본으로 한다.

㉥ 컴퍼넌트 배치 대화상자의 조립상태에서 "완전구속"라는 메시지가 나타났을 때 확인 버튼을 누른다.

㉦ 어셈블리 도구( )를 클릭하여 window.prt 파일을 불러온다.

㉧ window는 기판에 고정시켜 움직이지 못하게 해야 한다. 따라서 일반적인 조립과정으로 하면 된다. 컴퍼넌트 배치 대화상자의 자동 정의에서 정렬 아이콘을 클릭하여 base의 윗면과 window의 아랫면을 맞추고 면맞춤을 선택하여 서로 붙을 면을 설정한다.

㉨ 새구속을 선택하고 Right면과 Front면을 각각 정렬을 선택하여 구속해준다.

㉩ 컴퍼넌트 배치 대화상자의 조립상태에서 "완전구속"이라는 메시지가 나타났을 때 확인 버튼을 누른다.

(ii) 모터

㉠ 어셈블리 도구( )를 클릭하여 motor.prt 파일을 불러온다.

㉡ motor는 기판에 고정시켜 움직이지 못하게 해야 한다. 따라서 일반적인 조립과정으로 하면 된다. 따라서 자동 정의에서 정렬 아이콘을 클릭하여 중심축을 맞추고 면맞춤을 선택하여 서로 붙을 면을 설정한다.

㉢ 어셈블리 정의 편집 창의 배치의 변환에서 어셈블리 참조로 모터 면과 컴포넌트 참조로 베이스에 접촉하는 면을 선택한다.

㉣ 컴퍼넌트 배치 대화상자의 조립상태에서 "완전구속"이라는 메시지가 나타났을 때 확인 버튼을 누른다. 그림 4.53은 조립된 모습이다.

그림 4.53 기판과 모터의 결합

(iii) 크랭크축

㉠ 어셈블리 도구()를 클릭하여 crank_shaft.prt 파일을 오픈한다.

㉡ 모터축은 모터와 결합하여 회전운동을 한다. 따라서 어셈블리 정의 편집 창에는 사용자 정의와 자동 정의가 있는데 이 가운데 사용자 정의에서 핀 연결 아이콘( 핀)을 클릭하고 모터의 중심축과 크랭크의 중심축을 일직선으로 정렬한다.

㉢ 어셈블리 정의 편집 창의 배치의 변환에서 어셈블리 참조로 모터 면과 컴포넌트 참조로 크랭크축이 접촉하는 면을 선택한다.

㉣ 컴퍼넌트 배치 대화상자의 조립상태에서 "연결 정의가 완료 되었습니다"라는 메시지가 나타났을 때 확인 버튼을 누른다.

(iv) 홀더

㉠ 어셈블리 도구()를 클릭하여 holder.prt 파일을 오픈한다.

㉡ 기판에 두 개의 와이퍼를 결합시키기 위하여 와이퍼 고정부는 기판에 완전 구속시켜 어셈블리를 한다. 따라서 어셈블리 정의 편집 창에는 사용자 정의와 자동 정의가 있는데 이 가운데 자동 정의에서 정렬 아이콘을 클릭하여 중심축을 맞추고 면맞춤을 선택하여 서로 붙을 면을 설정한다.

㉢ 컴퍼넌트 배치 대화상자의 조립상태에서 "완전구속"이라는 메시지가 나타났을 때 확인 버튼을 누른다. 그림 4.54는 기판 위에 두 개의 holder.prt를 고정시킨 모습이다.

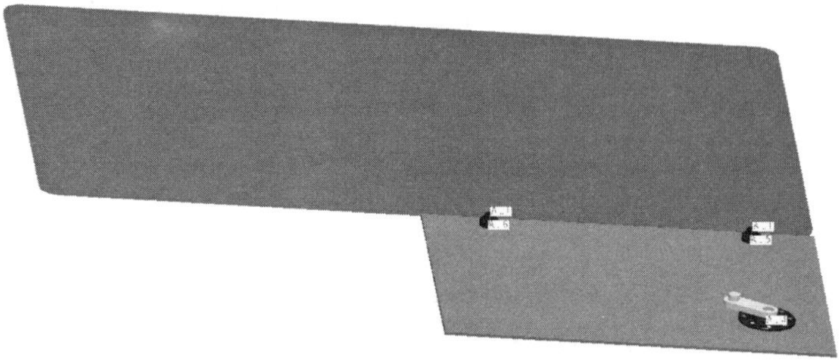

그림 4.54 두 개의 암 지지자를 결합한 상태

(v) 와이퍼 세트1

㉠ 어셈블리 도구( )를 클릭하여 wiper_set1.asm 파일을 오픈한다.

㉡ 와이퍼 세트는 레버-암 고정부와 핀 결합을 해야만 모터의 회전운동에 따라 운동을 할 수 있다. 따라서 어셈블리 정의 편집 창에는 사용자 정의와 자동 정의가 있는데 이 가운데 사용자 정의에서 핀 연결 아이콘(핀)을 클릭하고 와이퍼 세트1의 중심축과 홀더의 중심축을 일직선으로 정렬한다.

㉢ 어셈블리 정의 편집 창의 배치의 변환에서 어셈블리 참조로 와이퍼 세트1이 홀더에 접하는 면과 컴포넌트 참조로 홀더가 와이퍼 세트1에 접촉하는 면을 선택한다.

㉣ 컴퍼넌트 배치 대화상자의 조립상태에서 "연결 정의가 완료 되었습니다"라는 메시지가 나타났을 때 확인 버튼을 누른다.

(vi) 와이퍼 세트2

㉠ 어셈블리 도구( )를 클릭하여 wiper_set2.asm 파일을 오픈한다.

㉡ 와이퍼 세트는 레버-암 고정부와 핀 결합을 해야만 모터의 회전운동에 따라 운동을 할 수 있다. 따라서 어셈블리 정의 편집 창에는 사용자 정의와 자동 정의가 있는데 이 가운데 사용자 정의에서 핀 연결 아이콘(핀)을 클릭하고 와이퍼 세트2의 중심축과 홀더의 중심축을 일직선으로 정렬한다.

㉢ 어셈블리 정의 편집 창의 배치의 변환에서 어셈블리 참조로 와이퍼 세트2가 홀더에

접하는 면과 컴포넌트 참조로 홀더가 와이퍼 세트1에 접촉하는 면을 선택한다.

ⓔ 컴퍼넌트 배치 대화상자의 조립상태에서 "연결 정의가 완료 되었습니다"라는 메시지가 나타났을 때 확인 버튼을 누른다. 그림 4.55는 두 개의 와이퍼 세트를 조립한 모습이다.

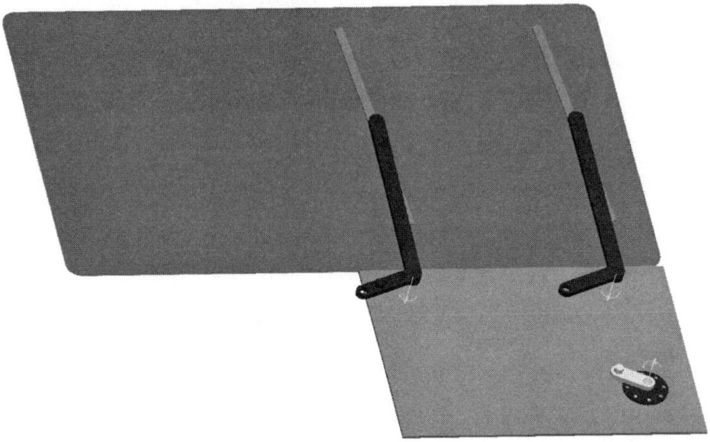

그림 4.55 두 와이퍼 세트의 조립 상태

(vii) 운동-구동 링크 연결봉

㉠ 어셈블리 도구( )를 클릭하여 connector_2.prt 파일을 오픈한다.

㉡ 어셈블리 정의 편집 창에는 사용자 정의와 자동 정의가 있는데 이 가운데 사용자 정의에서 핀 연결 아이콘(핀)을 클릭하고 와이퍼 세트1의 연결봉 연결 중심축과 연결 봉2의 중심축을 일직선으로 정렬한다.

㉢ 어셈블리 정의 편집 창의 배치의 변환에서 어셈블리 참조로 와이퍼 세트1이 연결봉2에 접하는 면과 컴포넌트 참조로 연결 봉2가 와이퍼 세트1에 접촉하는 면을 선택한다.

ⓔ 메뉴 상에서 새로운 셋을 클릭하여 한 가지 더 연결을 추가해야 한다. 연결조건은 위와 마찬가지로 사용자 정의에서 핀으로 설정하고 와이퍼 세트2의 연결봉 연결 중심축과 연결 봉2의 또 다른 중심축을 일직선으로 정렬한다.

ⓜ 컴퍼넌트 배치 대화상자의 배치의 변환에서 어셈블리 참조로 와이퍼 세트2가 연결 봉2에 접하는 면과 컴포넌트 참조로 연결 봉2가 와이퍼 세트2에 접촉하는 면을 선택한다.

ⓑ 컴퍼넌트 배치 대화상자의 조립상태에서 "연결 정의가 완료 되었습니다"라는 메시지가 나타났을 때 확인 버튼을 누른다. 그림 4.56은 운동-구동 링크 연결봉을 조립한 모습이다.

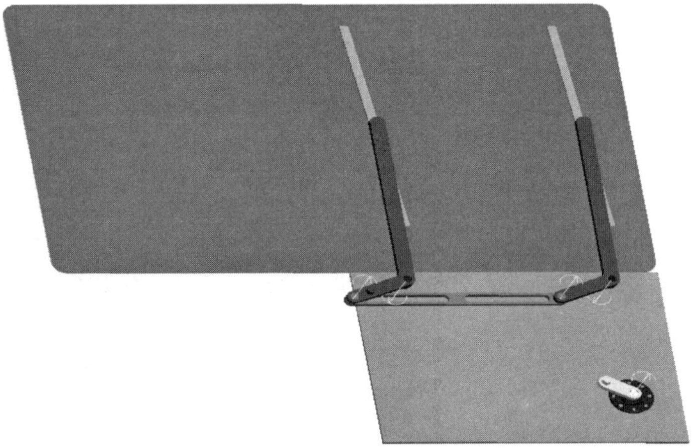

그림 4.56 운동–구동 링크 연결봉

(viii) 크랭크 연결봉

㉠ 어셈블리 도구( )를 클릭하여 connector_1.prt 파일을 오픈한다.

㉡ 어셈블리 정의 편집 창에는 사용자 정의와 자동 정의가 있는데 이 가운데 사용자 정의에서 핀 연결 아이콘(핀)을 클릭하고 연결 봉1의 중심축과 모터의 중심축을 일직선으로 정렬한다.

㉢ 어셈블리 정의 편집 창의 배치의 변환에서 어셈블리 참조로 와이퍼 세트2가 연결 봉1에 접하는 면과 컴포넌트 참조로 연결 봉1이 와이퍼 세트2에 접촉하는 면을 선택한다.

㉣ 메뉴 상에서 새로운 셋을 클릭하여 한 가지 더 연결을 추가해야 한다. 연결조건은

위와 마찬가지로 사용자 정의에서 핀으로 설정하고 연결 봉1의 중심축과 크랭크축의 중심축을 일직선으로 정렬한다.

㉤ 컴퍼넌트 배치 대화상자의 배치의 변환에서 어셈블리 참조로 크랭크축이 연결 봉1에 접하는 면과 컴포넌트 참조로 연결 봉1이 크랭크축에 접촉하는 면을 선택한다.

㉥ 컴퍼넌트 배치 대화상자의 조립상태에서 "연결 정의가 완료 되었습니다"라는 메시지가 나타났을 때 확인 버튼을 누른다. 그림 4.57은 크랭크 연결봉을 조립한 모습이다.

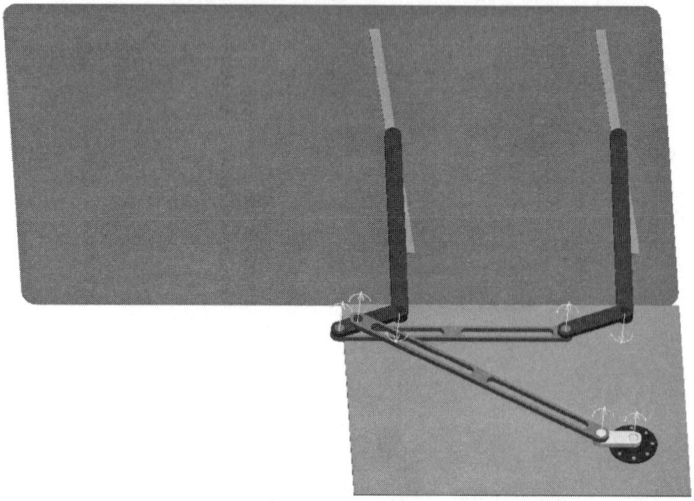

그림 4.57 크랭크 연결봉의 조립 상태(완성)

4.2.6 메커니즘 설계

(1) 연결조건 주기

㉠ 풀다운 메뉴의 응용 프로그램에서 메커니즘을 클릭하고 메커니즘 환경으로 들어간다.

㉡ 좌측에 메커니즘 모델트리에서 결합의 +부분을 클릭한 다음 조인트의 +부분을 클릭하고 이어서 MOTOR_SHAFT의 +부분을 클릭하여 회전축이 나오게 한다.

㉢ 회전축에 커서를 대고 오른쪽 마우스 버튼을 눌러 정의 편집에 들어간다. 와이퍼 기구의 전체적인 움직임을 파악하고 와이퍼 기구가 운동을 시작할 지점에 대해 그림 4.60과 같이 제로위치 설정을 한다.

㉣ 재생성 값 활성화를 체크하고 확인 버튼을 누른다.

그림 4.60 시작 기준면 설정

(2) 드라이버 설정

자동차 와이퍼의 움직임은 하나의 모터에 의해서 이루어진다. 따라서 모터와 샤프트의 연결 부분에 서보 모터를 지정해서 전체의 움직임을 구현하도록 한다.

㉠ 좌측에 메커니즘 모델트리에서 결합의 조인트의 +를 누르면 부품의 연결 항목이 나온다. 여기서 MOTOR_SHAFT의 +를 누른다.

㉡ MOTOR_SHAFT의 회전축에 마우스를 갖다 대고 오른쪽 버튼을 1초 정도 누르고 서보 모터를 클릭한다.

㉣ 서보 모터 정의 다이얼로그박스에서 유형은 동작축으로 하고 MOTOR_SHAFT.axis_1을 선택하고서 프로파일 탭을 클릭한다.

㉤ 동작 정의 박스에서 사양 명세는 위치로 하고 강도는 램프로 하며 A=0, B=36으로 입력한다. 이것의 의미는 휠이 36도 간격으로 10초(기본으로 설정되어 있음) 동안 360도 회전하도록 한다는 것이다. 이로서 동작의 조건은 모두 입력이 된 것이다.

㉥ 확인을 눌러 드라이버 설정 및 동작조건 설정을 완료한다(그림 4.61).

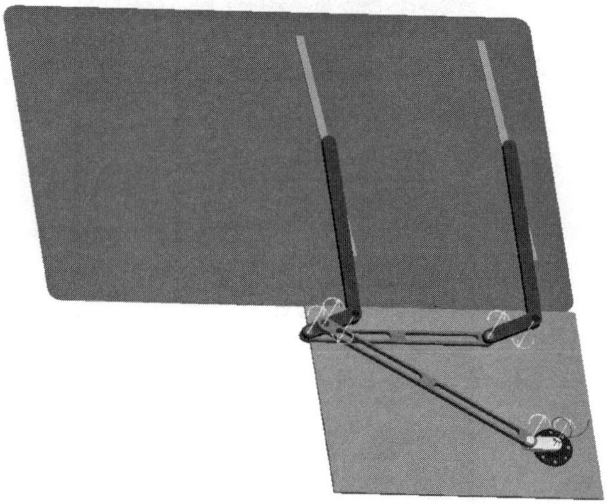

그림 4.61 서보 모터 설정 모습

(3) 운동 해석

㉠ 메커니즘 해석 아이콘( )의 다이얼로그 박스에서 이름을 wiper_mechanism으로 입력한다.

㉡ 해석 유형을 위치로 설정한다.

㉢ 그래픽 디스플레이는 길이와 속도로 설정하고 종료 시간은 20(2회전), 프레임 속도 10으로 값을 설정한다.

㉣ 실행을 클릭한다.

㉤ 중간에 저장한 것을 모두 삭제하고 마지막 것만 저장하기 위해서 풀다운 메뉴에서 파일 〉 삭제 〉 이전 버전을 클릭하고서 확인을 클릭하며 메인 도구상자에서 저장( ) 을 클릭한다.

(4) 운동 해석 그래프

다음과 같이 운동 해석 결과를 그래프로 제작해 보기로 한다.

㉠ 오른쪽 메뉴에서 측정 아이콘 을 클릭하면 측정 결과 창이 나타난다.

㉡ 측정 결과 창에서 새로운 측정 생성 아이콘 을 누르면 단위 정의 창이 나타나며 여기서 측정 하고자 하는 결과의 그래프 이름을 lever_motion으로 한다.

㉢ 유형은 위치로 하고 동작축은 holder_wiper1.axis_1으로 하고 확인을 클릭한다.

㉣ 측정 결과 창에서 결과 셋에서 wiper_mechanism을 클릭하면 측정결과가 대화 상자에 나타난다. 이 측정결과를 바탕으로 모터의 회전에 따른 와이퍼의 암 회전 변위를 그림 4.62에 나타내었다. 이 그래프를 보면 모터 1회전 당 와이퍼의 암이 약 90° 요동을 하고 있는 것을 알 수 있다. 그리고 동영상을 보면 알 수 있듯이 유리창 전체를 설계대로 2회전하면서 잘 닦고 있는 것을 볼 수 있으므로 설계 사양대로 잘 이루어졌다고 판단할 수 있다.

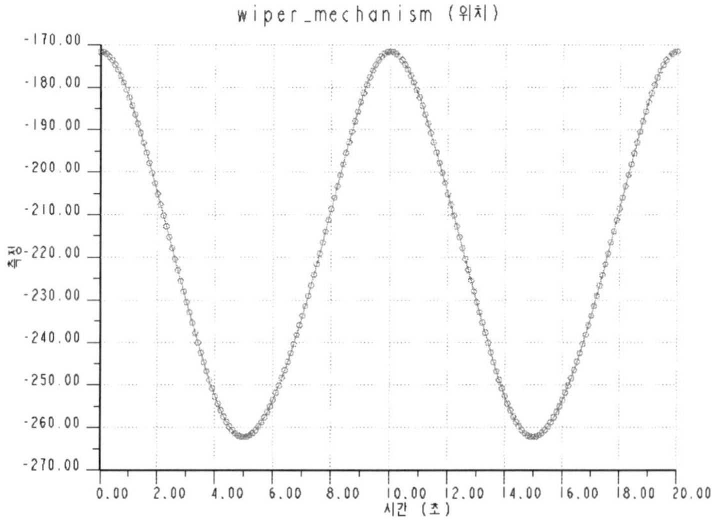

그림 4.62 와이퍼(레버) 암의 회전각 그래프

(5) 동영상 제작

다음과 같이 동영상을 제작한다.

㉠ 이미 운동 해석이 끝나면 동작이 저장되어 있으므로 작업화면 오른쪽 메뉴에서 플레이백 아이콘(◀▶)을 클릭하면 플레이백 창이 나타난다.

㉡ 플레이백 창에서 다시 플레이백(◀▶)을 누르면 애니메이트 창이 나타난다.

㉢ 애니메이트 창에서 캡처를 클릭한다.

㉣ 동영상 이름은 wiper_mechanism.mpg로 하고 동영상 형태는 MPEG로 하고 이미지 크기는 너비가 640, 높이가 520의 기본으로 특별한 요구 사항이 없으면 그대로 확인 버튼을 누른다. 그러면 동작이 이루어지면서 자동적으로 동영상이 만들어진다.

㉤ 애니메이트 창 닫기를 한다.

제 5 장 기어 기구 응용 설계

일상생활에서 자동차의 감속기나 놀이공원의 놀이기구 등은 유성 기어를 이용하고 있는데 본 장에서는 이에 대해 알아보며 또한 다중으로 회전 감속 또는 가속을 시키는 다중 회전 기어 변속기구 등에 대해 설계해 본다. 본 장의 내용은 다음과 같다.

(1) 유성 기어 가감속기 설계 (2) 다중 기어 변속 기구 설계

5.1 유성 기어 가감속기 설계

5.1.1 서론

감속기에는 상당히 많은 종류나 크기의 것이 있지만 유성 기어감속기, 차동감속기, 직교 감속기가 그 대표적인 종류라 할 수 있다.

여러분이 기계공학을 전공한 Pro/Engineer 전문가이며 특히 유성 기어감속기 분야에 대해 전공자라고 하자. 한 자동차 회사에서 4가지 조건을 다음과 같이 제시했다고 하자. (1) 입력축과 출력축을 동심으로 하고 싶다. (2) 기계 전체 배치를 조밀하게 하고 싶다. (3) 입력축과 출력축의 회전방향이 같다. (4) 감속비가 5이다. 이와 같은 조건의 감속기를 주문하였다고 할 때 당신은 어떻게 해결할 것인가?

5.1.2 기본 결정 사항

문제로부터 알고 있는 사실은 다음과 같다.

(1) 감속기를 설계해야 한다.

(2) 입력축과 출력축을 동심으로 하고 싶다.

(3) 기계 전체 배치를 조밀하게 하고 싶다.

(4) 입력축과 출력축의 회전방향이 같다.

(5) 감속비는 5이다.

알고 있는 사실로부터 도출할 수 있는 것은 다음과 같다.

(1) 입력축과 출력축을 동심으로 하고 싶고 기계 전체 배치를 조밀하게 하고 싶은 경우는 유성 기어 감속기와 차동 감속기를 생각할 수 있다.

(2) 그러나 입력축과 출력축의 회전 방향이 같은 경우는 유성 기어의 행성형이 적합하다. 도출된 사항으로부터 자료 조사 결과 행성형 유성 감속기의 감속비 R은 다음과 같다.

$$R = \frac{n_1}{n_2} = \frac{(z_s + z_r)}{z_s} \tag{5.1}$$

여기서 n_1; 입력축 회전수[s^{-1}], n_2; 출력축 회전수[s^{-1}], z_s; 태양 기어의 잇수, z_r; 링 기어의 잇수이다. 식 (5.1)로부터 알 수 있듯이 유성 기어의 잇수는 감속비에 관계없다.

식 (5.1)로부터 기본적으로 결정한 사항들은 다음과 같다.

(1) 유성 기어 감속기의 유성 기어 수는 보통 3 또는 4개를 사용하는데 여기서 행성형 유성 감속기의 유성 기어 수는 3개인 것으로 한다.

(2) 감속비는 기어의 잇수와 관계있으므로 기어 잇수를 결정해야 하는데 기어 잇수 결정 전에 먼저 모듈을 결정해야 한다. 여기서 모듈은 모두 2로 통일하기로 한다.

(3) 감속비에서 링 기어의 잇수는 중요한 요소가 되므로 이것을 결정해야 한다. 그러나 감속비는 단순히 링 기어 잇수만이 아니고 태양 기어의 잇수와도 관계가 있으므로 전체적으로 생각해야 한다. 따라서 여기서는 링 기어의 피치원 지름을 결정하는 것으로

한다. 링 기어의 피치원 지름은 대략 160인 것으로 결정한다.

(4) 기어의 압력각은 20이 보통 사용되므로 20으로 한다.

(5) 한편 실제의 유성 기어 감속기는 전위 기어를 이용하지만 여기서는 유성 기어 감속기의 전위는 없는 것으로 전위계수는 0으로 한다.

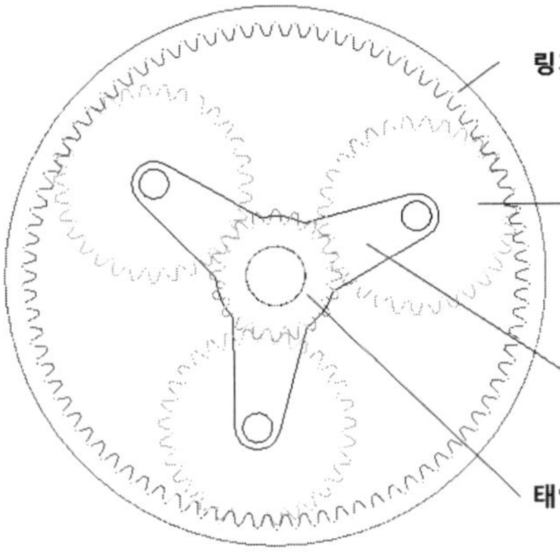

그림 5.1 유성 기어 감속기의 기본 요소

5.1.3 유성 기어 감속기의 성립 관계 조건

유성 기어 감속기에서는 그림 5.1과 같이 유성 기어의 내경 측은 태양 기어로 맞물리고 외경 측은 링 기어와 맞물려 있기 때문에 각각의 잇수에 다음과 같은 제약이 있다. 이 제약을 지키지 않으면 장치로서 조립할 수 없기 때문에 특히 주의를 요한다.

(1) 태양 기어와 링 기어의 잇수 합이 유성 기어의 개수 N으로 나눠떨어질 것

이 조건은 유성 감속기로서 성립하기 위한 절대 조건이다. 이 조건을 만족하지 않으면 기어장치로서 조립할 수 없다. 유성 기어 감속기는 유성 기어 개수 N이 3의 경우 각각의 유성 기어가 태양 기어 및 링 기어와 각 2개소씩, 즉 6개소 동시에 맞물려 있지만 식 (5.2)를 만족하지 않는 경우 하나의 유성 기어를 태양 기어와 링 기어에 맞물리게 하면 다른 2개의 유성 기어는 맞물림을 행할 수 없다.

유성 기어 감속기의 성립 조건식

$$\frac{(Z_s + Z_r)}{N} = \text{정수} \tag{5.2}$$

(2) 태양 기어의 잇수와 유성 기어의 잇수의 2배의 합이 링 기어의 잇수와 같을 것

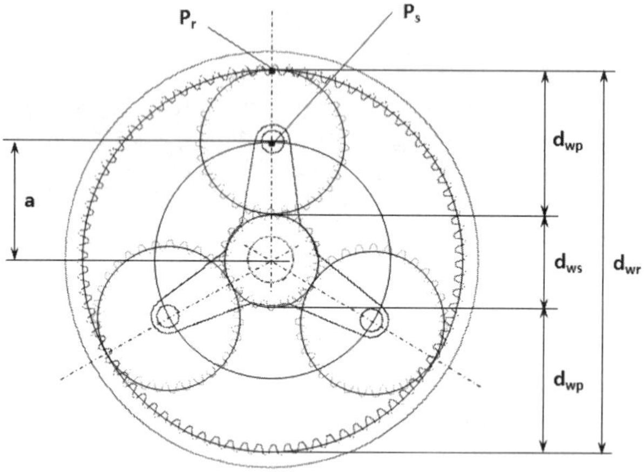

그림 5.2 유성 기어의 기어 맞물림

그림 5.2로부터도 확실하듯이 유성 감속기에서는 태양 기어의 피치원 지름에 유성 기어의 피치원 지름의 2배를 더한 것이 링 기어의 피치원 지름과 같게 되어야 한다.

$$d_{ws} + 2d_{wp} = d_{wr} \tag{5.3}$$

표준기어 사용의 경우에는 맞물림 피치원 지름과 표준 피치원 지름이 같으므로 다음과 같이 된다.

$$d_s + 2d_p = d_r$$

또는 $$m(Z_s + 2Z_p) = mZ_r \tag{5.4}$$

지금까지의 설명은 잇수의 제한으로서

$$Z_r = Z_s + 2Z_p \tag{5.5}$$

을 도입한 기어장치에 대해 행하고 있다. 그러나 실제의 유성 기어에서는 전위기어의 이점을 최대한으로 활용하기 위해 잇수의 제한을 다음 범위까지 확장하는 경우가 있다.

$$Z_r = Z_s + 2Z_p + 1 \tag{5.6}$$

각 기어 간의 전위 계수에는 다음의 관계가 있다.

① $Z_r = Z_s + 2Z_p$일 때

$$x_r = x_s + 2x_p \tag{5.7}$$

② $Z_r = Z_s + 2Z_p + 1$일 때

그림 5.2에 있어서 중심거리 a를 가정하면 다음 식이 성립한다(백래시=0일 경우).

$$a = \left(\frac{Z_s + Z_p}{2} + y_1\right)m = \left(\frac{Z_r - Z_p}{2} + y_2\right)m \tag{5.8}$$

이것에 $Z_r = Z_s + 2Z_p + 1$의 조건을 넣으면 다음과 같이 된다.

$$y_1 = y_2 + 0.5 \tag{5.9}$$

여기서 y_1은 (Z_s/Z_p) 맞물림의 중심거리 증가계수, y_2는 (Z_p/Z_r) 맞물림의 중심거리 증가계수이다.

(x_s+x_p)가 y_1에 대한 소요 전위계수, (x_r-x_p)가 y_2에 대한 전위 계수이다.

5.1.4 사양 결정

유성 기어가 3개인 감속기를 설계하는 것은 간단하지 않다. 위의 식들에서도 알 수 있듯이 만족해야 하는 조건들이 많고 서로 링 기어와 유성 기어를 맞추어야 하고 아울러 유성 기어와 태양 기어를 맞추어야 하므로 간단한 설계는 아니다. 따라서 여기서는 문제에서 주어진 모듈이 2이고 유성 기어가 3개이며 감속비가 5인 감속기를 설계하기 위해 부록 1의 유성 기어 감속기의 실용 감속비표에서 감속비가 5 근처인 것을 발췌하여 정리한 것이 표 5.1이다.

문제에서 감속비가 5이며 링 기어 피치원 지름이 대략 160이므로 이것에 가장 가까운 실제 감속비는 표 5.1에서 링 기어 잇수가 82이고 실제 감속비가 5.1인 경우이다.

이 때 표 5.1에 따르면 실제 감속비가 5.1인 경우 태양 기어의 잇수가 20이고, 유성 기어의 잇수가 31이다. 그러면 이것이 실제로 위에서의 여러 조건과 맞는지를 확인하기로 한다.

먼저 식 (5.2)를 만족하는지에 대해 알아본다.

유성 기어 개수가 3이고, 태양 기어의 잇수가 20이고, 링 기어 잇수가 82이므로 식 (5.2)에 대입하면 다음과 같은 결과를 보이며 결과가 정수로 나타나므로 유성 기어 감속기의 성립 조건을 일단 만족한다.

$$\frac{(20+82)}{3}=34$$

또 하나의 성립 조건식인 식 (5.3)을 만족하는지에 대해 알아본다.

링 기어의 피치원 지름은 164이고, 유성 기어의 피치원 지름이 62이며 태양 기어의 피치원 지름이 40이므로 식 (5.3)으로부터 다음과 같은 결과를 보이며 양변이 같게 나타나므로 유성 기어 감속기의 성립 조건을 만족한다.

$$164 = 40 + 2 \times 62$$

한편 감속비가 5.1이 되는지를 검토하면 식 (5.1)로부터 성립하는 것을 알 수 있다.

$$R=5.1=\frac{(20+82)}{20}$$

따라서 표 5.1의 실제 감속비 5.1에 대한 구성 요소의 잇수는 모두 유성 기어 감속기의 성립 조건을 만족하는 것을 알 수 있다.

표 5.1 모듈 2, 감속비 대략 5, 유성 기어 3개인 감속기의 실용 구성표

태양 기어 잇수	유성 기어 잇수	링 기어 잇수	실제 감속비
16	23	62	4.875
17	25	67	4.941
19	29	77	5.053
20	31	82	5.1
23	34	91	4.957
28	41	110	4.929
31	47	125	5.032
40	59	158	4.95
44	67	178	5.045
47	70	187	4.979
52	77	206	4.962
55	83	221	5.018
56	85	226	5.036
59	88	235	4.983
64	95	254	4.969
65	97	259	4.985

한편 그림 5.3에서 태양 기어와 유성 기어 사이의 중심거리는 다음 식으로부터 구할 수 있다.

$$a = \frac{(d_1 + d_2)}{2} = \frac{m(Z_s + Z_p)}{2} = \frac{2(20+31)}{2} = 51$$

위의 유성 기어의 구성요소와 기타 필요한 요소들을 정리하여 나타낸 구성요소의 내용을 표 5.2에 나타낸다. 표 5.2에서 이 나비는 임의로 설정한 것이다.

표 5.2 유성 기어 감속기의 사양

	태양 기어	유성 기어	링 기어
모듈	2	2	2
압력각	20	20	20
잇수	20	31	82
이 나비	35	35	35
전위계수	0	0	0

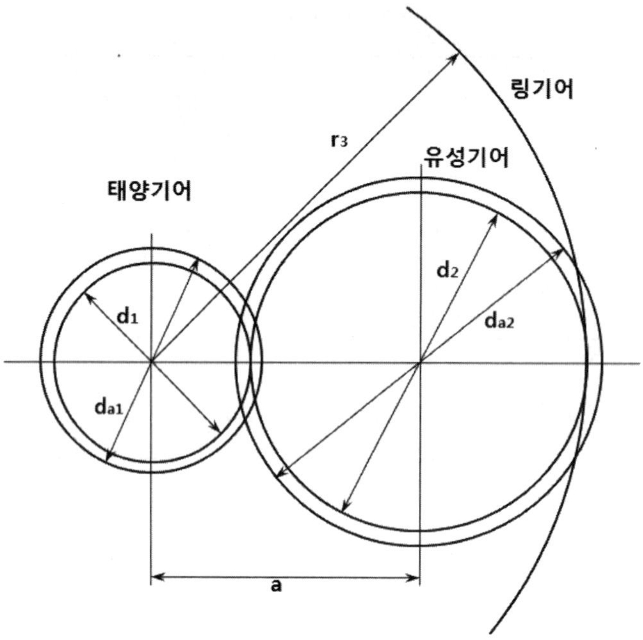

d_1; 태양 기어의 피치지름, d_2; 유성 기어의 피치지름,
d_{a1}; 태양 기어의 이끝원지름, d_{a2}; 유성 기어의 이끝원지름,
r_3; 링 기어의 피치원반지름, a; 양 기어의 중심거리

그림 5.3 유성 기어 감속기에서 기어 사이의 맞물림 관계

5.1.5 형상 모델링

(1) 파트 모델링

(a) 링 기어

그림 5.4는 링 기어의 파트 모델을 나타낸다. 이 링 기어는 잇수가 82, 압력각 20도, 모듈 2, 이 나비 35인 기어의 파트 모델링이다. 링 기어의 파트 모델링 시에 새로운 기준점과 기준 평면(RING_DTM)을 그림 5.5와 같이 생성한다.

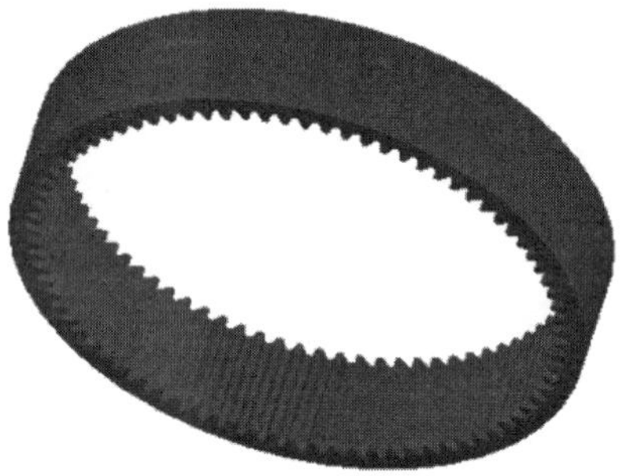

그림 5.4 링 기어의 파트 모델

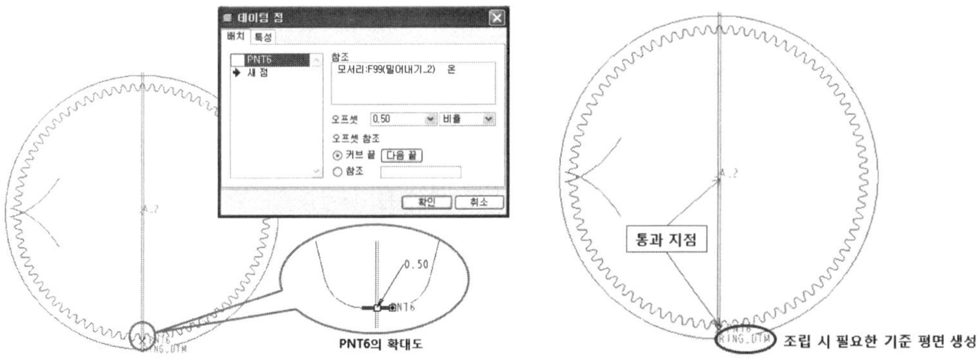

(a) 기준점 생성 (b) 기준면 생성

그림 5.5 조립시 필요한 링 기어의 기준점과 기준면의 생성

(b) 유성 기어

그림 5.6(a)은 유성 기어의 파트 모델을 나타낸다. 이 유성 기어는 잇수가 31, 압력각 20도, 모듈 2, 이 나비 35인 스퍼기어의 파트 모델링이다. 유성 기어의 파트 모델링 시에 새로운 기준 평면 PLANETARY_DTM를 그림 5.6(b)와 같이 생성한다.

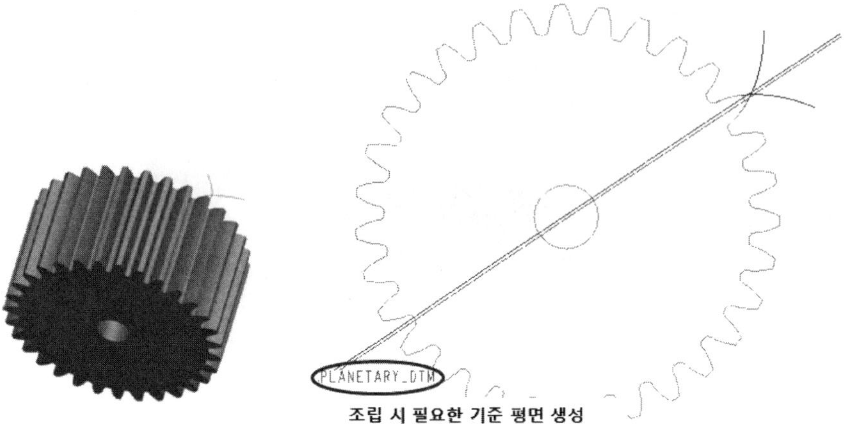

(a) 파트 모델 (b) 기준면 생성

그림 5.6 유성 기어의 파트 모델과 기준면 생성

(c) 태양 기어

그림 5.7(a)은 태양 기어의 파트 모델을 나타낸다. 이 태양 기어는 잇수가 20, 압력각 20도, 모듈 2, 이 나비 35인 스퍼기어의 파트 모델링이다. 태양 기어의 파트 모델링 시에 새로운 기준 평면 SUN_DTM를 그림 5.7(b)와 같이 생성한다.

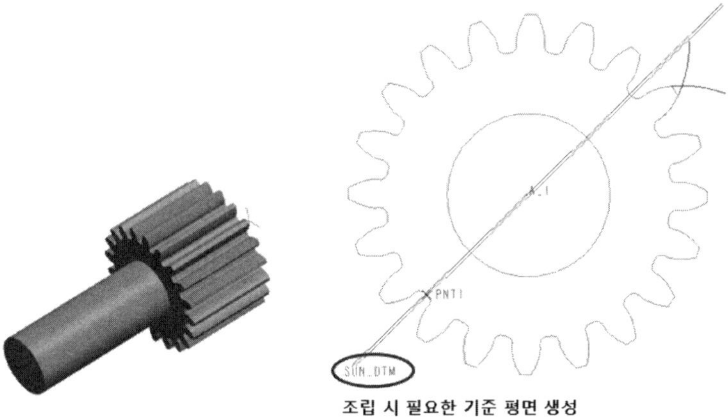

(a) 파트 모델 (b) 기준면 생성

그림 5.7 태양 기어의 파트 모델과 기준면 생성

(d) 암

그림 5.8(a)은 암 파트 모델을 나타낸다. 3개의 유성 기어가 장착될 3개의 암 사이 각도는 120도이다. 또한 암의 파트 모델링 시에 태양 기어와 유성 기어 사이의 중심 거리가 51이므로 암에 장착될 3개의 유성 기어의 중심을 지나는 지름 102는 그림 5.8과 같으며 새로운 기준 평면 A_DTM1과 A_DTM2 역시 그림 5.8(b)와 같이 생성한다.

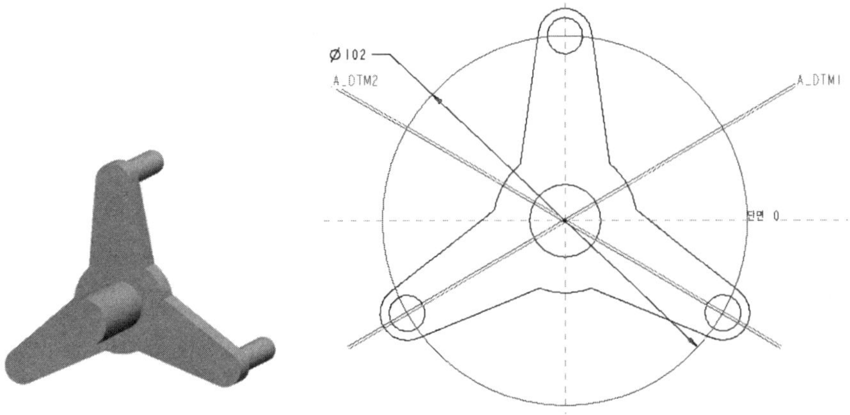

(a) 파트 모델 (b) 기준면 생성

그림 5.8 암의 파트 모델과 기준면 생성

(2) 어셈블리

(a) 매개변수 설정 및 관계식 입력

여러 개의 이가 맞물리기 때문에 기어 이와 이 사이에 정확하게 맞물려 원하는 동작을 주기 위해서는 맞물리는 위치를 잘 설정해야 한다. 따라서 매개변수를 먼저 설정하고 어셈블리에 필요한 값들을 미리 줌으로써 생성되는 어셈블리의 치수에 대한 각부 명칭이름만 대입함으로써 자동적으로 치수가 설정되도록 미리 어셈블리에서 필요한 변수들을 설정할 수 있다는 것이다. 표 5.3은 기본적으로 사용될 변수와 초기 입력 값이다. 또한 표 5.4는 초기 값을 가지고 어셈블리에 필요한 관계식을 미리 정의한 것이다. 표 5.4에서 mod()은 mod(x,y)=x-int(x/y)×y의 의미이다.

표 5.3 매개변수의 초기치

매개변수	잇수	설명
RG_Z	82	링 기어 잇수
PG_Z	31	유성 기어 잇수
SG_Z	20	태양 기어 잇수

표 5.4 암과 유성 기어의 조립에 관계되는 관계식

관계식	설명
PG_DEG=360/PG_Z	유성 기어 피치각
SG_DEG=360/SG_Z	태양 기어 피치 각
RG_Z_120=RG_Z/3	암의 각도 120에 대한 링 기어 잇수
RG_Z_240=RG_Z×2/3	암의 각도 240에 대한 링 기어 잇수
SG_Z_180=RG_Z/2	링 기어 잇수의 반
P_DEG_120=mod(PG_DEG×RG_Z_120,360)	기준 면(120도)에 대한 유성 기어 인벌류트 곡선의 시계방향 회전각
P_DEG_240=mod(PG_DEG×RG_Z_240,360)	기준 면(240도)에 대한 유성 기어 인벌류트 곡선의 시계방향 회전각
S_DEG_180=mod(SG_DEG×SG_Z_180,360)	링 기어 잇수의 반(180도)에 해당하는 태양 기어의 시계방향 회전 일치 각도
P_120=360–P_DEG_120	기준 면(120도)에 대한 유성 기어 인벌류트 곡선의 반시계방향 회전각
P_240=360–P_DEG_240	기준 면(240도)에 대한 유성 기어 인벌류트 곡선의 반시계방향 회전각
S_180=360–S_DEG_180	기준 면(180도)에 대한 태양 기어 인벌류트 곡선의 반시계방향 회전 일치 각도

매개변수는 표 5.3이며 초기치 입력은 다음과 같이 한다.

㉠ 풀다운 메뉴에서 도구를 선택한다.

㉡ 도구에서 매개변수를 선택한다.

㉢ 매개변수 창이 나타나면 여기서 창의 왼쪽 밑의 +버튼을 클릭한다.

㉣ 이름을 입력하고 유형을 선택하며 값을 입력한다.

㉤ ㉢과 ㉣을 반복하며 표 5.3의 매개변수와 유형 및 값을 모두 입력한다. 유형은 모두 정수로 한다.

관계식은 표 5.4를 다음과 같이 입력한다.

㉠ 풀다운 메뉴에서 도구를 선택한다.

㉡ 도구에서 관계식을 선택한다.

㉢ 메모 창이 나타나면 여기에 표 5.4의 내용을 모두 입력한다.

(b) 암과 유성 기어의 조립

(i) 암 기본 어셈블리

㉠ 풀다운메뉴 파일의 새로 만들기라는 메뉴에서 유형을 어셈블리로 하고 이름으로 planetary_gear_asm을 입력한다.

㉡ 확인을 클릭해서 작업 메인 창을 띄운다.

㉢ 단위 설정(mmNs계)을 한다.

㉣ 작업 화면의 어셈블리 도구( )를 클릭하고 먼저 어셈블리의 기본이 될 암 파일(arm.prt)을 오픈 한다.

㉤ 어셈블리 입력값의 설정 창에서 사용자 정의와 자동정의가 있는데 자동을 선택하고 구속 유형은 기본으로 한다.

㉥ 조립 설정 창의 조립상태에서 "연결 정의가 완료 되었습니다"라는 메시지가 나타났을 때 확인 버튼을 누른다.

(ii) 3개의 유성 기어 어셈블리

㉠ 어셈블리 도구( )를 클릭하여 유성 기어 파일(planetary_gear.prt)을 불러온다.

㉡ 어셈블리 정의 편집 창에는 사용자 정의와 자동 정의가 있는데 이 가운데 사용자 정의에서 핀 연결 아이콘(핀)을 클릭하고 암의 유성 기어 조립 중심축과 유성 기어의 중심축을 일직선으로 정렬한다.

㉢ 어셈블리 정의 편집 창의 배치의 변환에서 어셈블리 참조로 암의 윗면과 컴포넌트 참조로 유성 기어의 밑면을 선택한다.

㉣ 어셈블리 정의 편집 창의 배치의 회전축에서 어셈블리 참조로 조립 ASM_RIGHT면과 컴포넌트 참조로 유성 기어의 PLANETARY_DTM를 일치하도록 현재 위치 값을 0으로 하여 제로 위치 설정을 한다(그림 5.9).

㉤ 어셈블리 정의 편집 창의 조립상태에서 "연결 정의가 완료 되었습니다"라는 메시지가 나타났을 때 확인 버튼을 누른다.

㉥ 어셈블리 도구()를 클릭하여 유성 기어 파일(planetary_gear.prt)을 또 불러온다.

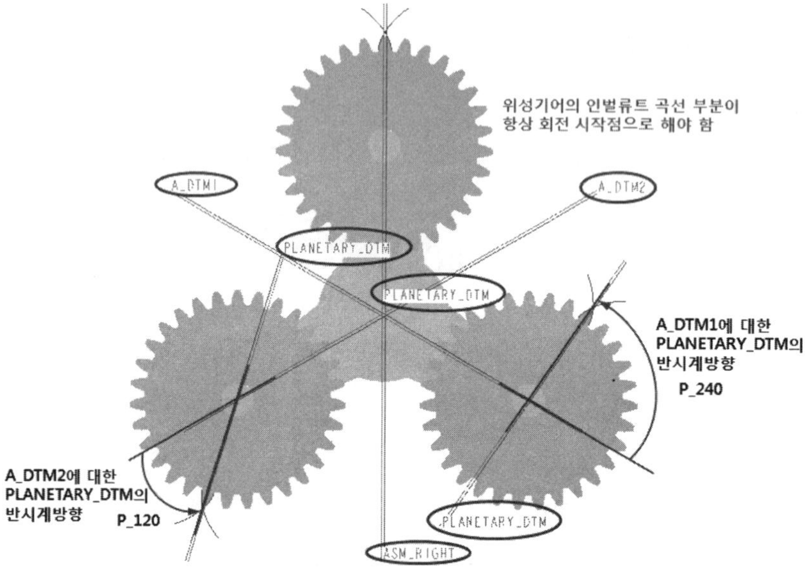

그림 5.9 암과 유성 기어를 조립하는 과정

㉦ ㉢과정을 반복하고 ㉣과정은 어셈블리 참조로 암의 A_DTM2면과 컴포넌트 참조로 유성 기어의 PLANETARY_DTM를 일치시키도록 하고 그림 5.9와 같이 현재 위치

값을 P_120(표 5.4의 관계식에 의해 구해짐)으로 하여 제로 위치 설정을 한다. 그리고 확인 버튼을 누른다.

ⓞ 어셈블리 도구()를 클릭하여 유성 기어 파일(planetary_gear.prt)을 또 불러온다.

ⓙ ⓒ과정을 반복하고 ⓡ과정은 어셈블리 참조로 암의 A_DTM1면과 컴포넌트 참조로 유성 기어의 PLANETARY_DTM를 일치시키도록 하고 그림 5.9와 같이 현재 위치 값을 P_240(표 5.4의 관계식에 의해 구해짐)으로 하여 제로 위치 설정을 한다. 그리고 확인 버튼을 누른다.

ⓒ 메인 도구상자에서 저장()을 클릭하고 파일을 저장한다.

(c) 감속기 조립

(i) 링 기어 기본 어셈블리

㉠ 풀다운메뉴 파일의 새로 만들기라는 메뉴에서 유형을 어셈블리로 하고 이름으로 transmission을 입력한다.

㉡ 확인을 클릭해서 작업 메인 창을 띄운다.

㉢ 단위 설정(mmNs계)을 한다.

㉣ 작업 화면의 어셈블리 도구()를 클릭하고 먼저 어셈블리의 기본이 될 링 기어 파일(ring_gear.prt)을 오픈 한다.

㉤ 어셈블리 입력값의 설정 창에서 사용자 정의와 자동 정의가 있는데 자동을 선택하고 구속 유형은 기본으로 한다.

㉥ 조립 설정 창의 조립상태에서 "연결 정의가 완료 되었습니다"라는 메시지가 나타났을 때 확인 버튼을 누른다.

(ii) 암과 유성 기어 어셈블리

㉠ 어셈블리 도구()를 클릭하여 암과 유성 기어 어셈블리 파일(planetary_asm.asm)을 불러온다.

㉡ 어셈블리 정의 편집 창에는 사용자 정의와 자동 정의가 있는데 이 가운데 사용자 정의에서 핀 연결 아이콘(핀)을 클릭하고 이름을 driven으로 한다.

㉢ 암의 중심축과 링 기어의 중심축을 일직선으로 정렬한다.

㉣ 어셈블리 정의 편집 창의 배치의 변환에서 어셈블리 참조로 감속기 조립의 ASM_FRONT면과 컴포넌트 참조로 암과 유성 기어 조립의 ASM_FRONT면을 선택한다.

㉤ 어셈블리 정의 편집 창의 배치의 회전축에서 어셈블리 참조로 링 기어의 RING_DTM면과 컴포넌트 참조로 암과 유성 기어 조립의 ASM_RIGHT를 일치하도록 현재 위치 값을 0으로 하여 제로 위치 설정을 한다(그림 5.10).

㉥ 어셈블리 정의 편집 창의 조립상태에서 "연결 정의가 완료 되었습니다"라는 메시지가 나타났을 때 확인 버튼을 누른다.

㉦ 메인 도구상자에서 저장(💾)을 클릭하고 파일을 저장한다.

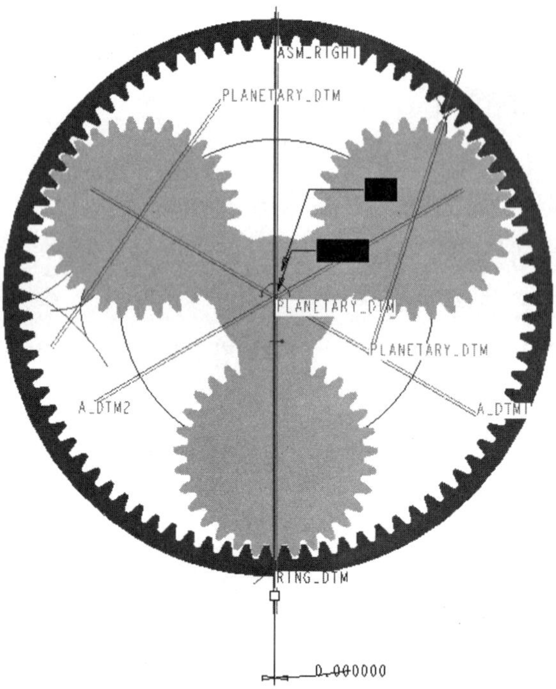

그림 5.10 링 기어와 유성 기어의 조립 과정

(iii) 태양 기어 어셈블리

㉠ 어셈블리 도구( )를 클릭하여 태양 기어 파트모델 파일(sun_gear.prt)을 불러온다.

㉡ 어셈블리 정의 편집 창에는 사용자 정의와 자동 정의가 있는데 이 가운데 사용자 정의에서 핀 연결 아이콘(핀)을 클릭하고 이름을 driving로 한다.

㉢ 어셈블리 정의 편집 창의 배치의 축 정렬에서 암의 중심축과 태양 기어의 중심축을 일직선으로 정렬한다.

㉣ 어셈블리 정의 편집 창의 배치의 변환에서 컴포넌트 참조로 태양 기어의 FRONT면과 어셈블리 참조로 감속기 조립의 ASM_FRONT면을 선택한다. 만일 방향이 반대이면 구속 유형 부분의 대칭 이동을 눌러 방향을 전환한다.

㉤ 어셈블리 정의 편집 창의 배치의 회전축에서 컴포넌트 참조로 태양 기어의 SUN_DTM면과 어셈블리 참조로 링 기어 조립의 RING_DTM면을 일치하도록 하고 태양 기어와 링 기어의 조립 관계식으로부터 현재 위치 값을 S_DEG_180으로 하여 제로 위치 설정을 한다(그림 5.11).

㉥ 어셈블리 정의 편집 창의 조립상태에서 "연결 정의가 완료 되었습니다"라는 메시지가 나타났을 때 확인 버튼을 누른다.

㉦ 메인 도구상자에서 저장( )을 클릭하고 파일을 저장한다.

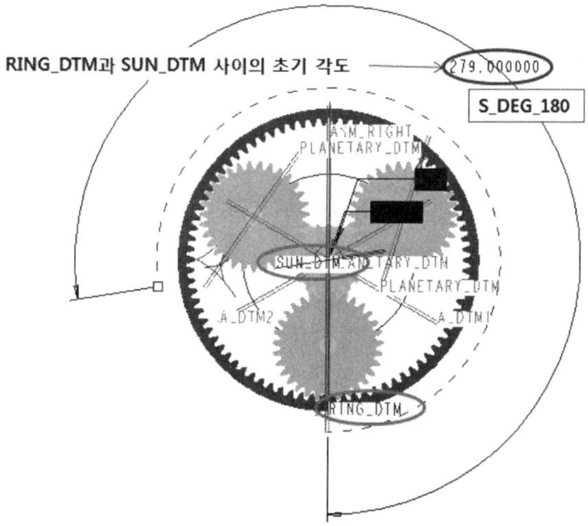

그림 5.11 태양 기어의 조립 과정

그림 5.12 감속기를 모두 조립한 모습

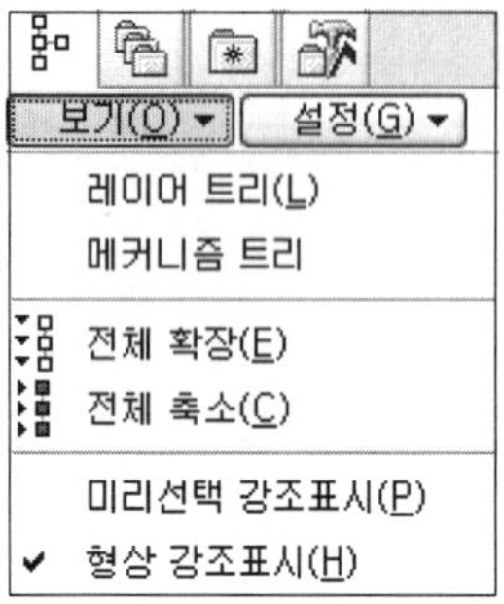

그림 5.13 네비게이션 창

그림 5.14 레이어 트리

〈참고〉 조립 파일을 불러 왔을 때 참조 면이나 스케치선 등의 감추기 방법

복잡한 조립은 보통 상당히 복잡하여 불필요한 참조 면이나 스케치선 등을 열심히 감추기로 하고 필요한 참조 면이나 스케치선 등만 나타내기 하여 조립하였다가 저장을 하고 다시 불러내기를 하면 다시 참조 면이나 스케치선 등이 그대로 나타난다. 즉, 모델트리에서의 감추기 상태는 저장이 안 된다는 것이다. 이러한 경우 참조 면이나 스케치선 등을 감추기로 저장하여 다시 불러내기 하여도 감출 수 있는 방법에 대해 설명하기로 한다. 주의할 점은 항상 파트모델에서 실행을 하여야 하는 것이다.

㉠ 네비게이션 창에서 그림 5.13과 같이 보기를 누르고 팝업 메뉴에서 레이어 트리를 선택하면 모델 트리가 그림 5.14와 같이 레이어 트리로 바뀐다.

㉡ 레이어 트리의 위의 메뉴 가운데 레이어를 누르고 새로운 레이어 메뉴를 선택한다. 그러면 레이어 특성 창이 나타난다. 여기서 레이어 트리 위의 보기 메뉴를 누르고 모델 트리를 클릭한다.

㉢ 그림 5.15와 같이 해당 파트 모델에 마우스를 대고 오른쪽 버튼을 눌러 열기메뉴를 선택하고 파일을 연다. 그림 5.16은 암 파트모델에서 감추기를 할 항목을 선택하고 확인을 눌러 레이어를 생성한 경우이다. 그리고 생성된 레이어에 커서를 대고 오른쪽 버튼을 눌러 상태 저장을 반드시 해 주어야 한다. 상태 저장은 한번만 하여도 된다. 그 뒤에 추가할 때는 저장을 안 해도 자연적으로 저장된다.

㉣ 해당 파트모델에 대해 ㉢의 과정을 거쳐 모두 감추고자 하는 항목을 감추고 저장한다. 이와 같이 하여 모두 저장한 후의 레이어의 모습이 그림 5.17이다.

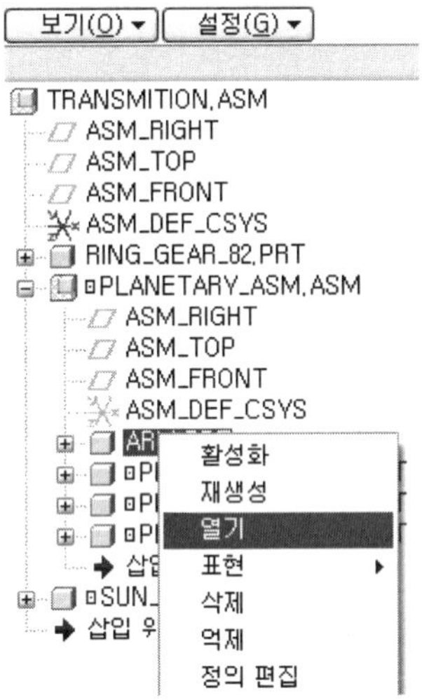

그림 5.15 암 파트모델 열기

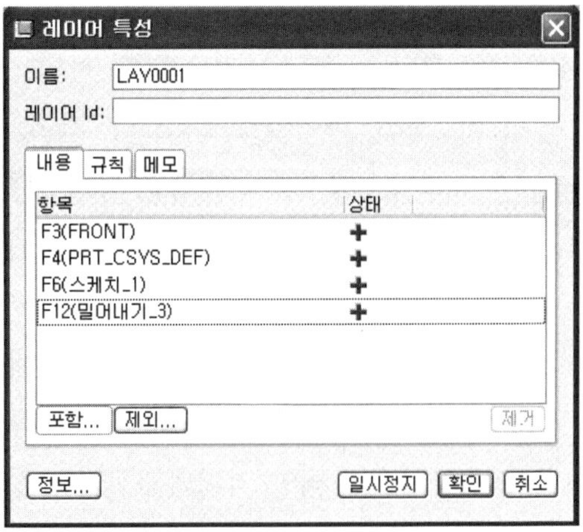

그림 5.16 암 파트모델에 대한 레이어 생성

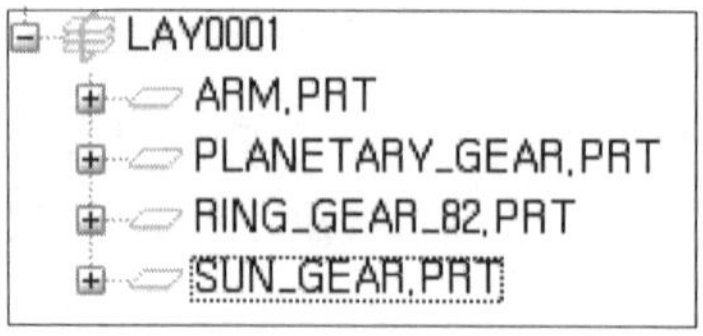

그림 5.17 생성된 새로운 레이어

(3) 제어 설계

(a) 연결조건 주기

㉠ 풀다운 메뉴의 응용 프로그램에서 메커니즘을 클릭하고 메커니즘 환경으로 들어간다.

㉡ 좌측에 메커니즘 모델트리에서 결합의 +부분을 클릭하여 기어 메뉴에 커서를 갖다 대고 마우스 오른 쪽 버튼을 1초 정도 누르면 새로 만들기 메뉴가 나오며 이것을 클릭한다.

㉢ 기어 쌍의 정의에서 먼저 링 기어와 3개의 유성 기어를 기어 쌍으로 정의 한다. 따라서 다이얼로그박스의 기어1에서 동작 축은 driven.axis_1을 선택하고 피치 지름은 164(mm)로 한다.

㉣ 기어 쌍의 정의 다이얼로그박스의 기어2에서 동작 축은 첫 번째 유성 기어의 arm_planetary_1.axis_1을 선택하고 피치 지름은 62(mm)로 하고 확인을 누른다.

㉤ ㉢ 과정을 반복하고 ㉣ 과정은 두 번째 유성 기어이므로 기어2에서 arm_planetary_2.axis_1을 선택하고 피치 지름은 62(mm)로 하고 확인을 누른다.

㉥ ㉢ 과정을 반복하고 ㉣ 과정은 세 번째 유성 기어이므로 기어2에서 arm_planetary_3.axis_1을 선택하고 피치 지름은 62(mm)로 하고 확인을 누른다.

㉦ 기어 쌍의 정의에서 태양 기어와 3개의 유성 기어를 기어 쌍으로 정의 한다. 먼저 다이얼로그박스의 기어1에서 동작 축은 driving.axis_1을 선택하고 피치 지름은 40(mm)으로 한다.

㉧ 기어 쌍의 정의 다이얼로그박스의 기어2에서 동작 축은 첫 번째 유성 기어의 arm_planetary_1.axis_1을 선택하고 피치 지름은 62(mm)로 하고 확인을 누른다.

㉨ ㉦ 과정을 반복하고 ㉧ 과정은 두 번째 유성 기어이므로 기어2에서 arm_planetary_2.axis_1을 선택하고 피치 지름은 62(mm)로 하고 확인을 누른다.

㉮ ㉨ 과정을 반복하고 ㉧ 과정은 세 번째 유성 기어이므로 기어2에서 arm_planetary_3.axis_1을 선택하고 피치 지름은 62(mm)로 하고 확인을 누른다.

(b) 드라이버 설정

㉠ 좌측에 메커니즘 모델트리에서 결합의 조인트의 +를 누르면 부품의 연결 항목이 나온다. 여기서 driving의 +를 누른다.

㉡ driving의 회전축에 마우스를 갖다 대고 오른쪽 버튼을 1초 정도 누르고 서보 모터를 클릭한다.

㉢ 서보 모터 정의 다이얼로그박스에서 유형은 동작축으로 하고 driving.axis_1을 선택하고서 프로파일 탭을 클릭한다.

㉣ 동작 정의 박스에서 사양 명세는 위치로 하고 강도는 램프로 하며 A=0, B=36으로 입력한다. 이것의 의미는 휠이 36도 간격으로 10초(기본으로 설정되어 있음) 동안 360도 회전하도록 한다는 것이다. 이로서 동작의 조건은 모두 입력이 된 것이다.

㉤ 확인을 눌러 드라이버 설정 및 동작조건 설정을 완료한다(그림 5.18).

그림 5.18 기어연결조건 설정 모습

(4) 운동 해석

드라이브 설정 및 동작 조건을 주었으므로 이제는 주어진 동작 조건대로 제대로 움직이는지 확인할 필요가 있다. 이러한 운동 해석을 위한 해석 과정은 다음과 같다.

㉠ 메커니즘 해석 아이콘( )의 다이얼로그 박스에서 이름을 transition_mechanism으로 입력한다.

㉡ 해석 유형을 위치로 설정한다.

㉢ 그래픽 디스플레이는 길이와 속도로 설정하고 종료 시간은 50, 프레임 속도 10으로 값을 설정한다.

㉣ 실행을 클릭한다.

㉤ 중간에 저장한 것을 모두 삭제하고 마지막 것만 저장하기 위해서 풀다운 메뉴에서 파일 〉 삭제 〉 이전 버전을 클릭하고서 확인을 클릭하며 메인 도구상자에서 저장( ) 을 클릭한다.

(5) 운동 해석 그래프

운동 해석 결과를 다음과 같이 그래프로 제작해 보기로 한다.

㉠ 그래픽 창의 오른쪽 메뉴에서 측정 아이콘 을 클릭하면 측정 결과 창이 나타난다.

㉡ 측정 결과 창에서 새로운 측정 생성 아이콘 을 누르면 단위 정의 창이 나타나며 여기서 측정 하고자 하는 결과의 그래프 이름을 transition_result로 한다.

㉢ 유형은 위치로 하고 동작축은 driven.axis_1으로 하고 확인을 클릭한다.

㉣ 측정 결과 창에서 결과 셋에 실행한 아무 것도 없으면 모델 트리의 분석에서 +를 눌러 해석 하고자 하는 분석 파일을 실행시키고 나서 보면 결과 셋이 생긴 것을 확인할 수 있으며 이 결과 셋을 눌러 주면 측정 이름에 대한 값들이 나타난다. 그림 5.19에서 보면 회전 암의 측정 결과가 352.941이다. 이 측정값을 클릭하고 위쪽에 를 클릭하면 그림 5.20과 같은 측정 결과 그래프가 나타난다.

이 측정결과를 검토해 보면 감속비가 5.1로 태양 기어 5회전(1800도)에 대해 암이 352.941도 회전(1800/5.1=352.941)으로 거의 1회전 하는 것을 확인할 수 있으며 감속기가 정확히 설계가 되었음을 알 수 있다.

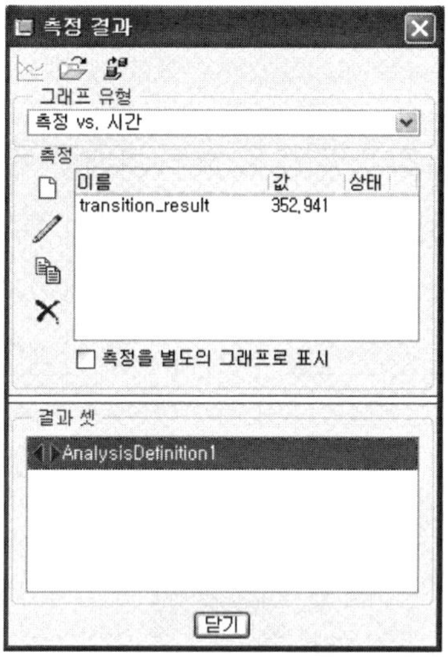

그림 5.19 암의 회전각 결과 값

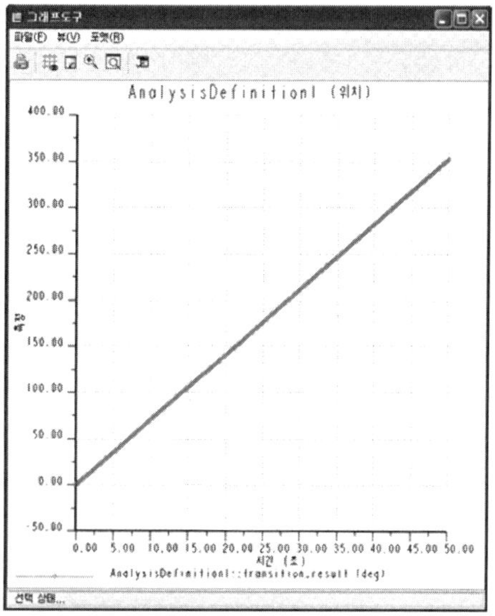

그림 5.20 태양 기어의 5회전에 따른 암의 회전각 그래프

(6) 동영상 제작

운동 해석과 해석 그래프를 통해 올바른 설계가 이루어졌을 때 다음과 같이 동영상을 제작한다.

㉠ 이미 메커니즘 해석이 끝나면 동작이 저장되어 있으므로 작업화면 오른쪽 메뉴에서 플레이백 아이콘(◀▶)을 클릭하면 플레이백 창이 나타난다.

㉡ 플레이백 창에서 다시 플레이백(◀▶)을 누르면 애니메이트 창이 나타난다.

㉢ 애니메이트 창에서 캡처를 클릭한다.

㉣ 동영상 이름은 transition_mechanism.mpg로 하고 동영상 형태는 MPEG로 하고 이미지 크기는 너비가 640, 높이가 516의 기본으로 특별한 요구 사항이 없으면 그대로 확인 버튼을 누른다. 그러면 동작이 이루어지면서 자동적으로 동영상이 만들어진다.

㉤ 애니메이트 창 닫기를 한다.

5.2 다중 기어 변속 기구 설계

5.2.1 문제

그림 5.21은 일상생활에서 베벨기어와 스퍼기어가 활용된 새끼 꼬는 기계의 예이다. 이와 같은 기계는 다중으로 회전운동을 전달하면서 속도가 각기 다르다는 것이 특징이다.

여러분은 베벨기어와 스퍼기어를 잘 다루는 전문가라고 가정한다. 만일 여러분에게 공간의 조밀성을 유지해야 하며 다중으로 회전 변속운동을 전달하는 기구를 설계하라고 한다면 어떻게 하겠는가?

그림 5.21 새끼줄 꼬는 기계

5.2.2 제안 조건

(1) 감속비

출력은 2군데로 하며 각각의 감속비는 1과 1/2로 한다.

(2) 공간적 배려

베벨기어와 스퍼기어만을 사용하여 되도록 공간의 조밀성을 유지해야 한다.

(3) 모듈

모듈은 2로 한다.

(4) 압력각

압력각은 20으로 한다.

(5) 기어 이나비

기어 이나비는 20(mm)으로 통일한다.

(6) 출력축 사이의 거리

출력축의 중심 사이의 거리는 63(mm)으로 한다.

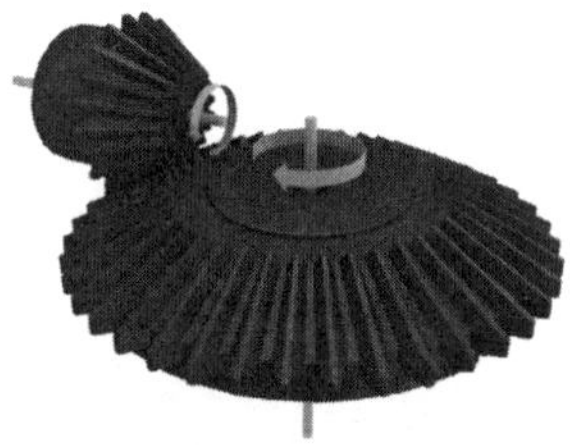

그림 5.22 베벨기어

5.2.3 전체 시스템 고안

출력이 2군데이므로 구조적으로 종동축이 2개인 그리고 스퍼기어가 여러 개 연결된 기어열 형태로 가야 한다. 우선 공간적인 면을 고려하여 구동 부분은 그림 5.22와 같은 베벨기어를 사용하는 것이 좋다. 왜냐하면 베벨기어는 직각 형태로 동력을 전달하기 때문이다. 그런데 베벨기어는 베벨기어와 직각으로 연결되어 동력을 전달할 필요가 있으므로 또 하나의 베벨기어가 필요하다. 즉, 베벨기어1(구동)과 베벨기어2(전달)가 필요하다. 여기에 베벨기어2는 동력 전달 역할을 하므로 이것과 연결하여 동력을 전달할 기어 열이 필요한데 이러한 기어 열에 적절한 것은 스퍼기어이다. 스퍼기어는 스퍼기어와 연결되어 동력을 전달하므로 베벨기어2에 의해 전달될 동력 전달 스퍼기어는 베벨기어2와 같은 축에 있어야 한다. 이 스퍼기어를 스퍼기어1이라 한다. 그 다음은 스퍼기어1과 연결될 스퍼기어2는 스퍼기어1에 비해 1/2배 회전하여 동력을 출력해야 하므로 스퍼기어2의 잇수는 스퍼기어1의 2배이다. 스퍼기어2에 의한 출력1의 축을 종동축1이라 한다. 또 하나의 출력을 위해 종동축2가 필요한데 스퍼기어2와 연결되어 동력을 출력할 수 있으며 그러기 위해서는 스퍼기어2에 연결되는 출력 스퍼기어가 스퍼기어2에 비해 2배의 잇수를 가져야 한다. 그런데 공간을 되도록 조밀하게 하기 위해서는 보다 출력 측의 스퍼기어의 크기가 작아야 좋다. 따라서 종동축1에 스퍼기어2보다 잇수가 적은 스퍼기어를 붙여 최대한 출력 측의 스퍼기어의 잇수를 적게 한다. 이 종동축1에 붙는 스퍼기어를 스퍼기어3이라 하고 최종 출력 스퍼기어를 스퍼기어4라 한다.

위의 사항을 종합하여 전체적으로 나타낸 것이 그림 5.23이다.

그림 5.23 고안된 다중 기어 변속기구 시스템

5.2.4 사양 결정

먼저 출력 측의 스퍼기어 잇수를 결정하기로 한다. 조건에 의거하여 종동축1과 종동축2 사이의 거리는 63mm이므로 그림 5.23으로부터 스퍼기어3과 스퍼기어4의 잇수 합이 63이 되어야 한다. 그런데 스퍼기어3에 비해 스퍼기어4는 감속비가 1/2이므로 스퍼기어3의 잇수는 21이고 스퍼기어4의 잇수는 42가 되면 된다.

이것을 바탕으로 스퍼기어2는 스퍼기어4와 같은 잇수로 하기로 하며 따라서 스퍼기어1의 잇수는 21이 된다.

다음은 입력 측의 베벨기어의 잇수를 결정하기로 한다. 입력 측의 구동 부분은 되도록 천천히 돌아가도록 하기 위해 구동 부분의 베벨기어1은 전달 베벨기어2의 2배의 잇수를 갖는 것으로 한다. 즉, 입력축의 모터를 1회전시킬 때 베벨기어1(잇수; 50)이 1회전하고 베벨기어2(잇수; 25)는 2회전 하는 것으로 한다.

이상의 사항을 표 5.5에 정리하여 나타내었다.

표 5.5 최종 회전 감속 전달 기구의 사양

축	구동축	전달축		종동축1		종동축2
기어	베벨기어1	베벨기어2	스퍼기어1	스퍼기어2	스퍼기어3	스퍼기어4
잇수	50	25	21	42	21	42
모듈	2	2	2	2	2	2
압력각	20	20	20	20	20	20
이나비	20	20	20	20	20	20

5.2.5 형상 모델링

(1) 부품의 파트 모델링

(a) 베벨기어 1, 2

베벨기어 1과 2는 감속비가 1/2이므로 베벨기어 1의 잇수가 베벨기어 2의 잇수에 2배가 되며 그림 5.24 및 5.25와 같다. 기어에 관한 매개변수 표 5.5를 참고 하기 바란다.

베벨기어 1과 2의 파트 모델링 시에 각 기준 평면에 이름을 따로 붙여 놓는다. 즉, bevel1_front, bevel1_right, bevel1_top과 bevel2_front, bevel2_right, bevel2_top 등으로 이름을 붙여 놓는다.

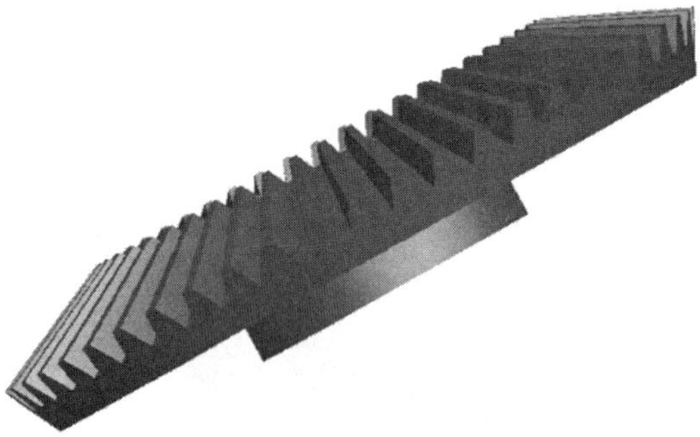

그림 5.24 베벨기어 1의 모습

그림 5.25 베벨기어 2의 모습

(b) 스퍼기어1, 3

스퍼기어 1과 3은 서로 같으며 그림 5.26과 같다. 기어에 관한 매개변수 표 5.5를 참고 하기 바란다.

스퍼기어 1과 3의 파트 모델링 시에 각 기준 평면에 이름을 따로 붙여 놓는다. 즉, super1_front, super1_right, super1_top과 super3_front, super3_right, super3_top 등으로 이름을 붙여 놓는다.

그림 5.26 스퍼기어1, 3의 모습

(c) 스퍼기어 2, 4

스퍼기어 2와 4는 서로 같으며 그림 5.27과 같다. 기어에 관한 매개변수 표 5.5를 참고하기 바란다.

스퍼기어 2와 4의 파트 모델링 시에 각 기준 평면에 이름을 따로 붙여 놓는다. 즉, super2_front, super2_right, super2_top과 super4_front, super4_right, super4_top 등으로 이름을 붙여 놓는다.

그림 5.27 스퍼기어2, 4의 모습

(d) 축 1

축 1은 그림 5.28과 같다. 축 1의 파트 모델링 시에 각 기준 평면에 이름을 따로 붙여 놓는다. 즉, axis1_front, axis1_right, axis1_top 등으로 이름을 붙여 놓는다.

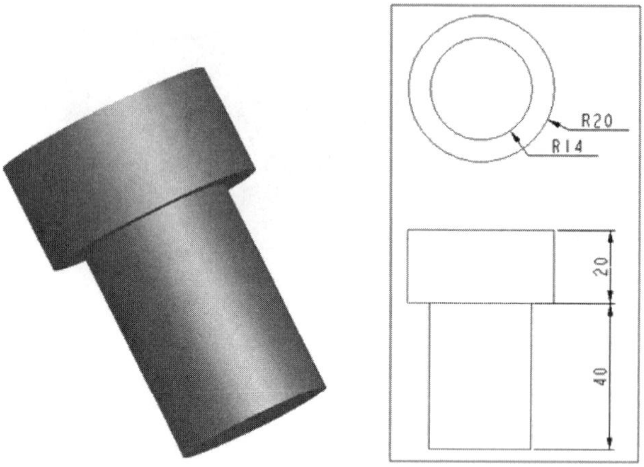

그림 5.28 축 1의 모습

(e) 축 2

축 2는 그림 5.29와 같다. 축 2의 파트 모델링 시에 각 기준 평면에 이름을 따로 붙여 놓는다. 즉, axis2_front, axis2_right, axis2_top 등으로 이름을 붙여 놓는다.

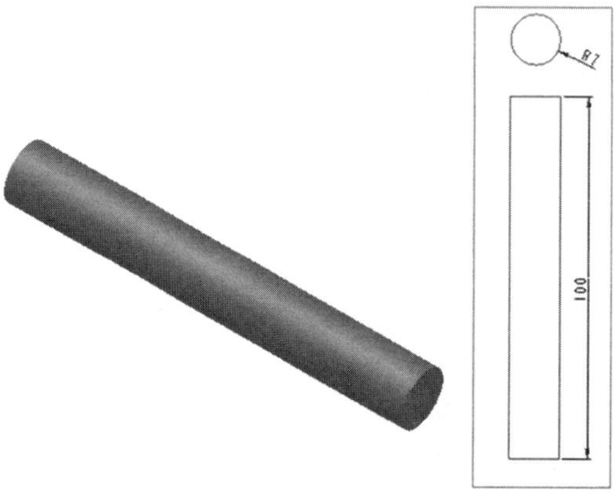

그림 5.29 축 2의 모습

그림 5.30 회전 확인바 모습

(f) 회전 확인바

회전 확인바는 그림 5.30과 같다. 회전 확인바의 파트 모델링 시에 각 기준 평면에 이름을 따로 붙여 놓는다. 즉, bar_front, bar_right, bar_top 등으로 이름을 붙여 놓는다.

(2) 어셈블리

(a) 입력부 어셈블리

(ⅰ) 어셈블리에 관계하는 새로운 축과 점 생성

㉠ 풀다운메뉴 파일의 새로 만들기라는 메뉴에서 유형을 어셈블리로 하고 이름으로 input을 입력한다.

㉡ 확인을 클릭해서 작업 메인 창을 띄운다.

㉢ 단위 설정(mmNs계)을 한다.

㉣ 작업 화면의 데이텀 축 생성 도구를 클릭하고 먼저 어셈블리에 필요한 새로운 축을 생성한다. 즉, ASM_FRONT와 ASM_RIGHT를 지나는 축(AA_1)을 생성한다.

(ⅱ) 베벨기어

㉠ 작업 화면의 어셈블리 도구()를 클릭하고 먼저 어셈블리의 기본이 될 bevel_gear1.prt 파일을 오픈한다.

㉡ 어셈블리 입력값의 설정 창에서 사용자 정의와 자동 정의가 있는데 자동을 선택하고 정렬 아이콘을 클릭하고 이름을 input_1으로 한다.

㉢ 어셈블리 정의 편집 창의 배치의 축 정렬에서 베벨기어의 중심축과 새로 생성한 AA_1의 중심축을 일직선으로 정렬한다.

㉣ 새 구속으로 배치의 정렬에서 컴포넌트 참조로 베벨기어1의 BEVEL1_FRONT면과 어셈블리 참조로 어셈블리의 ASM_FRONT면에 대해 오프셋 값을 25로 하여 설정한다. 왜냐하면 어셈블리 될 베벨기어2의 피치원의 반지름이 25이기 때문이다.

㉤ 새 구속으로 배치의 정렬에서 컴포넌트 참조로 베벨기어의 BEVEL1_TOP면과 어셈블리 참조로 조립의 ASM_TOP면을 일치하도록 한다.

ⓗ 어셈블리 정의 편집 창의 조립상태에서 "연결 정의가 완료 되었습니다"라는 메시지가 나타났을 때 확인 버튼을 누른다.

(iii) 축 1

㉠ 어셈블리 도구( )를 클릭하고 axis_1.prt 파일을 오픈한다.

㉡ 어셈블리 입력값의 설정 창에서 사용자 정의와 자동 정의가 있는데 자동을 선택하고 구속 유형은 정렬(축 1의 A_1과 BEVEL1_A_1)을 클릭하고 이름을 input3으로 한다.

㉢ 면맞춤(축의 큰 단면과 베벨기어의 밑면)을 선택한다.

㉣ OK 버튼을 누른다.

(b) 동력 전달부 어셈블리

(i) 베벨기어 2

㉠ 풀다운메뉴 파일의 새로 만들기라는 메뉴에서 유형을 어셈블리로 하고 이름으로 mid_connection을 입력한다.

㉡ 확인을 클릭해서 작업 메인 창을 띄운다.

㉢ 단위 설정(mmNs계)을 한다.

㉣ 작업 화면의 어셈블리 도구( )를 클릭하고 먼저 어셈블리의 기본이 될 bevel_gear2.prt 파일을 오픈 한다.

㉤ 어셈블리 입력값의 설정 창에서 사용자 정의와 자동 정의가 있는데 사용자 정의를 선택하고 강성 아이콘( )을 클릭하고 이름을 gearing1로 한다.

ⓗ 어셈블리 정의 편집 창의 배치에서 정렬로 베벨기어 2의 중심축과 새로 생성한 AA_1의 중심축을 일직선으로 정렬한다.

㉦ 새 구속으로 배치에서 정렬로 컴포넌트 참조로 베벨기어 2의 BEVEL2_FRONT면과 어셈블리 참조로 어셈블리의 ASM_FRONT면을 정렬하고 오프셋 값을 50으로 한다. 왜냐하면 어셈블리되는 베벨기어1의 피치원의 반지름이 50이기 때문이다.

㉧ 어셈블리 정의 편집 창의 배치에서 면맞춤으로 컴포넌트 참조로 베벨기어 2의 FITTING_PLANE면(베벨기어2의 BEVEL2_TOP면에 대해 360/25/2=7.2(1/2피치각)만큼

회전시킨 면)과 어셈블리 참조로 조립의 ASM_RIGHT면을 면맞춤 일치한다.

ⓩ 어셈블리 정의 편집 창의 조립상태에서 "완전 구속"라는 메시지가 나타났을 때 확인 버튼을 누른다.

(ii) 스퍼기어1

㉠ 어셈블리 도구()를 클릭하고 spur_gear1.prt 파일을 오픈한다.

㉡ 어셈블리 입력값의 설정 창에서 사용자 정의와 자동 정의가 있는데 사용자 정의를 선택하고 구속 유형은 정렬(스퍼기어1 윗면과 ASM_FRONT면, 오프셋 값 -20)을 선택하고 파일 이름은 gearing2로 한다.

㉢ 새로운 구속으로 정렬(스퍼기어 1의 중심축과 베벨기어2의 중심축)을 선택한다.

㉣ 새로운 구속으로 면맞춤(스퍼기어 S1_HD면과 베벨기어의 BEVEL2_TOP면 일치)을 선택한다(그림 5.31). SI_HD면은 SI_DTM4면에 대해 360/21/4 = 4,2857(1/4피치각)만큼 회전시킨 면이다.

㉤ OK 버튼을 누른다.

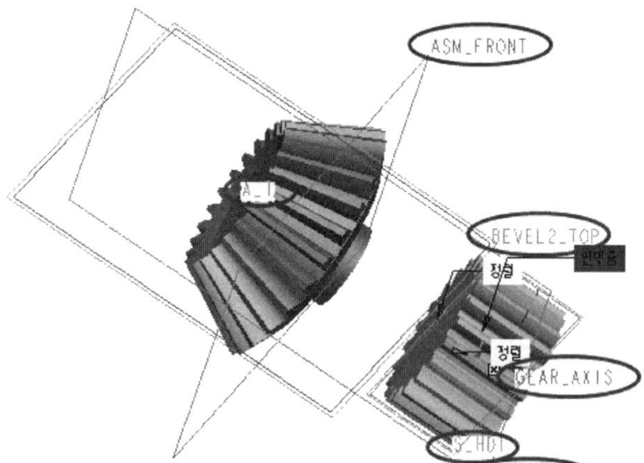

그림 5.31 스퍼기어 1의 조립 위치 설정

(iii) 축 2

㉠ 어셈블리 도구()를 클릭하고 axis_2.prt 파일을 오픈한다.

㉡ 어셈블리 입력값의 설정 창에서 사용자 정의와 자동 정의가 있는데 사용자 정의를 선택하고 구속 유형은 정렬(축 2의 중심축과 베벨기어 2의 중심축)을 선택하고 파일 이름은 gearing3으로 한다.

㉢ 새 구속으로 면맞춤(축 2의 윗면(또는 BEVEL2_TOP면)과 베벨기어의 밑면 일치)를 선택한다.

㉢ OK 버튼을 누른다(그림 5.32).

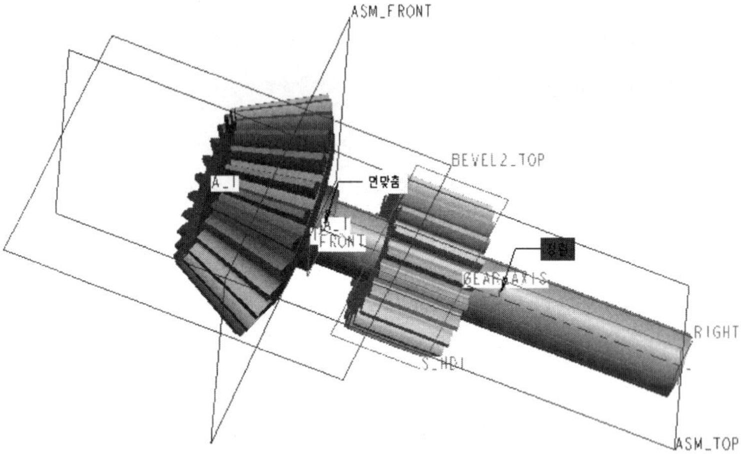

그림 5.32 축 2의 조립

(c) 출력1부 어셈블리

(i) 스퍼기어 2

㉠ 풀다운메뉴 파일의 새로 만들기라는 메뉴에서 유형을 어셈블리로 하고 이름으로 output1을 입력한다.

㉡ 확인을 클릭해서 작업 메인 창을 띄운다.

㉢ 단위 설정(mmNs계)을 한다.

㉣ 어셈블리 도구( )를 클릭하고 먼저 어셈블리의 기본이 될 spur_gear2.prt 파일을 오픈한다.

㉤ 어셈블리 입력값의 설정 창에서 사용자 정의와 자동 정의가 있는데 사용자 정의를

선택하고 강성 아이콘(◫)을 클릭하고 이름을 output1_1으로 한다.

ⓑ 어셈블리 정의 편집 창의 배치에서 정렬을 한다. 즉, 스퍼기어 2의 중심축과 새로 생성한 AA_1의 중심축을 일직선으로 정렬한다.

ⓢ 어셈블리 정의 편집 창의 배치에서 정렬을 한다. 즉, 컴포넌트 참조로 스퍼기어 2의 윗면과 어셈블리 참조로 ASM_FRONT면을 선택하고 일치시킨다.

ⓞ 어셈블리 정의 편집 창의 배치에서 정렬을 한다. 즉, 컴포넌트 참조로 스퍼기어 2의 S2_HD 데이텀면(스퍼기어 DTM4면에 대해 360/42/4=2.14(1/4피치각)만큼 회전시킨 면)과 어셈블리 참조로 조립의 ASM_TOP면을 정렬 일치시킨다.

ⓙ 어셈블리 정의 편집 창의 조립상태에서 "완전 구속"라는 메시지가 나타났을 때 확인 버튼을 누른다(그림 5.33).

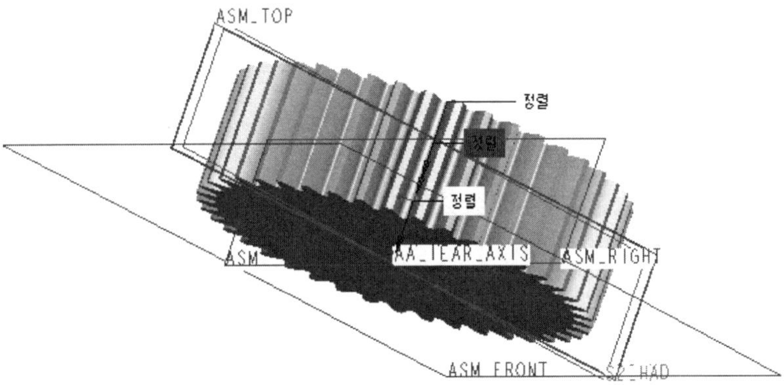

그림 5.33 스퍼기어 2의 조립 상태

(ii) 스퍼기어 3

ⓖ 어셈블리 도구(◫)를 클릭하고 spur_gear5.prt 파일을 오픈한다.

ⓝ 어셈블리 입력값의 설정 창에서 사용자 정의와 자동 정의가 있는데 사용자 정의를 선택하고 강성 아이콘(◫)을 클릭하고 이름을 output1_2로 한다.

ⓓ 어셈블리 정의 편집 창의 배치에서 정렬을 한다. 즉, 스퍼기어 3의 중심축과 새로 생성한 AA_1의 중심축을 일직선으로 정렬한다.

㉣ 새 구속으로 배치에서 정렬을 한다. 즉, 컴포넌트 참조로 스퍼기어 3의 윗면과 어셈블리 참조로 ASM_FRONT면을 선택하고 오프셋을 30으로 한다.

㉤ 어셈블리 정의 편집 창의 배치에서 정렬을 한다. 즉, 컴포넌트 참조로 스퍼기어 3의 S3_HA면과 어셈블리 참조로 ASM_TOP면을 90도 회전시킨다(그림 5.34).

㉥ 어셈블리 정의 편집 창의 조립상태에서 "완전 구속"라는 메시지가 나타났을 때 확인 버튼을 누른다.

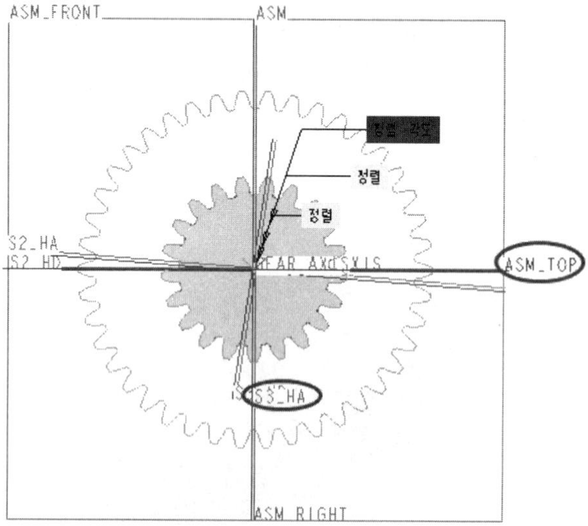

그림 5.34 스퍼기어 3의 조립 상태

(iii) 축2

㉠ 어셈블리 도구()를 클릭하고 axis2.prt 파일을 오픈한다.

㉡ 어셈블리 입력값의 설정 창에서 사용자 정의와 자동 정의가 있는데 사용자 정의를 선택하고 구속 유형은 정렬(축 2의 중심축과 AA_1)클릭하고 이름을 output1_3로 한다.

㉢ 새 구속으로 면맞춤(축 2의 TOP면과 스퍼기어 2의 윗면 일치)을 선택한다.

㉣ OK 버튼을 누른다(그림 5.35).

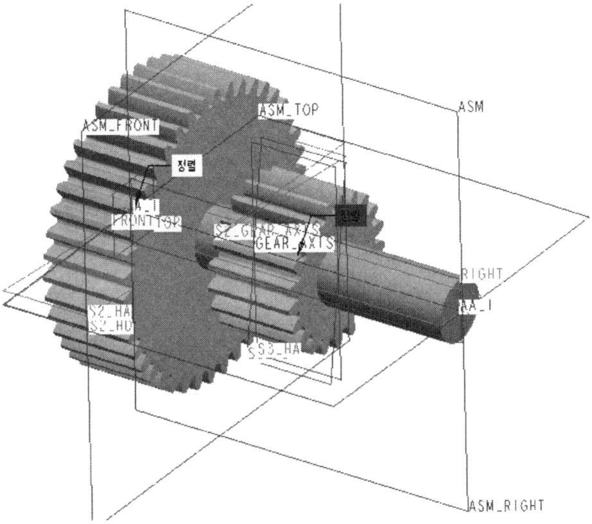

그림 5.35 축2의 조립 상태

(d) 출력2부 어셈블리

(i) 스퍼기어 4

㉠ 풀다운메뉴 파일의 새로 만들기라는 메뉴에서 유형을 어셈블리로 하고 이름으로 output2를 입력한다.

㉡ 확인을 클릭해서 작업 메인 창을 띄운다.

㉢ 단위 설정(mmNs계)을 한다.

㉣ 어셈블리 도구()를 클릭하고 먼저 어셈블리의 기본이 될 spur_gear4.prt 파일을 오픈한다.

㉤ 어셈블리 입력값의 설정 창에서 사용자 정의와 자동 정의가 있는데 사용자 정의를 선택하고 강성 아이콘()을 클릭하고 이름을 output2_1로 한다.

㉥ 어셈블리 정의 편집 창의 배치에서 정렬을 한다. 즉, 스퍼기어 4의 중심축과 새로 생성한 AA_1의 중심축을 일직선으로 정렬한다.

㉦ 새 구속으로 배치에서 정렬을 한다. 즉, 컴포넌트 참조로 스퍼기어 4의 윗면과 어셈블리 참조로 ASM_FRONT면을 선택하고 일치시킨다.

ⓞ 새 구속으로 배치에서 정렬을 한다. 즉, 컴포넌트 참조로 스퍼기어 4의 S4_HD면과 어셈블리 참조로 ASM_TOP면을 일치시킨다.

ⓩ 어셈블리 정의 편집 창의 조립상태에서 "완전 구속"라는 메시지가 나타났을 때 확인 버튼을 누른다(그림 5.36).

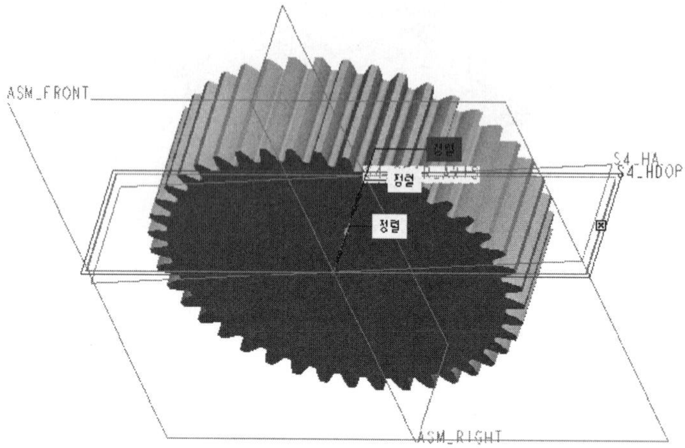

그림 5.36 스퍼기어 2의 조립 상태

(ii) 축2

㉠ 어셈블리 도구( )를 클릭하고 axis_2.prt 파일을 오픈한다.

㉡ 어셈블리 입력값의 설정 창에서 사용자 정의와 자동 정의가 있는데 사용자 정의를 선택하고 구속 유형은 정렬(축 2의 중심축과 AA_1)을 클릭하고 이름을 output2_2로 한다.

㉢ 새 구속으로 면맞춤(축 2의 윗면과 스퍼기어 2의 윗면 일치)을 선택한다(그림 5.37).

㉣ OK 버튼을 누른다.

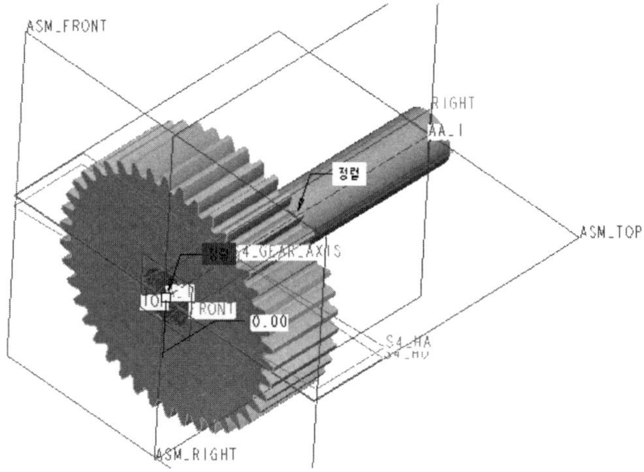

그림 5.37 축 2의 조립

(e) 전체 어셈블리

(i) 전체조립에 관계하는 새로운 축과 면 생성

㉠ 풀다운메뉴 파일의 새로 만들기라는 메뉴에서 유형을 어셈블리로 하고 이름으로 mechanism을 입력하고 확인을 클릭해서 작업 메인 창을 띄우며 단위 설정(mmNs계)까지 한다.

㉡ 작업 화면의 데이텀 평면 생성 도구를 클릭하고 ASM_TOP면에 대해 25mm 오프셋 변환값을 주고 동력 전달부의 베벨기어의 중심이 놓일 ASM_A면을 생성한다.

㉢ 작업 화면의 데이텀 축 생성 도구를 클릭하고 ASM_FRONT와 ASM_RIGHT를 지나는 축 즉, 입력부가 조립될 중심축 AA_1을 생성한다.

㉣ 작업 화면의 데이텀 축 생성 도구를 클릭하고 ASM_A와 ASM_FRONT를 지나는 축 즉, 동력 전달부가 조립될 중심축 AA_2를 생성한다.

㉤ 작업 화면의 데이텀 평면 생성 도구를 클릭하고 ASM_A면을 AA_2축을 중심으로 45° 회전값을 주어 동력 전달부의 중심이 ASM_A면에 대해 45°위치에 놓이게 할 ASM_B면을 생성한다.

㉥ 작업 화면의 데이텀 평면 생성 도구를 클릭하고 ASM_B면을 AA_2축을 중심으로

90° 회전값을 주어 동력 전달부가 회전되도록 하는 중심축을 만들기 위해 ASM_C면을 생성한다.

ⓢ 작업 화면의 데이텀 평면 생성 도구를 클릭하고 ASM_C면에 대해 63mm(=21+42) 오프셋 변환값을 주어 동력 전달부의 작은 베벨기어와 출력부1의 큰 베벨기어가 맞물려 회전하게 하는 중심축을 만들기 위해 ASM_D면을 생성한다.

ⓞ 작업 화면의 데이텀 축 생성 도구를 클릭하고 ASM_D와 ASM_B를 지나는 축 즉, 출력부1이 조립될 중심축 AA_3을 생성한다.

ⓩ 작업 화면의 데이텀 평면 생성 도구를 클릭하고 ASM_FRONT면에 대해 왼쪽으로 44.5477(=63×cos45°)mm 오프셋 변환값을 주어 출력부1이 조립될 ASM_E면을 생성한다.

ⓒ 작업 화면의 데이텀 평면 생성 도구를 클릭하여 ASM_E면에 대해 63mm 오프셋 변환값을 주어 출력부2가 조립될 ASM_F면을 생성한다.

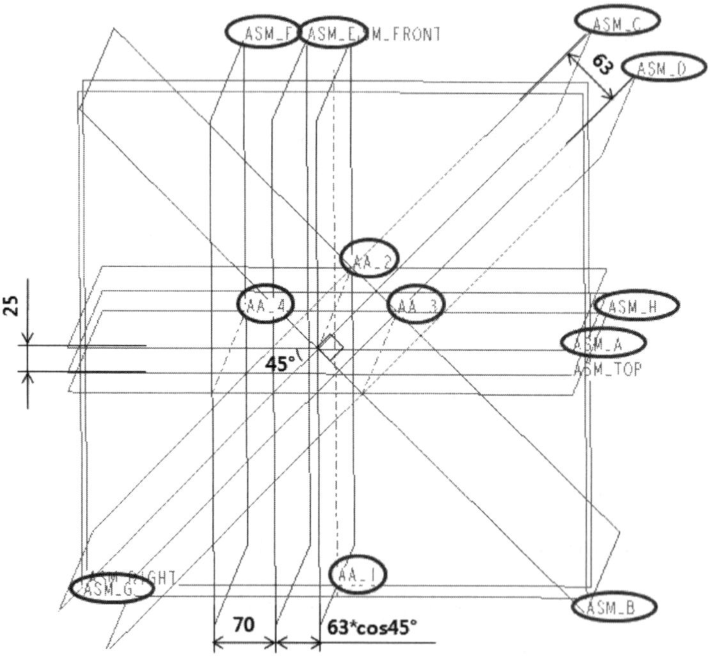

그림 5.38 전체조립에 필요한 새로운 생성 면과 축

㉪ 작업 화면의 데이텀 평면 생성 도구를 클릭하고 ASM_RIGHT면에 대해 70mm 오프셋 변환값을 주어 출력부1의 큰 스퍼기어가 동력 전달 중간부분의 스퍼기어와 변환을 공존할 ASM_G면을 생성한다.

㉫ 작업 화면의 데이텀 평면 생성 도구를 클릭하고 ASM_TOP면과 평행하며 AA_3에 대해 통과하게 하여 출력부1의 작은 스퍼기어와 출력부2의 큰 스퍼기어가 맞물려 돌아갈 시작면이 될 ASM_H면을 생성한다.

㉬ 작업 화면의 데이텀 축 생성 도구를 클릭하고 ASM_H와 ASM_F를 지나는 축 즉, 출력부2가 조립될 중심축 AA_4를 생성한다.

(ii) 입력부

㉠ 어셈블리 도구( )를 클릭하고 먼저 어셈블리의 기본이 될 input.asm 파일을 오픈한다.

㉡ 어셈블리 입력값의 설정 창에서 사용자 정의와 자동 정의가 있는데 사용자 정의를 선택하고 핀 연결 아이콘(핀)을 클릭하고 이름을 asm1로 한다.

㉢ 어셈블리 정의 편집 창의 배치의 축 정렬에서 입력부의 중심축과 새로 생성한 AA_1의 중심축을 일직선으로 정렬한다.

㉣ 새 구속으로 배치의 변환에서 컴포넌트 참조로 입력부의 BEVEL1_FRONT 면과 어셈블리 참조로 어셈블리의 ASM_FRONT 면을 선택하고 일치시킨다.

㉤ 새 구속으로 배치의 회전축에서 컴포넌트 참조로 입력부의 FITTING_PLANE면과 어셈블리 참조로 어셈블리의 ASM_RIGHT면을 선택하고 일치시킨다.

㉥ 어셈블리 정의 편집 창의 조립상태에서 "연결 정의가 완료 되었습니다"라는 메시지가 나타났을 때 확인 버튼을 누른다.

(iii) 동력 전달부

㉠ 어셈블리 도구( )를 클릭하고 gearing.asm 파일을 오픈한다.

㉡ 어셈블리 입력값의 설정 창에서 사용자 정의와 자동 정의가 있는데 사용자 정의를 선택하고 핀 연결 아이콘(핀)을 클릭하고 이름을 mid_connection으로 한다.

㉢ 어셈블리 정의 편집 창의 배치의 축 정렬에서 동력 전달부의 중심축과 새로 생성한 AA_2의 중심축을 일직선으로 정렬한다.

㉣ 어셈블리 정의 편집 창의 배치의 변환에서 컴포넌트 참조로 동력 전달부의 ASM_FRONT 면과 어셈블리 참조로 어셈블리의 ASM_RIGHT 면을 선택하고 일치시킨다.

㉤ 어셈블리 정의 편집 창의 배치의 회전축에서 컴포넌트 참조로 동력 전달부의 ASM_RIGHT 면과 어셈블리 참조로 어셈블리의 ASM_FRONT 면을 선택하고 현재 위치를 0로 한다.

㉥ 어셈블리 정의 편집 창의 조립상태에서 "연결 정의가 완료 되었습니다"라는 메시지가 나타났을 때 확인 버튼을 누른다.

(ⅳ) 출력1부

㉠ 어셈블리 도구()를 클릭하고 output1.asm 파일을 오픈한다.

㉡ 어셈블리 입력값의 설정 창에서 사용자 정의와 자동 정의가 있는데 사용자 정의를 선택하고 핀 연결 아이콘(핀)을 클릭하고 이름을 output_1으로 한다.

㉢ 어셈블리 정의 편집 창의 배치의 축 정렬에서 출력1부의 중심축과 새로 생성한 AA_3의 중심축을 일직선으로 정렬한다.

㉣ 어셈블리 정의 편집 창의 배치의 변환에서 컴포넌트 참조로 출력1부의 ASM_FRONT 면과 어셈블리 참조로 어셈블리의 ADTM4 면을 선택하고 일치시킨다.

㉤ 어셈블리 정의 편집 창의 배치의 회전축에서 컴포넌트 참조로 출력1부의 ASM_TOP 면과 어셈블리 참조로 어셈블리의 ADTM1 면을 선택하고 현재 위치를 -180으로 한다.

㉥ 어셈블리 정의 편집 창의 조립상태에서 "연결 정의가 완료 되었습니다"라는 메시지가 나타났을 때 확인 버튼을 누른다.

(ⅴ) 출력2부

㉠ 어셈블리 도구()를 클릭하고 output2.asm 파일을 오픈한다.

㉡ 어셈블리 입력값의 설정 창에서 사용자 정의와 자동 정의가 있는데 사용자 정의를

선택하고 핀 연결 아이콘(핀)을 클릭하고 이름을 output_2로 한다.

㉢ 어셈블리 정의 편집 창의 배치의 축 정렬에서 출력2부의 중심축과 새로 생성한 AA_4의 중심축을 일직선으로 정렬한다.

㉣ 어셈블리 정의 편집 창의 배치의 변환에서 컴포넌트 참조로 출력2부의 ASM_FRONT 면과 어셈블리 참조로 어셈블리의 ADTM6 면을 선택하고 일치시킨다.

㉤ 어셈블리 정의 편집 창의 배치의 회전축에서 컴포넌트 참조로 출력2부의 ASM_TOP 면과 어셈블리 참조로 어셈블리의 ADTM3 면을 선택하고 현재 위치를 90으로 한다.

㉥ 어셈블리 정의 편집 창의 조립상태에서 "연결 정의가 완료 되었습니다"라는 메시지가 나타났을 때 확인 버튼을 누른다.

(vi) 회전 확인바

㉠ 어셈블리 도구( )를 클릭하고 bar.prt 파일을 오픈한다.

㉡ 어셈블리 입력값의 설정 창에서 사용자 정의와 자동 정의가 있는데 사용자 정의를 선택하고 삽입을 클릭하고 어셈블리 정의 편집 창에서 회전 확인바의 구멍 내부와 새로 생성한 축 2의 구멍 내부를 클릭한다.

㉢ 어셈블리 정의 편집 창의 배치에서 정렬을 한다. 즉, 컴포넌트 참조로 회전 확인바의 오른쪽 면과 어셈블리 참조로 축 2의 오른쪽 면을 선택한다.

㉣ 어셈블리 정의 편집 창의 조립상태에서 "완전 구속"라는 메시지가 나타났을 때 확인 버튼을 누른다.

그림 5.39는 완전히 조립된 기구 모습이다.

그림 5.39 완전 조립된 모습

(3) 제어기 설계

(a) 연결조건 주기

㉠ 풀다운 메뉴의 응용 프로그램에서 메커니즘을 클릭하고 메커니즘 환경으로 들어간다.

㉡ 좌측에 메커니즘 모델트리에서 결합의 +부분을 클릭하여 기어 메뉴에 커서를 갖다 대고 마우스 오른 쪽 버튼을 1초 정도 누르면 새로 만들기 메뉴가 나오며 이것을 클릭한다.

㉢ 기어 쌍1의 정의에서 입력부의 베벨기어와 동력 전달부의 베벨기어를 기어 쌍으로 정의한다. 즉, 다이얼로그박스의 기어1에서 동작 축은 input.axis_1을 선택하고 기어2에서 동작 축은 동력 전달부의 gearing.axis_1을 선택한다. 그리고 특성에서 사용자 정의를 선택하고 기어1은 2, 기어2는 1을 입력한다.

㉣ 기어 쌍2의 정의에서 동력 전달부의 작은 스퍼기어와 출력부1의 큰 스퍼기어를 기어 쌍으로 정의한다. 즉, 다이얼로그박스의 기어1에서 동작 축은 동력 전달부의 gearing.axis_1을 선택하고 기어2에서 동작 축은 출력부1의 output_1.axis_1을 선택한다. 그리고 특성에서 사용자 정의를 선택하고 기어1은 1, 기어2는 2를 입력한다.

㉤ 기어 쌍3의 정의에서 출력부1의 작은 스퍼기어와 출력부2의 큰 스퍼기어를 기어 쌍으로 정의한다. 즉, 다이얼로그박스의 기어1에서 동작 축은 출력부1의 output_1.axis_1을 선택하고 기어2에서 동작 축은 출력부2의 output_2.axis_1을 선택한다. 그리고 특성에서 사용자 정의를 선택하고 기어1은 1, 기어2는 2를 입력한다.

(b) 드라이버 설정

㉠ 좌측에 메커니즘 모델트리에서 결합의 조인트의 +를 누르면 부품의 연결 항목이 나온다. 여기서 input의 +를 누른다.

㉢ input의 회전축에 마우스를 갖다 대고 오른쪽 버튼을 1초 정도 누르고 서보 모터를 클릭한다.

㉣ 서보 모터 정의 다이얼로그박스에서 유형은 동작축으로 하고 input.axis_1을 선택하고서 프로파일 탭을 클릭한다.

㉢ 동작 정의 박스에서 사양 명세와 강도를 정의한다. 사양 명세는 위치로 하고 강도는 램프로 하며 A=0, B=36으로 입력한다. 이것의 의미는 입력축이 36도 간격으로 10초(기본으로 설정되어 있음) 동안 360도 회전하도록 한다는 것이다. 이로서 동작의 조건은 모두 입력이 된 것이다.

㉣ 확인을 눌러 드라이버 설정 및 동작조건 설정을 완료한다.

(4) 운동 해석

드라이브 설정 및 동작 조건을 주었으므로 이제는 주어진 동작 조건대로 제대로 움직이는지 확인할 필요가 있다. 이러한 운동 해석을 위한 해석 과정은 다음과 같다.

㉠ 메커니즘 해석 아이콘( )의 다이얼로그 박스에서 이름을 mechanism으로 입력한다.

㉡ 해석 유형을 위치로 설정한다.

㉢ 그래픽 디스플레이는 길이와 속도로 설정하고 종료 시간은 40(4회전에 해당함), 프레임 속도 10으로 값을 설정한다.

㉣ 실행을 클릭한다.

ⓜ 중간에 저장한 것을 모두 삭제하고 마지막 것만 저장하기 위해서 풀다운 메뉴에서 파일 〉 삭제 〉 이전 버전을 클릭하고서 확인을 클릭하며 메인 도구상자에서 저장() 을 클릭한다.

(5) 운동 해석 그래프

다음과 같이 운동 해석 결과를 그래프로 제작해 보기로 한다.

㉠ 오른쪽 메뉴에서 측정 아이콘 을 클릭하면 측정 결과 창이 나타난다.

㉡ 측정 결과 창에서 새로운 측정 생성 아이콘 을 누르면 단위 정의 창이 나타나며 여기서 측정 하고자 하는 결과의 그래프 이름을 mechanism_result로 한다.

㉢ 유형은 위치로 하고 동작축은 input.axis_1으로 하고 출력축은 두 가지인 출력부1과 출력부2의 회전축을 output1.axis_1과 output2.axis_1으로 하고 확인을 클릭한다.

㉣ 분석 파일을 실행시키고 나서 측정 결과 창에서 출력 결과 두 가지에 대한 결과를 확인할 수 있으며 이 결과 두 가지 출력(출력1과 출력2)을 차례로 ctrl키를 누르면서 지정하고 위 쪽에 를 누르면 측정 이름에 대한 값들이 그래프로 나타난다. 그림 5.40의 결과 그래프에서 보면 측정 결과가 입력축 4회전(1440°)에 대해 출력1의 경우는 40초간 -1440° 회전하였고 출력2의 경우는 40초간 720°회전 한 것으로 나타난다. 여기서 -의 의미는 역방향이므로 출력2는 정방향 회전이고 출력1은 역방향 회전인 것을 알 수 있으며 40초간 출력1은 총 4회전(1440°) 하는 것으로 설계했으며 출력2는 출력1의 절반의 회전을 하게 설계했으므로 2회전(720°) 했으므로 메커니즘이 정확히 설계가 되었음을 알 수 있다.

이와 같이 베벨기어와 스퍼기어를 복합적으로 이용한 메커니즘은 좁은 공간에서도 원하는 회전 출력을 낼 수 있으며 또한 원하는 출력 수만큼 늘려서 설계할 수도 있다.

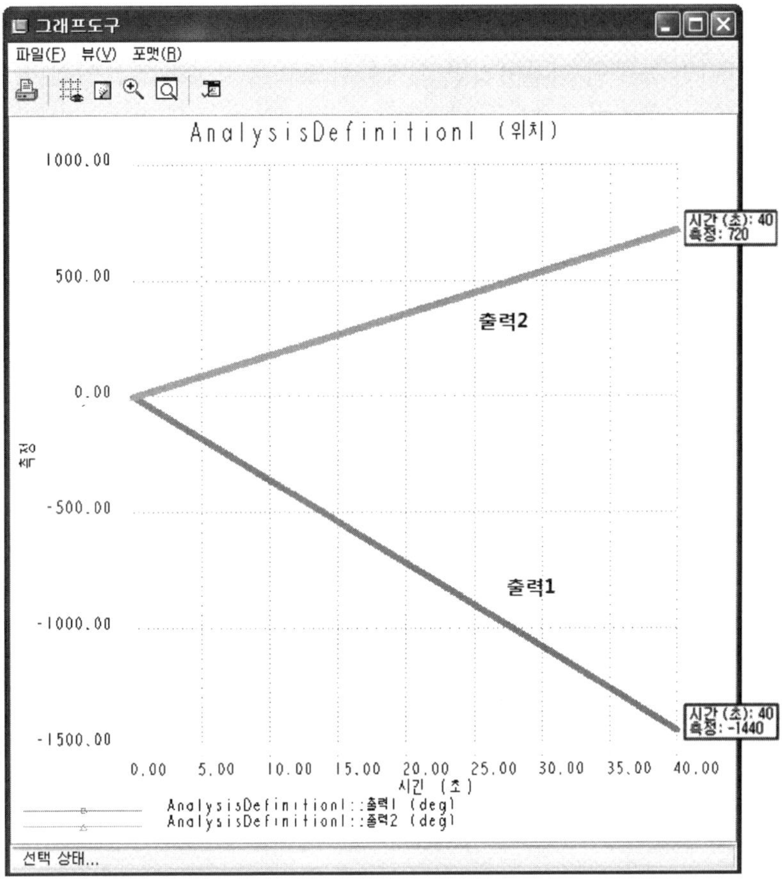

그림 5.40 출력1과 출력2에 대한 회전각 그래프

(6) 동영상 제작

다음과 같이 동영상을 제작한다.

㉠ 이미 메커니즘 해석이 끝나면 동작이 저장되어 있으므로 작업화면 오른쪽 메뉴에서 플레이백 아이콘(◀▶)을 클릭하면 플레이백 창이 나타난다.

㉡ 플레이백 창에서 다시 플레이백(◀▶)을 누르면 애니메이트 창이 나타난다.

㉢ 애니메이트 창에서 캡처를 클릭한다.

㉣ 동영상 이름은 mechanism.mpg로 하고 동영상 형태는 MPEG로 하고 이미지 크기는

너비가 640, 높이가 512의 기본으로 특별한 요구 사항이 없으면 그대로 확인 버튼을 누른다. 그러면 동작이 이루어지면서 자동적으로 동영상이 만들어진다.

ⓜ 애니메이트 창 닫기를 한다.

제 6 장 스탬프 기구 설계

우리 일상생활에서 편지의 우표에 지역 우체국 직인 등이 찍혀 오는 것을 보았을 것이다. 이와 같은 직인은 보통 스탬프로 찍는다. 본 장에서는 스탬프 기구를 캠 기구를 응용하여 가상 설계해 보고 동영상을 만들어 정확한 동작을 확인하는데 목적이 있다.

6.1 서론

6.1.1 문제

여러분이 기계공학을 전공한 Pro/Engineer 전문가이며 특히 캠 기구에 대해 전공이라고 하자. 어떤 우체국에서 우표에 찍는 직인용 스탬프의 원리를 어린 학생들에게 설명하기 위해 가상 스탬프 기구를 만들어 달라는 요청이 왔다고 하자. 이럴 때 여러분은 어떻게 할 것인가?

6.1.2 가설 및 조건

가상이므로 다음과 같은 가설 및 조건을 바탕으로 스탬프 기구를 만드는 것으로 한다.

(1) 지역 우체국 직인 모양은 원형으로 직경은 30mm로 한다.

(2) 회전축이 1회전 할 때 4회의 스탬핑 작업을 하는 기구를 가정한다.

(3) 스탬프 헤드의 무게로 스탬핑 작업이 이루어지며 직인 찍는 힘은 헤드 무게로 충분하다고 가정한다.

(4) 기구의 전체 치수는 설명을 위한 것이므로 임의로 정하기로 한다.

6.1.3 기구 시스템 전체 구성 결정

가설 및 조건에 따라 회전축의 1회전에 4회의 스탬핑을 하기 위해서는 하나의 회전 휠에 90도 간격의 4개의 돌출 부분이 있어야 한다. 이 돌출부가 스탬프의 헤드를 들어 올려 주는 메커니즘이 되어야 한다. 따라서 돌출부와 스탬프 헤드가 연결되어야 하며 스탬프 헤드가 들어 올려지기 위해서는 지렛대 형식을 취해야 한다. 말하자면 지렛대를 회전 돌출부가 눌러서 스탬프 헤드를 들어 올려 주어야 한다는 것이다. 스탬프 헤드는 무게가 있어 내려올 때는 자중에 의해 내려오도록 설계해야 한다. 회전 돌출부는 지렛대와 접촉할 때 부드럽게 눌러 주어야 하며 가장 좋은 돌출부의 형태는 곡면이 될 것이다. 이상을 종합하여 전체적인 스탬프 기구를 나타내면 그림 6.1과 같은 형태가 될 것이다.

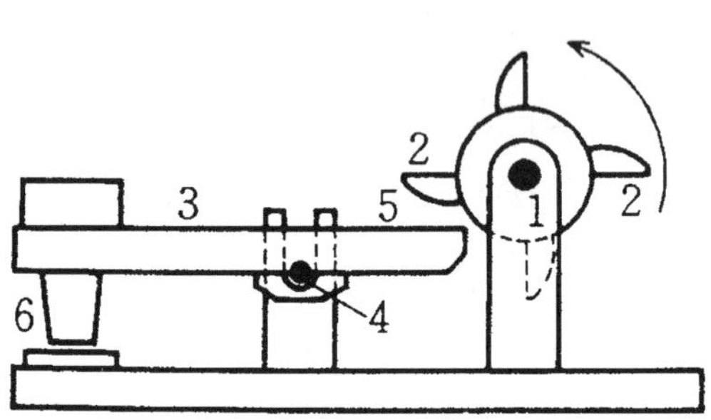

그림 6.1 스탬프 기구 개략도

6.2 형상 모델링

6.2.1 파트 모델링

(1) 스탬프 베이스

그림 6.2와 같은 스탬프 베이스 형상을 파트모델링 한다. 파트 모델링에서 앞으로의 메커니즘 결합조건을 주기 위해 그림 6.3과 같이 스탬프 몸체가 지지될 지지대와 휠 캠이 지지될 지지대가 위치할 부분에 데이텀 면(DTM2, DTM3)을 형성한다. 베이스의 바닥면은 Front면을 중심으로 양쪽으로 밀어내기를 하여 Front면이 중심에 오게 한다. 그리고 그림 6.3에서 Right면과 Front면이 교차하는 축은 스탬프 헤드의 중심이 지나가는 축이다. 물론 스탬핑 할 재료가 놓이는 스탬프 바닥의 중심이기도 하다. A_1축과 A_2축은 스탬프 몸체가 지지될 지지대와 휠 캠이 지지될 지지대의 핀이 결합되는 축이다.

그림 6.2 스탬프 베이스 3D

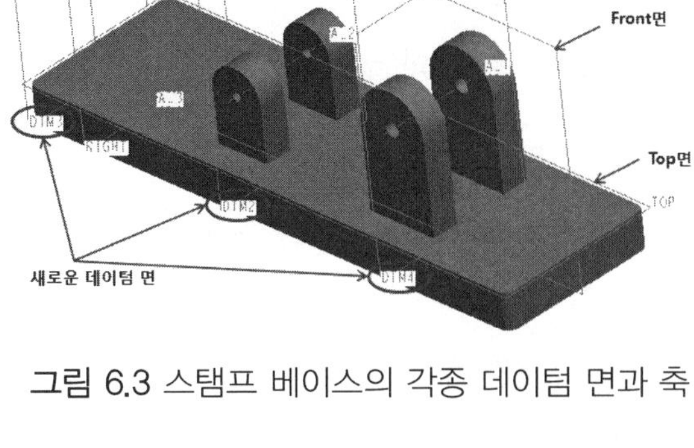

그림 6.3 스탬프 베이스의 각종 데이텀 면과 축

(2) 스탬프 바닥

스탬프 할 재료를 올려놓는 스탬프 바닥 형상을 그림 6.4와 같이 파트모델링한다.

그림 6.4 스탬프 바닥

(3) 스탬프 지렛대

스탬프 지렛대 형상을 그림 6.5와 같이 파트모델링한다.

그림 6.5 스탬프 지렛대

(4) 스탬프 헤드

스탬프 헤드 형상을 그림 6.6과 같이 파트모델링한다.

그림 6.6 스탬프 헤드

그림 6.7 휠 캠

(5) 휠 캠

휠 캠 형상을 그림 6.7과 같이 파트모델링한다.

(6) 스탬프 종동체 지지핀

스탬프 종동체 지지핀 형상을 그림 6.8과 같이 파트모델링한다.

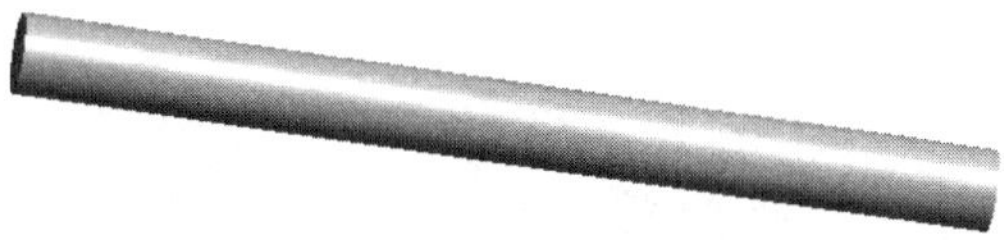

그림 6.8 스탬프 종동체 지지핀

(7) 휠 캠 지지핀

휠 캠 지지핀 형상을 그림 6.9와 같이 파트모델링한다.

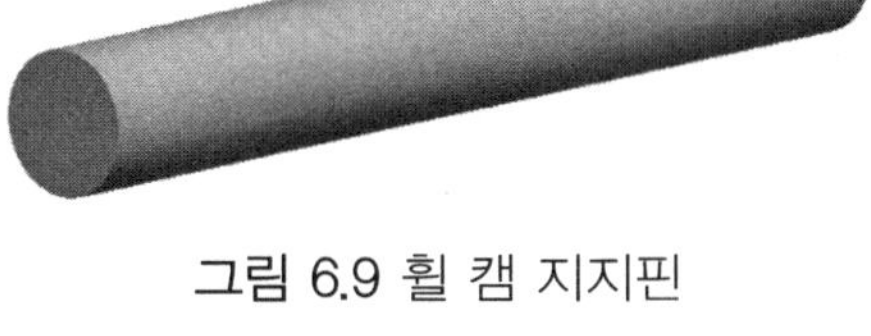

그림 6.9 휠 캠 지지핀

6.2.2 어셈블리

(1) 스탬프 종동체

스탬프 종동체 형상을 위해 그림 6.10과 같이 스탬프 지렛대에 스탬프 헤드를 조립한다. 그리고 저장한다.

그림 6.10 스탬프 종동체

(2) 스탬프 바닥 조립

스탬프 바닥 형상을 그림 6.11과 같이 축 정렬과 면 맞춤으로 스탬프 베이스에 조립한다.

그림 6.11 스탬프 바닥 조립 모습

(3) 스탬프 종동체 핀 조립

스탬프 종동체 핀을 그림 6.12와 같이 삽입과 면 정렬로 스탬프 베이스에 조립한다.

그림 6.12 스탬프 종동체 결합 핀 조립 모습

(4) 휠 캠 핀 조립

휠 캠 핀을 그림 6.13과 같이 삽입과 면 정렬로 스탬프 베이스에 조립한다.

그림 6.13 스탬프 종동체 결합 핀 조립 모습

(5) 스탬프 종동체 조립

스탬프 종동체를 그림 6.14와 같이 핀 결합으로 스탬프 베이스의 지지대에 조립한다.

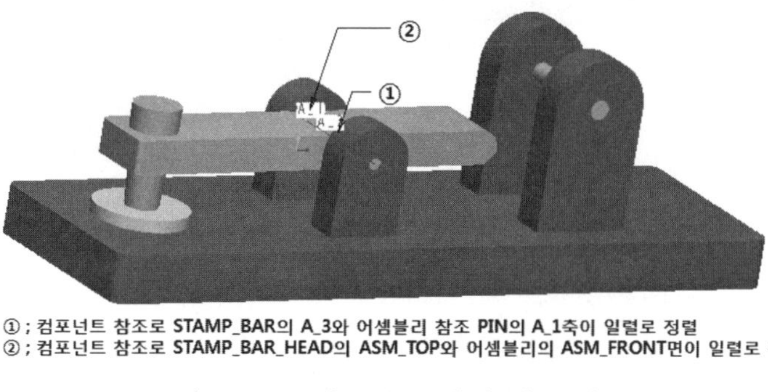

①; 컴포넌트 참조로 STAMP_BAR의 A_3와 어셈블리 참조 PIN의 A_1축이 일렬로 정렬
②; 컴포넌트 참조로 STAMP_BAR_HEAD의 ASM_TOP와 어셈블리의 ASM_FRONT면이 일렬로 정렬

그림 6.14 스탬프 종동체의 핀 조립 모습

(6) 휠 캠 조립

휠 캠을 그림 6.15와 같이 핀 결합으로 스탬프 베이스의 지지대에 어셈블링 한다.

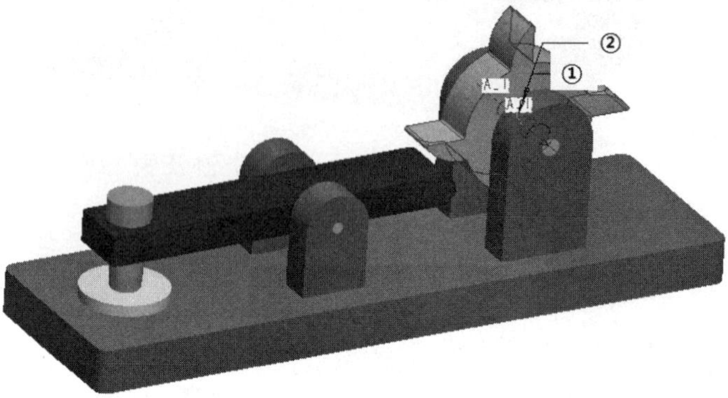

① ; 컴포넌트 참조로 WHEEL_CAM의 A_1과 어셈블리 참조 PIN_2의 A_1축이 일렬로 정렬
② ; 컴포넌트 참조로 WHEEL_CAM의 FRONT와 어셈블리의 ASM_FRONT면이 일렬로 정렬

그림 6.15 휠 캠의 핀 조립 모습

그림 6.16은 최종적으로 모두 조립된 상태를 나타낸 것이다.

그림 6.16 스탬프 조립 완성

6.3 메커니즘 설계

6.3.1 제어 요소 설계

(1) 스탬프 지렛대와 휠 캠의 캠 결합

그림 6.17의 스탬프 지렛대 끝단과 휠 캠의 와이퍼 끝단을 둥글게 라운딩 처리를 하여야만 제대로 된 캠 결합이 이루어진다는 사실을 알기 바란다.

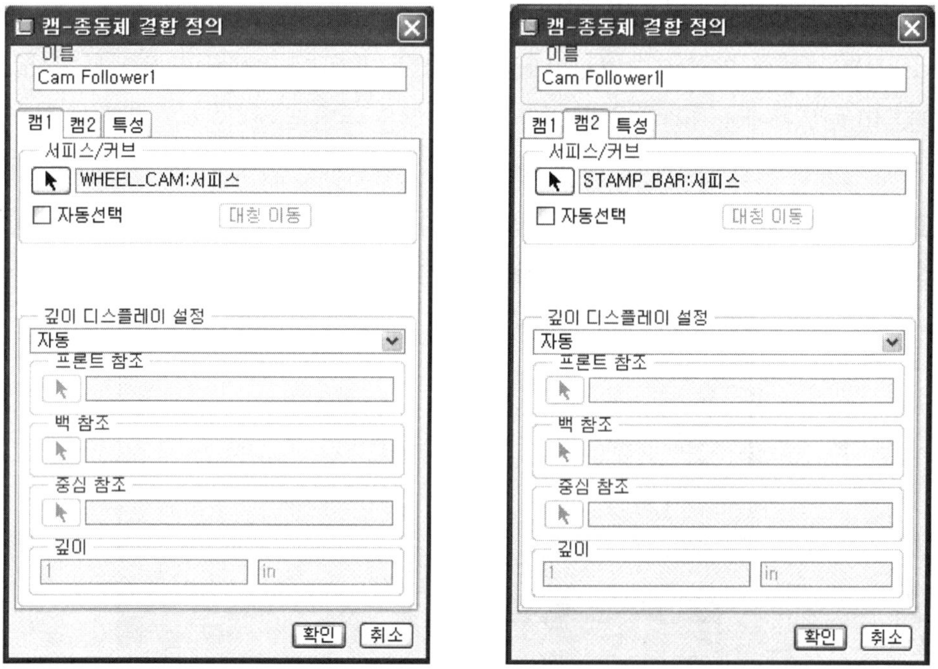

(a) 휠 캠 결합 정의 (b) 스탬프 지렛대 결합 정의

그림 6.17 캠–종동체 결합 정의 모습

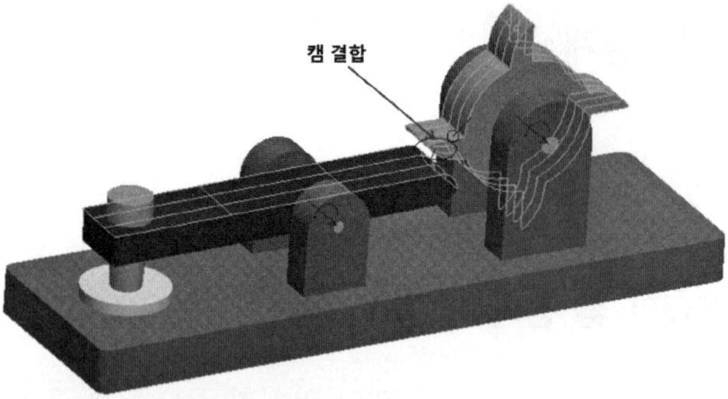

그림 6.18 스탬프 기구의 캠 결합 모습

(2) 서보 모터와 힘 모터의 정의

우선 서보 모터의 정의는 그림 6.19에서 정의 초당 10도 움직이는 것으로 기본이 10초이므로 10초 동안에 총 100도 움직이는 동작 조건을 주기로 한다.

기존에 사용한 서보 모터는 힘에 대한 입력이 없었으므로 힘의 입력이 가능한 힘 모터를 결합해야 한다. 방법은 서보 모터 결합과 동일하다. 단지 여기서 서보 모터의 출력값이 너무 작으면 스탬프를 제대로 누르지 못하는 경우가 생기므로 충분히 큰 값을 넣어 준다.

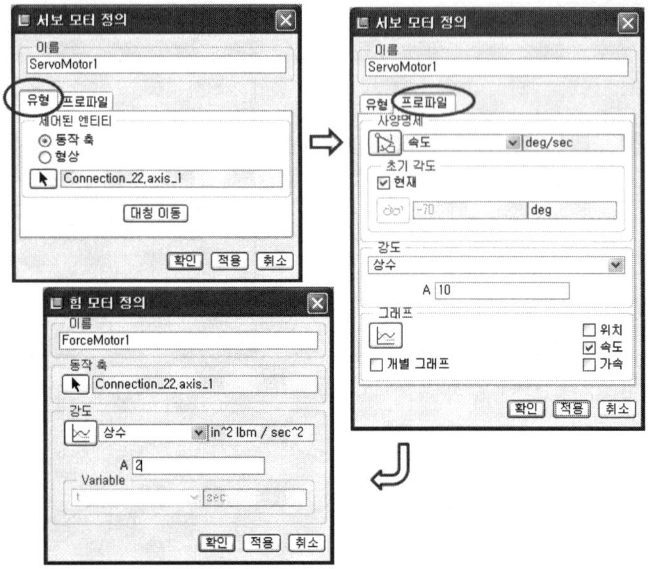

그림 6.19 서보 모터와 힘 모터의 정의

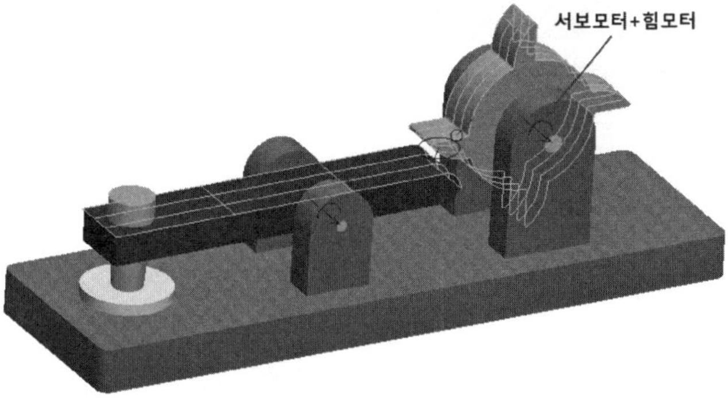

그림 6.20 스탬프 기구의 서보 모터와 힘 모터 설정 모습

(3) 스탬프 메커니즘

스탬프 기구는 계속해서 스탬프 지렛대와 휠 캠이 접촉하면서 이루어지는 기구 시스템이 아니라 간헐적으로 휠 캠이 접촉할 때만 스탬프 헤드가 위로 작동하고 접촉되고 있지 않은 경우는 스탬프 헤드가 아래로 내려와서 스탬핑이 되도록 스탬프 매커니즘을 구성해야 한다. 이러한 스탬프 메커니즘은 ㉠ 스탬프의 중량 설정, ㉡ 중력 설정, ㉢ 스탬프가 아래로 쳐지는 현상을 막기 위한 스탬프의 운동 각도 조절의 세 가지 구성으로 이루어야 한다.

(a) 스탬프의 중량 설정

휠 캠과 접촉하지 않을 때 스탬프 헤드에 중량을 주어 헤드가 아래로 내려와 스탬핑 작동을 하도록 해야 한다. 스탬프 헤드에 중량을 설정하는 방법은 화면 오른쪽 아래의 바에서 물성정의 도구()를 이용하면 된다.

메뉴 중 가장 아래쪽을 클릭하면 그림 6.21과 같은 창이 뜨고 여기서 중량을 가하고자 하는 스탬프 파트모델(여기서는 스탬프 헤드)을 클릭한 후 확인을 누른다. 여기서 모델의 중량을 결정 할 수 있다.

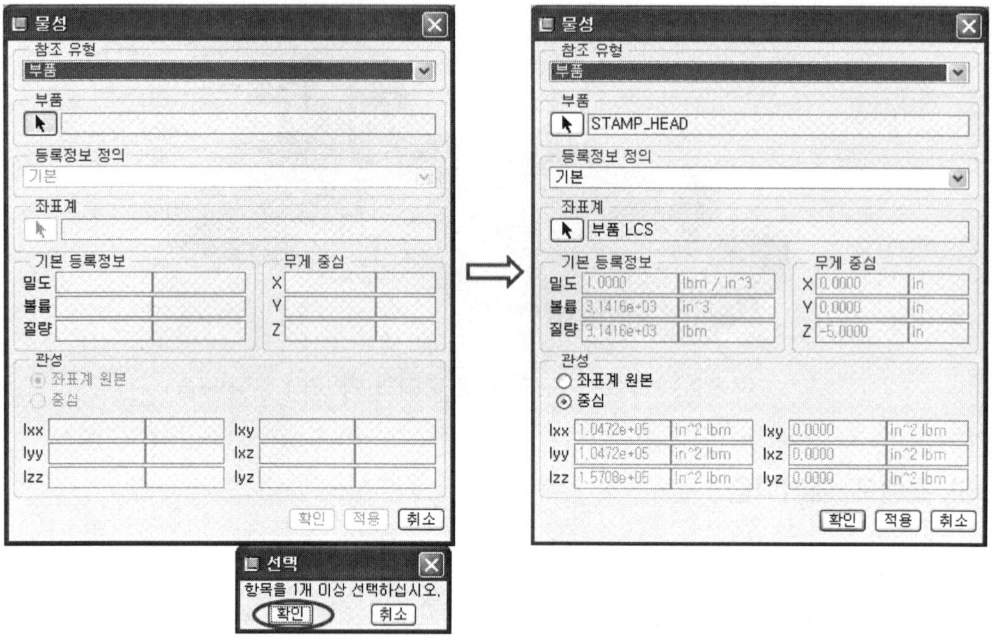

그림 6.21 스탬프 기구의 물성(중량) 정의

(b) 중력설정

중력(중력가속도)은 메뉴에서 중력 정의 도구( )를 선택하고 클릭하면 그림 6.22와 같은 설정 창이 뜬다. 여기서 강도는 경우에 따라 조정하기 바라며 나머지는 디폴트로 놓는다. -는 중력이 향하는 방향을 가리키므로 모델의 베이스방향 즉, 아래쪽으로 향하도록 만든다. 절대 값은 항상 1로 해야 중력가속도가 원래대로 적용된다.

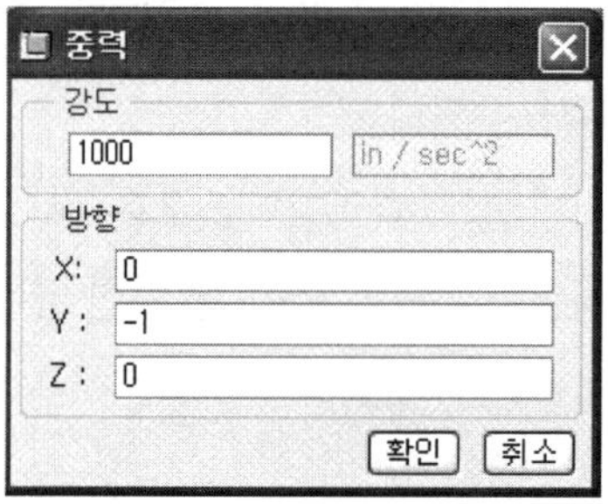

그림 6.22 중력 정의 창

(c) 스탬프의 운동각도 조절

스탬프가 베이스 아래로 빠지는 것을 방지하기 위해 운동 각도를 조절해야 한다. 우선 모델트리에서 그림 6.23의 왼쪽과 같이 스탬프가 핀 연결된 회전축에 제로 포인트와 동작 회전각을 설정하기 위해 마우스 오른쪽 버튼을 누르고 동작 축 정의 창으로 간다.

Ctrl키와 Alt키를 동시에 누르면서 커서를 스탬프 종동체에 갖다 대고 회전을 시켜 제로점(스탬핑 지점)을 설정하고 나서 스탬프가 회전하여 밑으로 파고들지 않도록 돌려 보고 최대 동작 회전각을 파악하고 최대값으로 설정하면 된다. 그림 6.23에서는 20도가 최대 동작 회전 각도가 되는 것으로서 스탬프 헤드가 최고점에서 수평에 대해 20도인 때이다. -의 의미는 회전 방향에 따라 바뀔 수 있다. 재생성 활성화도 체크해 주기 바란다.

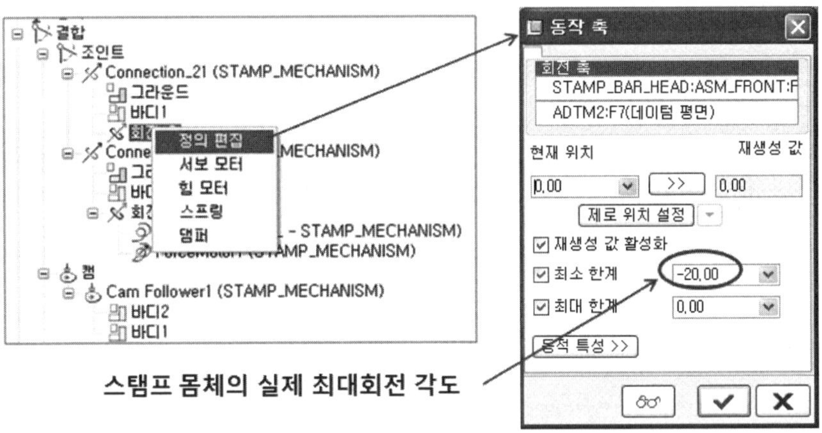

그림 6.23 스탬프의 최대 회전각도 정의

6.3.2 운동 해석

운동 해석에 대한 정의를 한다. 먼저 오른쪽 메뉴에서 운동 해석 도구( )를 클릭하면 그림 6.24와 같은 다이얼로그 박스가 나타난다. 여기서 유형은 동적으로 한다. 그리고 기본 설정은 그래픽 디스플레이에서 시간과 속도로 설정하고 캠이 10초당 100도 움직이도록 설정되었으므로 캠이 한 바퀴(360도) 도는데 36초가 걸린다. 따라서 기간을 36으로 하고 프레임 속도는 캠의 회전 속도와 관계하므로 10 또는 더 느리게 하려면 10 이상을 주면 된다. 모든 입력이 끝나면 다음은 모터 설정으로 여기서는 서보 모터와 힘 모터를 모두 선택해야 한다. 그리고 스탬프의 헤드가 무게에 의해 동적으로 움직여야 하므로 반드시 외부 하중 항목에서 중력 활성화를 체크하도록 한다. 마지막으로 확인을 누르고 실행을 한다.

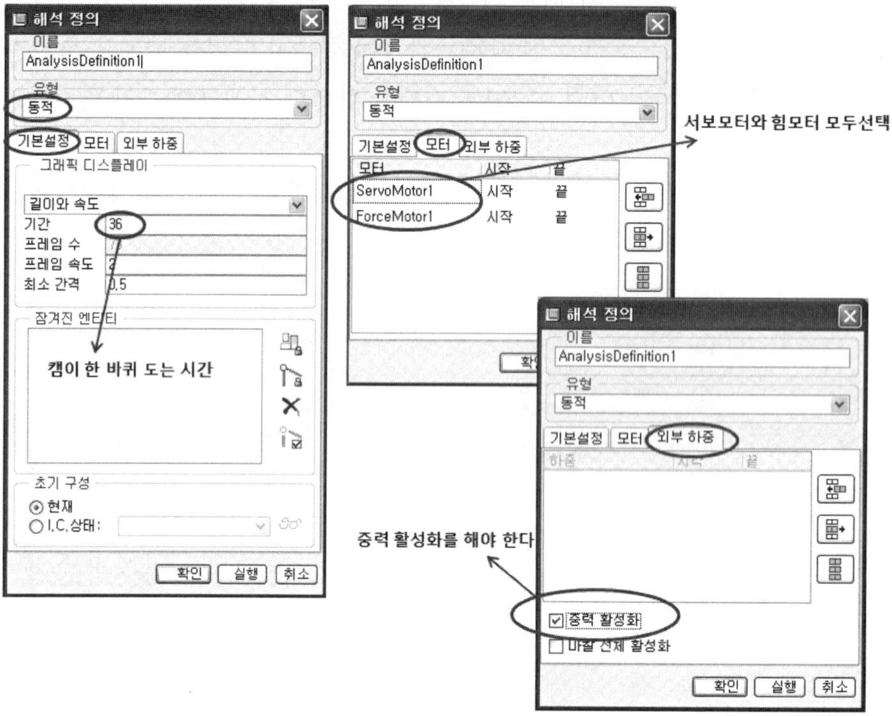

그림 6.24 스탬프의 최대 회전 각도 정의

이 상황에서 해석을 해 보면 캠에 의해 눌러진 스탬프가 제대로 작동하는 것을 알 수 있다. 만약 스탬프의 복원 속도가 늦다면 중력가속도를 조절하거나 캠의 회전 속도를 조금 낮추면 된다.

6.3.3 운동 해석 그래프

운용 해석 결과를 그래프로 보려면 오른쪽 메뉴에서 측정 도구()를 이용한다. 그러면 그림 6.25의 왼쪽과 같이 측정결과 대화상자가 나타나는데 창에서 새로운 측정 생성 아이콘()을 클릭하면 측정 정의 대화상자가 나타난다. 여기서 점 또는 동작 축을 스탬프의 회전축을 클릭하여 캠의 회전에 따른 스탬프 헤드의 각을 측정 요소로 입력한다. 확인을 클릭하고 측정 결과 창의 결과 셋에서 AnalysisDefinition1을 클릭하면 측정결과가 대화 상자에 나타난다. 이 측정결과를 바탕으로 캠의 회전에 따른 스탬프 헤드의 회전각을 그림 6.26에 나타내었다. 이 그래프를 보면 휠 캠의 와이퍼당 스탬프 헤드의 각이 약 13° 요동을 하고 있으며 4개의 와이퍼에 대해 동일하게 동작하고 있는 것을 알 수 있다.

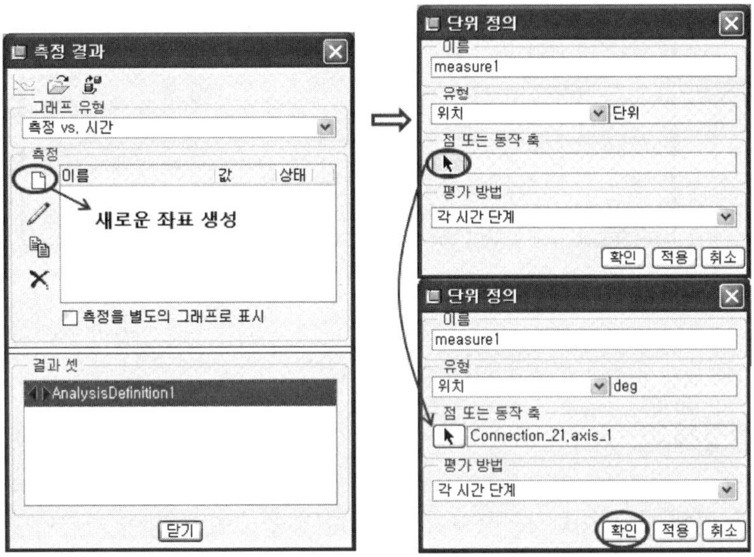

그림 6.25 운동 해석을 통한 측정 결과 그래프 설정

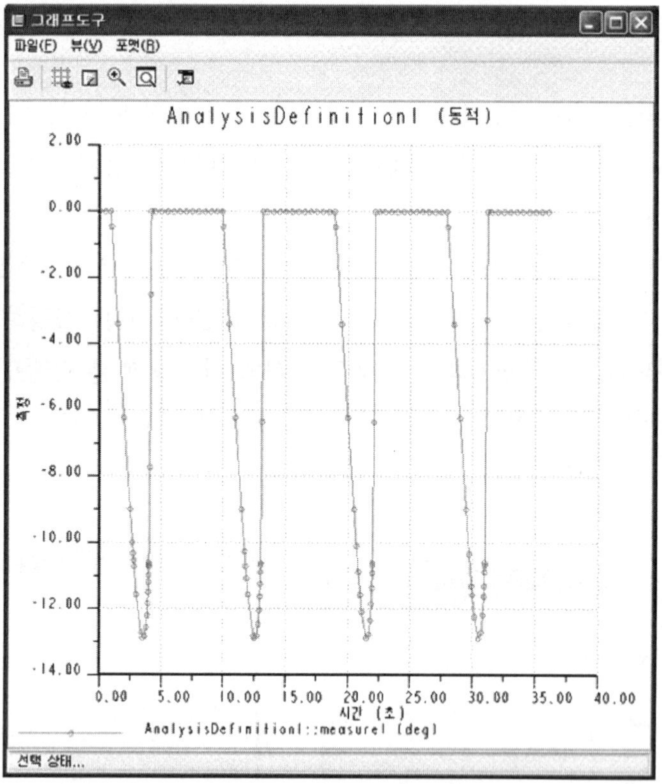

그림 6.26 운동 해석을 통한 측정 결과 그래프

6.3.4 간섭체크

간섭체크를 위해 플레이백 도구(◂▸)를 클릭하면 플레이백 창이 나타난다. 여기서 글로벌 충동 탐색을 선택하고 ◂▸탭을 누르면 동작이 진행되면서 간섭체크를 행하게 된다. 간섭이 생기면 벨이 울리도록 그림 6.27과 같이 설정하였다.

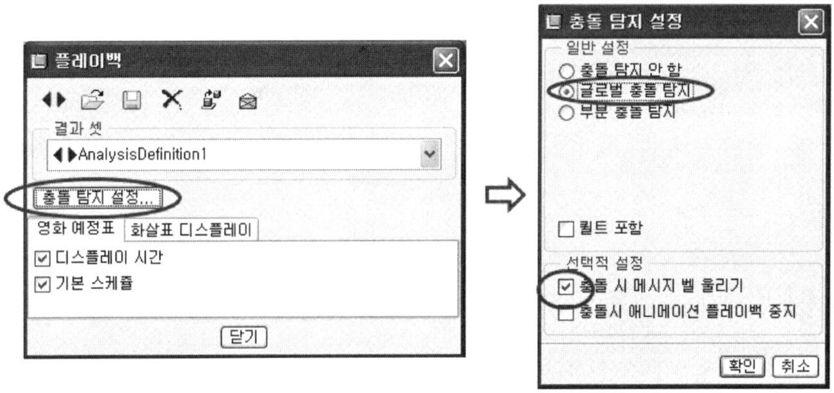

그림 6.27 간섭체크를 위한 플레이백

6.3.5 동영상 제작

플레이백이 다 끝나면 그림 6.28과 같은 애니메이트 창이 나타난다. 여기서 캡쳐를 클릭하면 그림 6.28의 오른쪽과 같은 캡쳐 창이 나타난다. 여기서 이미지 크기를 고치려면 픽셀 크기를 설정하고 그렇지 않은 경우는 그냥 확인 버튼을 누르면 된다. 그러면 동작이 일어나면서 동영상이 만들어진다.

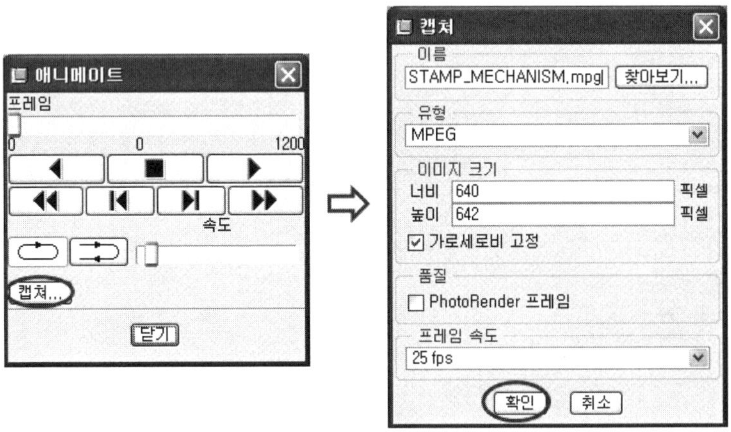

그림 6.28 동영상 제작을 위한 캡쳐

제 3 편

산업 응용

제7장 평행 개폐형 로봇 핸드 기구 설계

제8장 간헐 컨베이어 구동기구 설계

제9장 로봇시스템의 디지털 제어 응용설계

제10장 공작물 이동 로봇시스템 설계

제 7 장 평행 개폐형 로봇 핸드 기구 설계

본 장에서는 생산 자동화에서 응용되는 로봇 핸드 메커니즘을 설계해 본다. 사람 손에 해당하는 로봇 핸드를 기어를 이용하여 손가락의 이동량을 최대한 크게 하기 위해 평행 개폐형으로 설계하고 해석을 통해 동작의 정확성을 확인하는데 역점을 두었다.

7.1 서론

7.1.1 문제

생산 자동화 라인의 산업용 로봇에서는 전용 핸드를 준비하여 두고 필요시에 핸드를 교체하여 작업한다. 이러한 문제점을 다소라도 해결하기 위해 손가락의 평행 이동량을 크게 한 랙과 피니언을 응용한 평행 개폐형 로봇핸드를 많이 사용한다.

여러분이 기계공학을 전공한 Pro/Engineer 전문가이며 특히 로봇 핸드 설계 분야에 대해 전공이라고 하자. 한 자동차 회사에서 자동화 생산 라인에 사용할 평행 개폐형 로봇핸드에 대해 가상 기구 설계해 주기를 주문했을 때 당신은 어떻게 해결할 것인가?

7.1.2 조건

(1) 손가락의 최대 이동범위

로봇 핸드 조(손가락)의 최대 변위는 180mm로 한다.

(2) 형태

그림 7.1과 같은 형태로 하지만 압축 스프링은 없으며 모터로 조정하는 것으로 한다. 즉, 실린더가 전진시 조가 열리고 후진시 제품을 잡는 형태로 한다.

(3) 최대 파악 공작물 직경

공작물을 파악할 수 있는 최대 파악 직경은 180mm로 한다.

(4) 압력각

피니언의 압력각은 20으로 한다.

(5) 피니언의 잇수

피니언의 잇수는 30으로 한다.

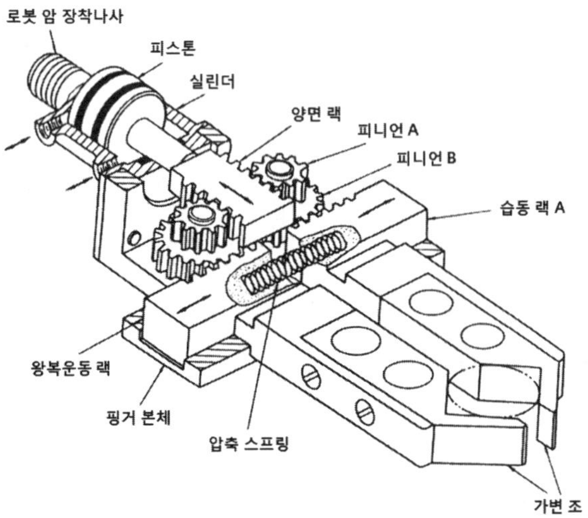

그림 7.1 평행 개폐형 로봇 핸드

7.1.3 기어 사양 결정

로봇 핸드의 조가 변위 약 180mm 단위에서 벌어졌다 오므려 지도록 하여야 하며 조의 잇수는 10으로 한다.

따라서 핸드 한 쪽 조의 변위는 랙의 피치에 따라 결정되는 것과 조의 잇수가 10인 것으로부터 좌우 조 랙의 1피치를 18mm에서 19mm 사이의 값이 되어야 한다는 것을 알 수 있다. 즉, p(피치)=πm인 것으로부터 m(모듈)이 6이 되어야 하는 것을 알 수 있다.

조 랙의 모듈이 6이 되면 그림 7.1의 피니언 B(pinion_b)의 모듈도 6이 되어야 한다. 한편, 피스톤 랙은 모듈을 5라고 하면 잇수는 12가 되며 피니언 A(pinion_a)의 모듈은 5가 되어야 한다.

이상을 정리하면 표 7.1과 같이 된다.

표 7.1 기어 사양

기어명	모듈	압력각	피치원 및 랙 피치	잇수
pinion_a	5	20	150(피치원지름)	30
piston_rack	5	–	5π(=15.707, 랙 피치)	12
pinion_b	6	20	180(피치원지름)	30
jaw_rack	6	–	6π(=18.8496, 랙 피치)	10

7.2 기구 형상 설계

7.2.1 부품의 파트 모델링

(1) 조 베이스

그림 7.2는 조가 슬라이딩할 베이스 파트 모델을 나타낸다. 그림 7.3은 베이스 파트 모델의 2차원 도면이다. 베이스의 파트 모델링 시에 각 기준 평면에 이름을 따로 붙여 놓는

다. 즉, base_front, base_right, base_top 등으로 이름을 붙여 놓는다.

그림 7.2 베이스 3D 모델

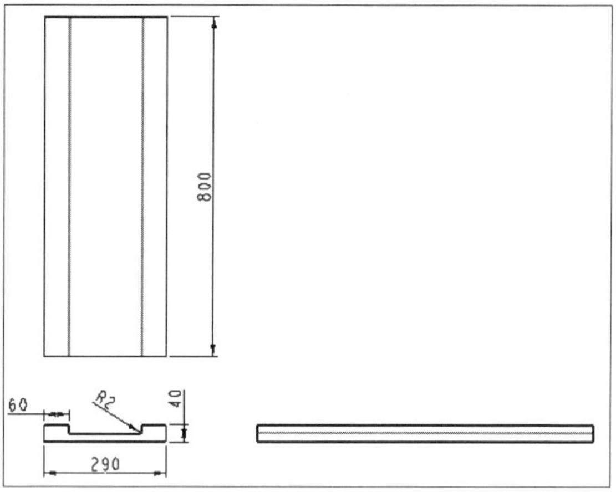

그림 7.3 베이스 2D 도면

(2) 베이스 백

그림 7.4는 베이스 백의 파트 모델을 나타낸다. 그림 7.5는 베이스 백 파트 모델의 2차원 도면이다. 베이스 백의 파트 모델링 시에 각 기준 평면에 이름을 따로 붙여 놓는다. 즉, base_back_front, base_back_right, base_back_top 등으로 이름을 붙여 놓는다.

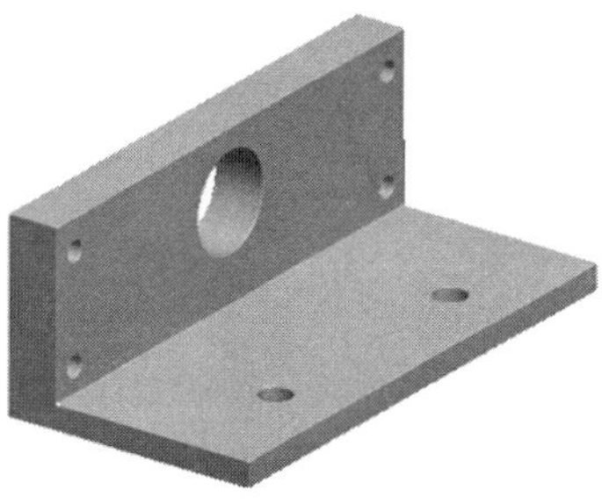

그림 7.4 베이스 백 3D 모델

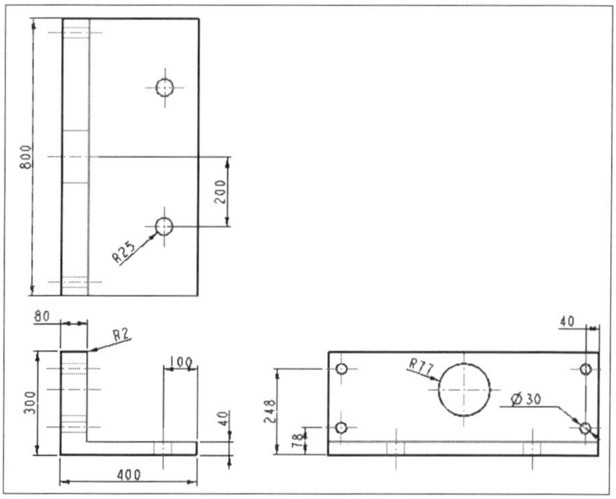

그림 7.5 베이스 백의 2D 도면

(3) 베이스 핀

그림 7.6은 베이스 핀의 파트 모델을 나타낸다. 그림 7.7은 베이스 핀 파트 모델의 2차원 도면이다. 베이스 백의 파트 모델링 시에 각 기준 평면에 이름을 따로 붙여 놓는다. 즉, base_pin_front, base_pin_right, base_pin_top 등으로 이름을 붙여 놓는다.

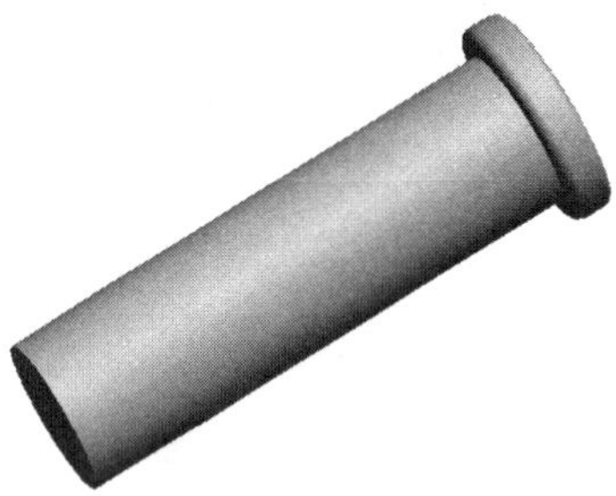

그림 7.6 베이스 핀 3D 모델

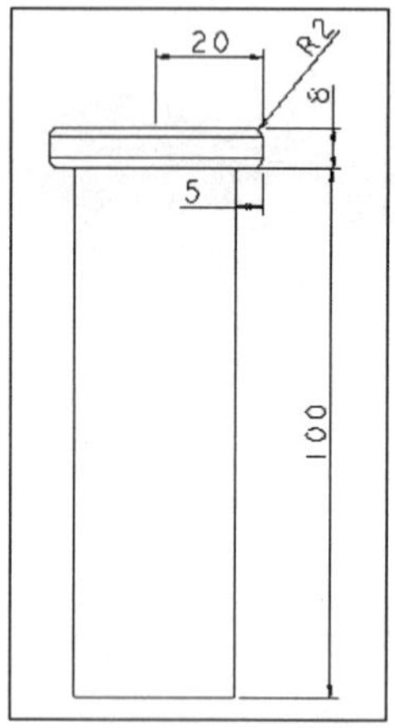

그림 7.7 베이스 핀 2D 도면

(4) 실린더 케이스

그림 7.8은 실린더 케이스의 파트 모델을 나타낸다. 그림 7.9는 실린더 케이스 파트 모델의 2차원 도면이다. 실린더 케이스의 파트 모델링 시에 각 기준 평면에 이름을 따로 붙여 놓는다. 즉, cylinder_case_front, cylinder_case_right, cylinder_case_top 등으로 이름을 붙여 놓는다.

그림 7.8 실린더 케이스 3D 모델

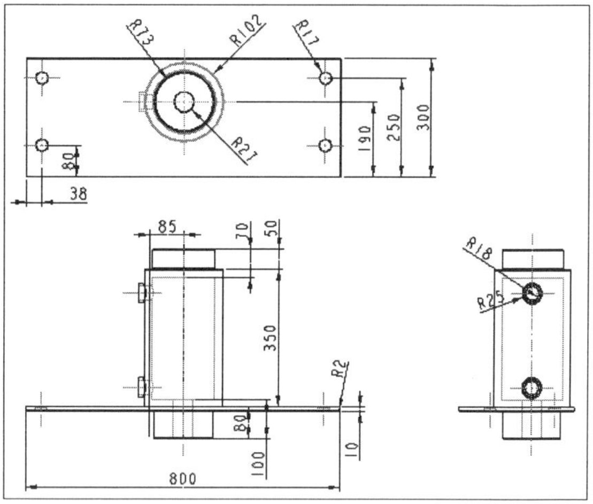

그림 7.9 실린더 케이스 2D 도면

(5) 조

그림 7.10은 조의 파트 모델을 나타낸다. 그림 7.11은 조 파트 모델의 2차원 도면이다. 조의 파트 모델링 시에 각 기준 평면에 이름을 따로 붙여 놓는다. 즉, jaw_front, jaw_right, jaw_top 등으로 이름을 붙여 놓는다.

그림 7.10 조 3D 모델

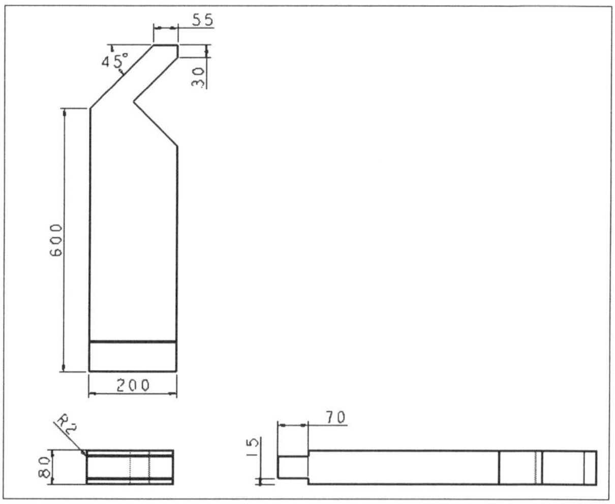

그림 7.11 조 2D 도면

(6) 왼쪽 조 랙

그림 7.12는 왼쪽 조 랙의 파트 모델을 나타낸다. 그림 7.13은 왼쪽 조 랙 파트 모델의 2차원 도면이다. 왼쪽 조 랙의 파트 모델링 시에 각 기준 평면에 이름을 따로 붙여 놓는다. 즉, left_jaw_rack_front, left_jaw_rack_right, left_jaw_rack_top 등으로 이름을 붙여 놓는다.

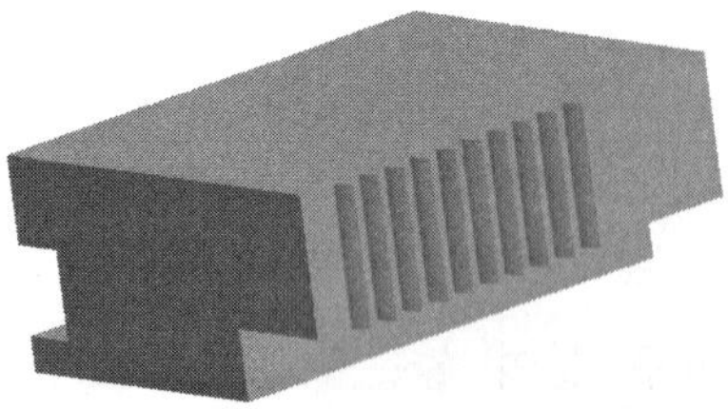

그림 7.12 왼쪽 조 랙 3D 모델

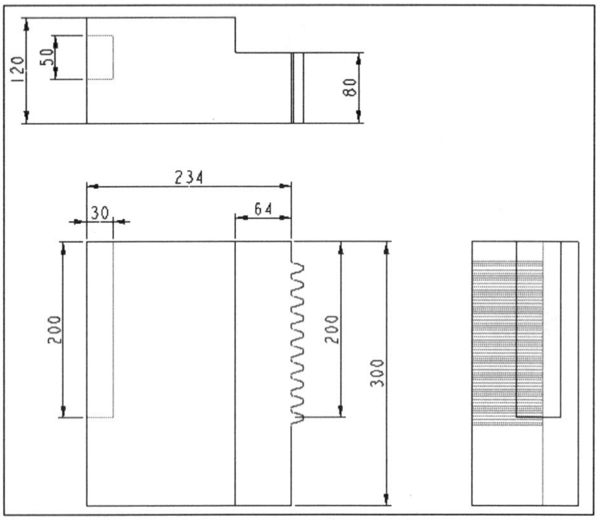

그림 7.13 조 랙 2D 도면

(7) 오른쪽 조 랙

그림 7.14는 오른쪽 조 랙의 파트 모델을 나타낸다. 그림 7.15는 오른쪽 조 랙 파트 모델의 2차원 도면이다. 오른쪽 조 랙의 파트 모델링 시에 각 기준 평면에 이름을 따로 붙여 놓는다. 즉, right_jaw_rack_front, right_jaw_rack_right, right_jaw_rack_top 등으로 이름을 붙여 놓는다.

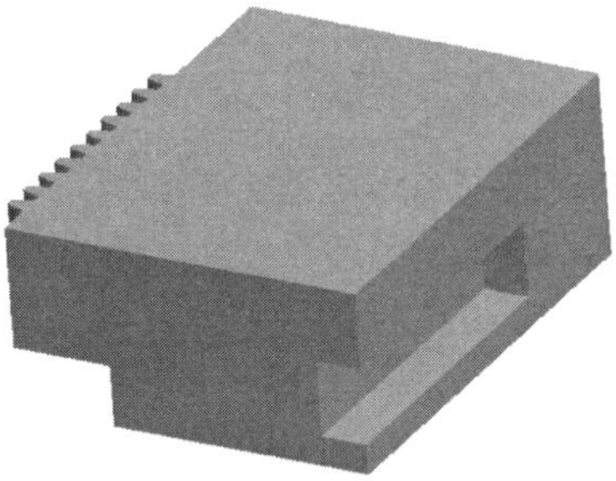

그림 7.14 오른쪽 조 랙 3D 모델

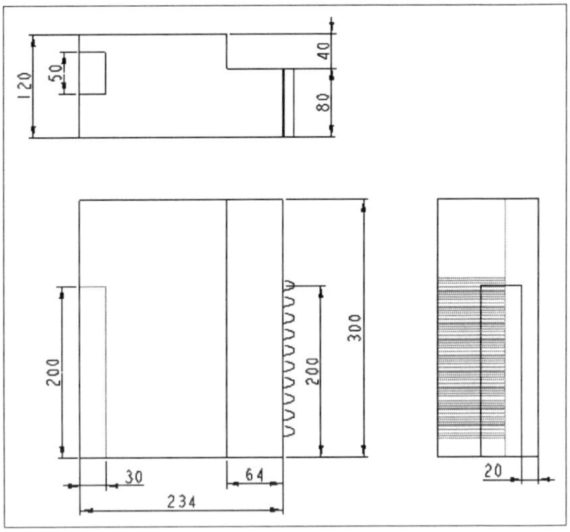

그림 7.15 오른쪽 조 랙 2D 도면

(8) 피니언 A

그림 7.16은 피니언 A의 파트 모델을 나타낸다. 그림 7.17은 피니언 A 파트 모델의 2차원 도면이다. 피니언 A의 파트 모델링 시에 각 기준 평면에 이름을 따로 붙여 놓는다. 즉, pinion_a_front, pinion_a_right, pinion_a_top 등으로 이름을 붙여 놓는다.

그림 7.16 피니언 A 3D 모델

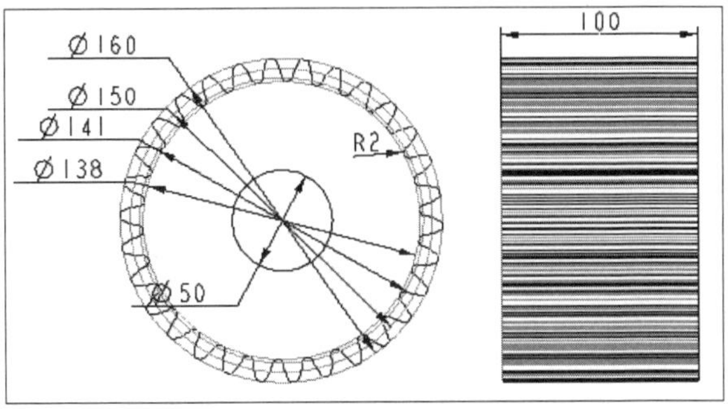

그림 7.17 피니언 A 2D 모델

(9) 피니언 B

그림 7.18은 피니언 B의 파트 모델을 나타낸다. 그림 7.19는 피니언 B 파트 모델의 2차원 도면이다. 피니언 B의 파트 모델링 시에 각 기준 평면에 이름을 따로 붙여 놓는다. 즉, pinion_b_front, pinion_b_right, pinion_b_top 등으로 이름을 붙여 놓는다.

그림 7.18 피니언 B 3D 모델

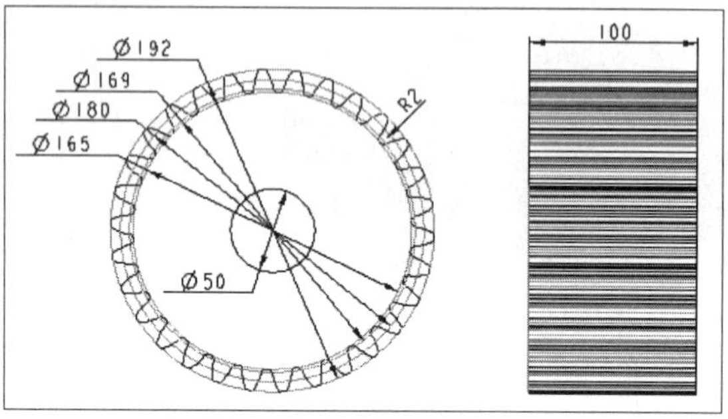

그림 7.19 피니언 B 2D 모델

(10) 피니언 핀

그림 7.20은 피니언 핀의 파트 모델을 나타낸다. 그림 7.21은 피니언 핀 파트 모델의 2차원 도면이다. 피니언 핀의 파트 모델링 시에 각 기준 평면에 이름을 따로 붙여 놓는다. 즉, pinion_pin_front, pinion_pin_right, pinion_pin_top 등으로 이름을 붙여 놓는다.

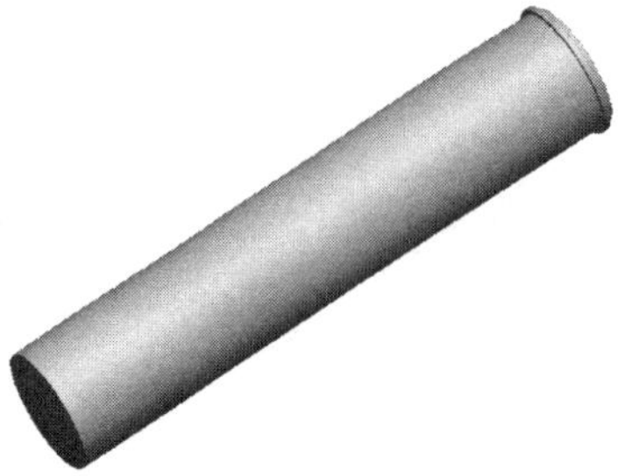

그림 7.20 피니언 핀 3D 모델

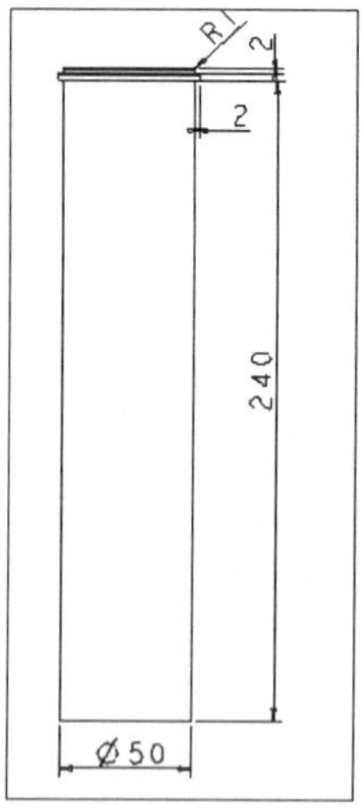

그림 7.21 피니언 핀 도면

(11) 피스톤 랙

그림 7.22는 피스톤 랙의 파트 모델을 나타낸다. 그림 7.23은 피스톤 랙 파트 모델의 2차원 도면이다. 피스톤 랙의 파트 모델링 시에 각 기준 평면에 이름을 따로 붙여 놓는다. 즉, piston_rack_front, piston_rack_right, piston_rack_top 등으로 이름을 붙여 놓는다.

그림 7.22 피스톤 3D 모델

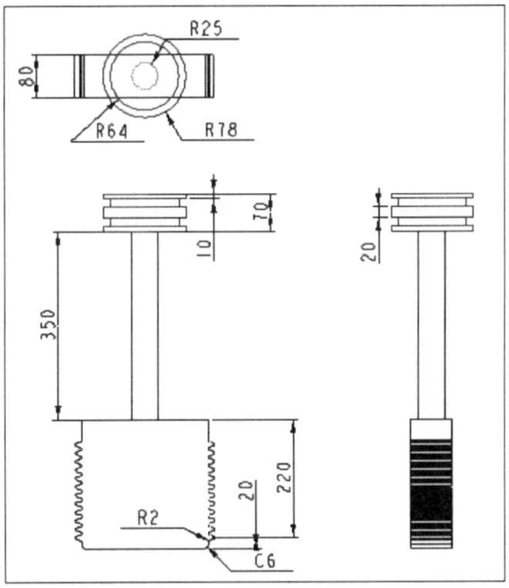

그림 7.23 피스톤 도면

7.2.2 어셈블리

(1) 베이스 어셈블리

(a) 기본 베이스

㉠ 풀다운메뉴 파일의 새로 만들기라는 메뉴에서 유형을 어셈블리로 하고 이름으로 base를 입력한다.

㉡ 확인을 클릭해서 작업 메인 창을 띄운다.

㉢ 단위 설정(mmNs계)을 한다.

㉣ 작업 화면의 어셈블리 도구(![icon])를 클릭하고 먼저 어셈블리의 기본이 될 base.prt 파일을 오픈한다.

㉤ 어셈블리 입력값의 설정 창에서 사용자 정의와 자동 정의가 있는데 자동을 선택하고 구속 유형은 기본으로 한다.

㉥ 조립 설정 창의 조립상태에서 "연결 정의가 완료 되었습니다"라는 메시지가 나타났을 때 확인 버튼을 누른다.

(b) 베이스 백

㉠ 어셈블리 도구(![icon])를 클릭하고 base_back.prt 파일을 오픈한다.

㉡ 어셈블리 입력값의 설정 창에서 사용자 정의와 자동 정의가 있는데 자동을 선택하고 구속 유형은 정렬, 면맞춤 및 정렬을 선택한다.

㉢ 그림 7.24와 같이 조립하고 OK 버튼을 누른다.

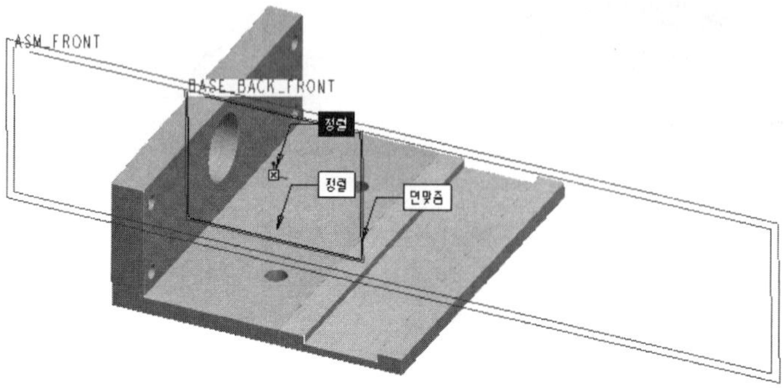

그림 7.24 베이스와 베이스 백의 조립

(c) 실린더 케이스

㉠ 어셈블리 도구(![icon])를 클릭하고 cylinder_case.prt 파일을 오픈한다.

㉡ 어셈블리 입력값의 설정 창에서 사용자 정의와 자동 정의가 있는데 자동을 선택하고 구속 유형은 삽입, 면맞춤 및 면맞춤을 선택한다.

㉢ 그림 7.25와 같이 조립하고 OK 버튼을 누른다. 그리고 저장을 한다.

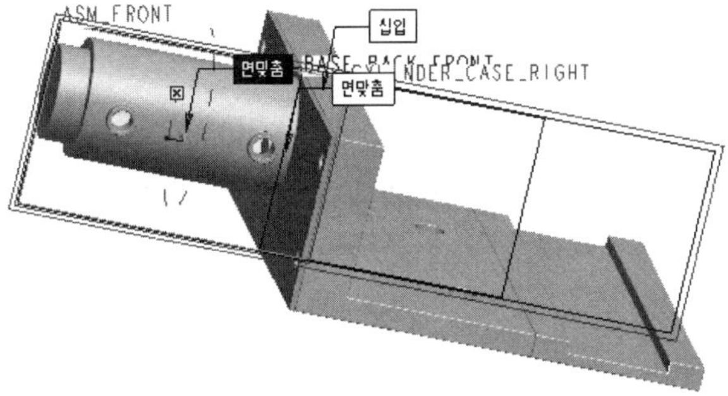

그림 7.25 실린더를 조립한 모습

(d) 베이스 핀

㉠ 어셈블리 도구()를 클릭하고 base_pin.prt 파일을 오픈한다.

㉡ 어셈블리 입력값의 설정 창에서 사용자 정의와 자동 정의가 있는데 자동을 선택하고 구속 유형은 삽입 및 면맞춤을 선택한다.

㉢ OK 버튼을 누른다. 그림 7.26은 4개의 베이스 핀을 모두 조립한 모습이다.

㉣ 저장을 한다.

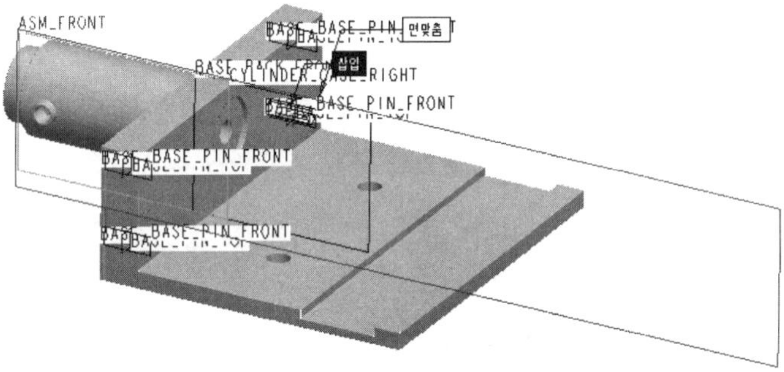

그림 7.26 베이스 핀 4개 조립한 모습

(2) 왼쪽 조 어셈블리

(a) 왼쪽 조 랙

㉠ 풀다운메뉴 파일의 새로 만들기라는 메뉴에서 유형을 어셈블리로 하고 이름으로

jaw_left를 입력한다.

㉡ 확인을 클릭해서 작업 메인 창을 띄운다.

㉢ 단위 설정(mmNs계)을 한다.

㉣ 어셈블리 도구( )를 클릭하고 먼저 어셈블리의 기본이 될 jaw_rack_left.prt 파일을 오픈한다.

㉤ 어셈블리 입력값의 설정 창에서 사용자 정의와 자동 정의가 있는데 자동을 선택하고 구속 유형은 기본으로 한다.

㉥ 조립 설정 창의 조립상태에서 "연결 정의가 완료 되었습니다"라는 메시지가 나타났을 때 확인 버튼을 누른다.

(b) 조

㉠ 어셈블리 도구( )를 클릭하고 jaw.prt 파일을 오픈한다.

㉡ 어셈블리 입력값의 설정 창에서 사용자 정의와 자동 정의가 있는데 자동 정의를 선택하고 구속 유형은 정렬, 면맞춤 및 면맞춤을 선택한다(그림 7.27).

㉢ OK 버튼을 누른다.

㉣ 저장을 한다.

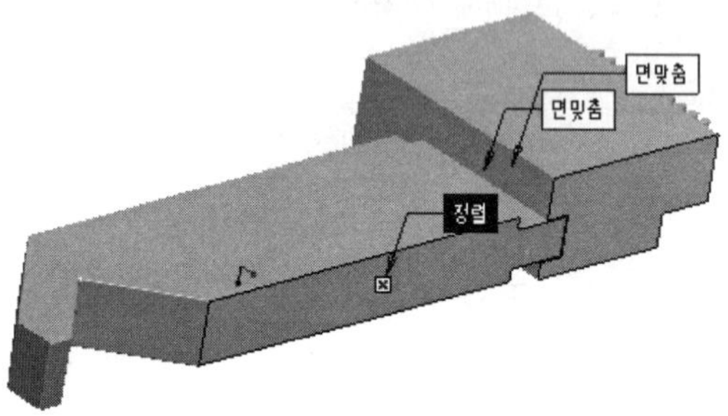

그림 7.27 왼쪽 조를 조립한 모습

(3) 오른쪽 조 어셈블리

㉠ 풀다운메뉴 파일의 새로 만들기라는 메뉴에서 유형을 어셈블리로 하고 이름으로 jaw_right를 입력한다.

㉡ 확인을 클릭해서 작업 메인 창을 띄운다.

㉢ 단위 설정(mmNs계)을 한다.

㉣ 어셈블리 도구()를 클릭하고 먼저 어셈블리의 기본이 될 jaw_rack_right.prt 파일을 오픈한다.

㉤ 어셈블리 입력값의 설정 창에서 사용자 정의와 자동 정의가 있는데 자동을 선택하고 구속 유형은 기본으로 한다.

㉥ 조립 설정 창의 조립상태에서 "연결 정의가 완료 되었습니다"라는 메시지가 나타났을 때 확인 버튼을 누른다.

(a) 조

㉠ 어셈블리 도구()를 클릭하고 jaw.prt 파일을 오픈한다.

㉡ 어셈블리 입력값의 설정 창에서 사용자 정의와 자동 정의가 있는데 자동 정의를 선택하고 구속 유형은 정렬, 면맞춤 및 면맞춤을 선택한다(그림 7.28).

㉢ OK 버튼을 누른다.

㉣ 저장을 한다.

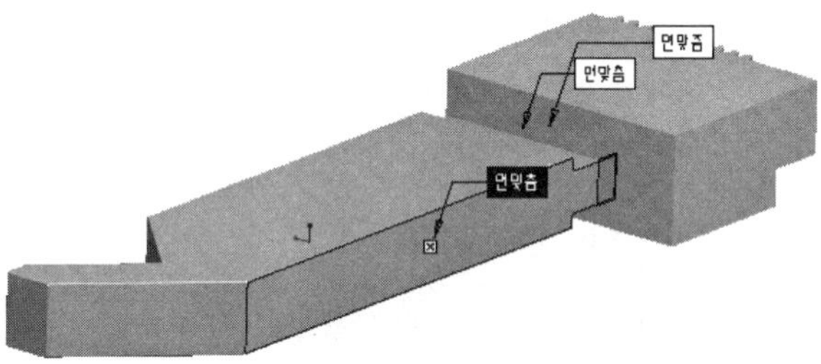

그림 7.28 오른쪽 조를 조립한 모습

(4) 피니언 세트 어셈블리

(a) 피니언 a

㉠ 풀다운메뉴 파일의 새로 만들기라는 메뉴에서 유형을 어셈블리로 하고 이름으로 pinion_asm을 입력하고 OK를 선택한다.

㉡ 확인을 클릭해서 작업 메인 창을 띄운다.

㉢ 단위 설정(mmNs계)을 한다.

㉣ 어셈블리 도구( )를 클릭하고 먼저 어셈블리의 기본이 될 pinion_b.prt 파일을 오픈한다.

㉤ 어셈블리 입력값의 설정 창에서 사용자 정의와 자동 정의가 있는데 자동을 선택하고 구속 유형은 기본으로 한다.

㉥ 조립 설정 창의 조립상태에서 "연결 정의가 완료 되었습니다"라는 메시지가 나타났을 때 확인 버튼을 누른다.

(b) 피니언 b

㉠ 어셈블리 도구( )를 클릭하고 pinion_a.prt 파일을 오픈한다.

㉡ 어셈블리 입력값의 설정 창에서 사용자 정의와 자동 정의가 있는데 자동 정의를 선택하고 구속 유형은 정렬, 정렬 및 면맞춤을 선택한다(그림 7.29).

㉢ OK 버튼을 누른다.

㉣ 저장을 한다.

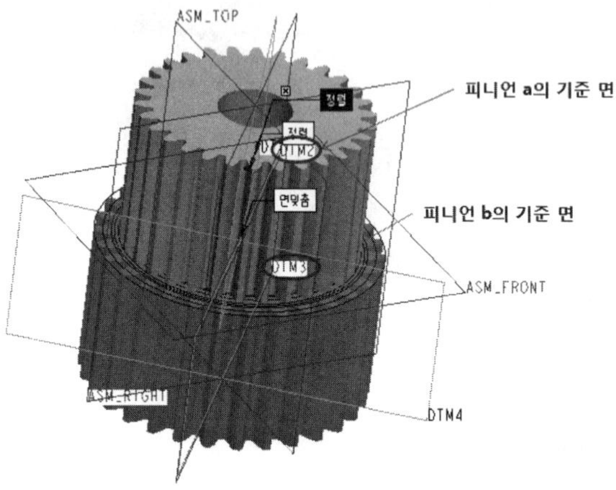

그림 7.29 피니언을 조립한 모습

(4) 전체 어셈블리

(a) 베이스 조합

㉠ 풀다운메뉴 파일의 새로 만들기라는 메뉴에서 유형을 어셈블리로 하고 이름으로 rack_pinion_robot_hand을 입력한다.

㉡ 확인을 클릭해서 작업 메인 창을 띄운다.

㉢ 단위 설정(mmNs계)을 한다.

㉣ 어셈블리 도구( )를 클릭하고 먼저 어셈블리의 기본이 될 base.asm 파일을 오픈한다.

㉤ 어셈블리 입력값의 설정 창에서 사용자 정의와 자동 정의가 있는데 자동을 선택하고 구속 유형은 기본으로 한다.

㉥ 조립 설정 창의 조립상태에서 "연결 정의가 완료 되었습니다"라는 메시지가 나타났을 때 확인 버튼을 누른다.

(b) 왼쪽 조 랙 조합

㉠ 어셈블리 도구( )를 클릭하고 jaw_left.asm 파일을 오픈한다.

㉡ 어셈블리 입력값의 설정 창에서 사용자 정의와 자동 정의가 있는데 사용자 정의를 선택하고 슬라이더 연결 아이콘( )을 클릭하고 이름을 left_slider로 한다.

㉢ 먼저 축정렬은 jaw_rack_left 모서리와 base의 모서리를 선택한다(그림 7.30).

㉣ 회전은 jaw_rack_left 표면과 베이스 표면을 선택한다.

㉤ 변환축은 jaw_rack_left 표면과 ASM_FRONT를 선택한다.

㉥ OK 버튼을 누른다.

㉦ 저장을 한다.

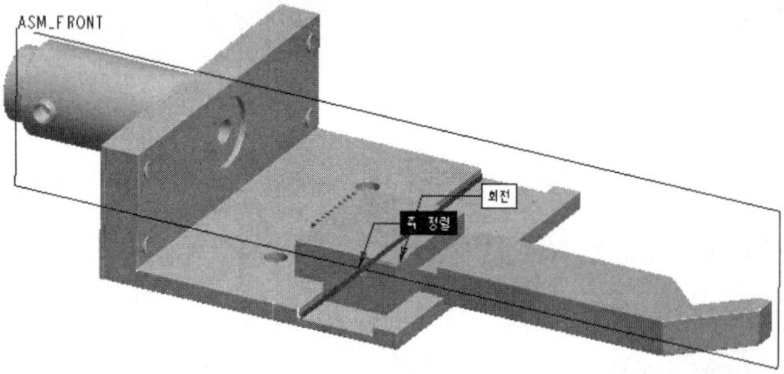

그림 7.30 왼쪽 조를 조립한 모습

(c) 오른쪽 조 랙 조합

㉠ 어셈블리 도구( )를 클릭하고 base.asm 파일을 오픈한다.

㉡ 어셈블리 입력값의 설정 창에서 사용자 정의와 자동 정의가 있는데 사용자 정의를 선택하고 슬라이더 연결 아이콘( )을 클릭하고 이름을 right_slider로 한다.

㉢ 먼저 축정렬은 jaw_rack_right 모서리와 base의 모서리를 선택한다(그림 7.31).

㉣ 회전은 jaw_rack_right 표면과 베이스 표면을 선택한다.

㉤ 변환축은 jaw_rack_right 표면과 ASM_FRONT를 선택한다.

㉥ OK 버튼을 누른다.

㉦ 저장을 한다.

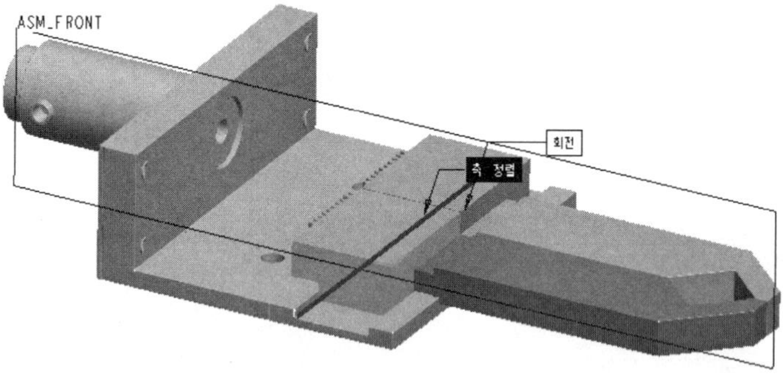

그림 7.31 오른쪽 조를 조립한 모습

(d) 피니언 핀

㉠ 어셈블리 도구(아이콘)를 클릭하고 pinion_pin.prt 파일을 오픈한다.

㉡ 어셈블리 입력값의 설정 창에서 사용자 정의와 자동 정의가 있는데 자동 정의를 선택하고 구속 유형은 정렬(피니언 축과 베이스 백 구멍 중심), 정렬(피니언 핀 밑면과 베이스 백 밑면) 및 정렬(피니언 핀 RIGHT면과 어셈블리 RIGHT면의 오프셋 방향)을 선택한다(그림 7.32).

㉢ 먼저 축정렬은 jaw_rack_right 모서리와 base의 모서리를 선택한다(그림 7.32).

㉣ 회전은 jaw_rack_right 표면과 베이스 표면을 선택한다.

㉤ 변환축은 jaw_rack_right 표면과 ASM_FRONT를 선택한다.

㉥ OK 버튼을 누른다.

㉦ 저장을 한다.

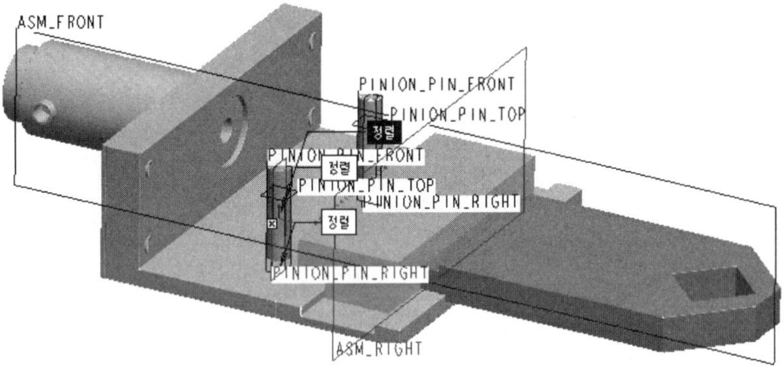

그림 7.32 두 개의 피니언 핀을 조립한 모습

(e) 왼쪽 피니언 조합

㉠ 어셈블리 도구(아이콘)를 클릭하고 pinion_asm.asm 파일을 오픈한다.

㉡ 어셈블리 입력값의 설정 창에서 사용자 정의와 자동 정의가 있는데 사용자 정의를 선택하고 핀 연결 아이콘(핀)을 클릭하고 이름을 left_pinion으로 한다.

㉢ 어셈블리 정의 편집 창의 배치의 축 정렬에서 피니언 b의 중심축과 피니언 핀의 중심

축을 일직선으로 정렬한다.

㉣ 어셈블리 정의 편집 창의 배치의 변환에서 컴포넌트 참조로 피니언 b의 밑면과 어셈블리 참조로 베이스 조립의 윗면을 선택한다.

㉤ 어셈블리 정의 편집 창의 배치의 회전축에서 컴포넌트 참조로 피니언 b의 DTM3면과 어셈블리 참조로 조립의 FRONT면을 일치하도록 하고 현재 위치 값을 0으로 하여 제로 위치 설정을 한다(그림 7.33).

㉥ 어셈블리 정의 편집 창의 조립상태에서 "연결 정의가 완료 되었습니다"라는 메시지가 나타났을 때 확인 버튼을 누른다.

㉦ 메인 도구상자에서 저장(💾)을 클릭하고 파일을 저장한다.

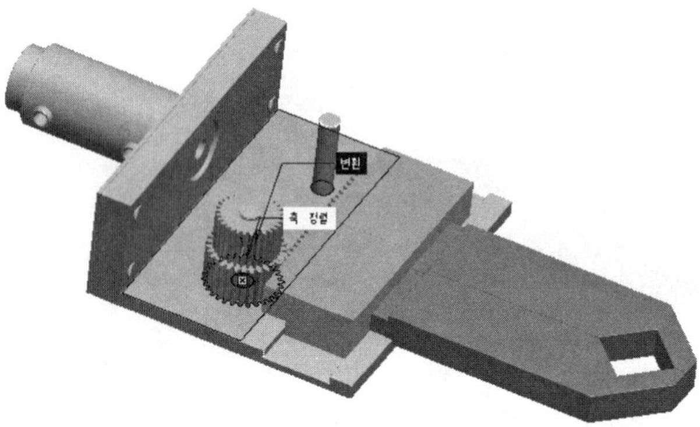

그림 7.33 왼쪽 피니언 조합을 조립한 모습

(f) 오른쪽 피니언 조합

㉠ 어셈블리 도구(📂)를 클릭하고 pinion_asm.asm 파일을 오픈한다.

㉡ 어셈블리 입력값의 설정 창에서 사용자 정의와 자동 정의가 있는데 사용자 정의를 선택하고 핀 연결 아이콘(✗ 핀)을 클릭하고 이름을 right_pinion으로 한다.

㉢ 어셈블리 정의 편집 창의 배치의 축 정렬에서 피니언 b의 중심축과 피니언 핀의 중심축을 일직선으로 정렬한다.

㉣ 어셈블리 정의 편집 창의 배치의 변환에서 컴포넌트 참조로 피니언 b의 밑면과 어셈블리 참조로 베이스 조립의 윗면을 선택한다.

㉤ 어셈블리 정의 편집 창의 배치의 회전축에서 컴포넌트 참조로 피니언 b의 DTM3면과 어셈블리 참조로 조립의 FRONT면을 일치하도록 하고 현재 위치 값을 0으로 하여 제로 위치 설정을 한다(그림 7.34).

㉥ 어셈블리 정의 편집 창의 조립상태에서 "연결 정의가 완료 되었습니다"라는 메시지가 나타났을 때 확인 버튼을 누른다.

㉦ 메인 도구상자에서 저장( )을 클릭하고 파일을 저장한다.

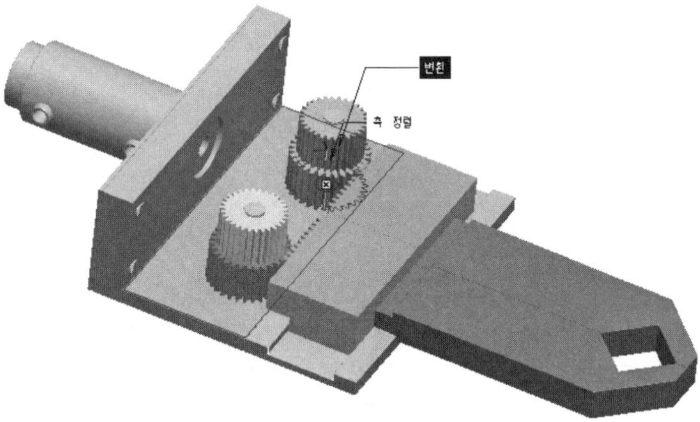

그림 7.34 오른쪽 피니언 조합을 조립한 모습

(g) 피스톤

㉠ 어셈블리 도구( )를 클릭하고 piston.prt 파일을 오픈한다.

㉡ 어셈블리 입력값의 설정 창에서 사용자 정의와 자동 정의가 있는데 사용자 정의를 선택하고 슬라이더 연결 아이콘( )을 클릭하고 이름을 piston으로 한다.

㉢ 어셈블리 정의 편집 창의 배치의 축 정렬에서 피스톤의 중심축과 실린더 케이스의 중심축을 일직선으로 정렬한다.

㉣ 어셈블리 정의 편집 창의 배치의 회전에서 컴포넌트 참조로 피스톤의 RIGHT면과 어셈블리 참조로 조립의 ASM_FRONT면을 선택한다.

㉤ 어셈블리 정의 편집 창의 배치의 변환축에서 컴포넌트 참조로 피스톤의 PISTON_TOP

면과 어셈블리 참조로 피니언 핀의 PINION_PIN_RIGHT면을 일치하도록 하고 현재 위치 값을 0으로 하여 제로 위치 설정을 하며 또한 최소 한계를 활성화하고 0으로, 최대 한계를 활성화하고 100으로 한다.

ⓗ 어셈블리 정의 편집 창의 조립상태에서 "연결 정의가 완료 되었습니다"라는 메시지가 나타났을 때 확인 버튼을 누른다.

ⓢ 메인 도구상자에서 저장(💾)을 클릭하고 파일을 저장한다.

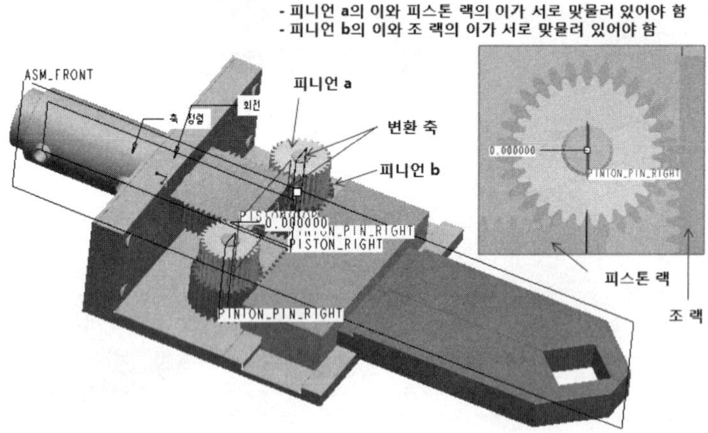

그림 7.35 피스톤을 조립한 모습

7.3 메커니즘 설계

7.3.1 제어기 설계

(1) 구속조건 주기

㉠ 풀다운 메뉴의 응용 프로그램에서 메커니즘을 클릭하고 메커니즘 환경으로 들어간다.

㉡ 좌측에 메커니즘 모델트리에서 결합의 +부분을 클릭하여 기어 메뉴에 커서를 갖다 대

고 마우스 오른 쪽 버튼을 1초 정도 누르면 새로 만들기 메뉴가 나오며 이것을 클릭한다. 그런데 여기서 기어 쌍을 이루어야 하는 것이 그림 7.36을 보면 알 수 있듯이 4군데, 즉 왼쪽 피니언조합의 피니언 a와 피스톤 랙의 기어 쌍, 오른쪽 피니언 조합의 피니언 a와 피스톤 랙의 기어 쌍, 왼쪽 피니언 조합의 피니언 b와 조 랙의 기어 쌍 및 오른쪽 피니언 조합의 피니언 b와 조 랙의 기어쌍이 있으므로 이것에 대해 각각 기어 쌍 결합을 해야 한다.

㉢ 먼저 왼쪽 피니언 조합의 피니언 a와 피스톤 랙의 기어 쌍 정의에서 유형을 래크와 피니언으로 한다. 그리고 다이얼로그박스의 피니언에서 동작 축은 left_pinion.axis_1을 선택하고 피치 지름은 150(mm)로 한다.

㉣ 기어 쌍의 정의 다이얼로그박스의 랙에서 동작 축은 piston_slider.axis_1을 선택한다.

㉤ 오른쪽 피니언 조합의 피니언 a와 피스톤 랙의 기어 쌍, 왼쪽 피니언 조합의 피니언 b와 조 랙의 기어 쌍 및 오른쪽 피니언 조합의 피니언 b와 조 랙의 기어 쌍에 대해서도 마찬가지로 ㉢ 과정과 ㉣ 과정을 거치지만 각각의 동작축에 맞추어 정의 하면 된다. 다만 주의할 것은 그림 7.37와 같이 피니언 a는 피스톤 랙과 기어 이가 잘 맞물려야 하며 피니언 b는 조의 랙과 잘 기어 이가 맞물려야 하므로 이 두 가지가 모두 만족하도록 그림과 같이 결합해야 한다.

㉥ 확인 버튼을 누른다.

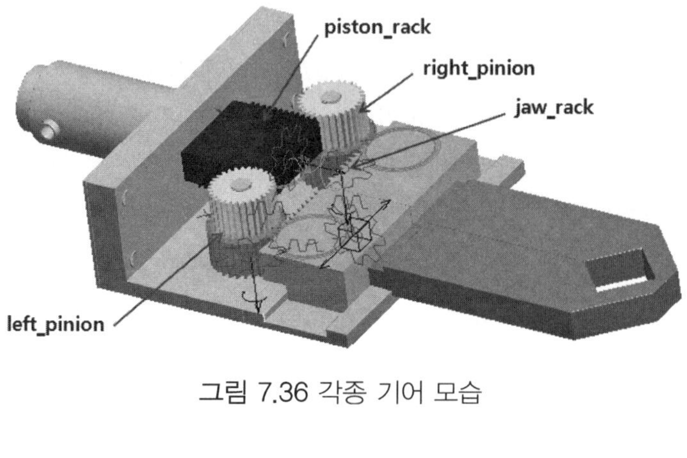

그림 7.36 각종 기어 모습

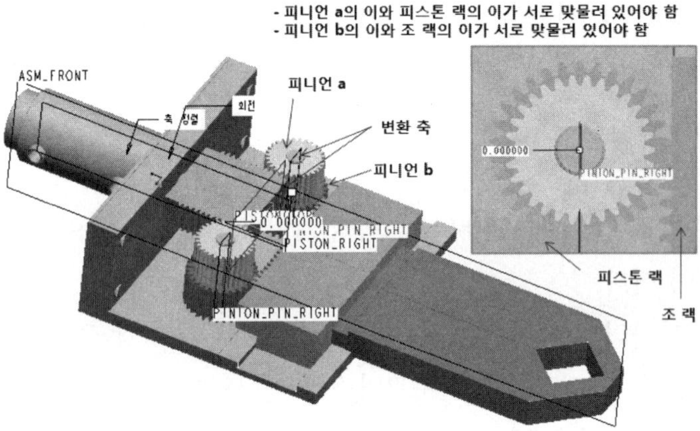

그림 7.37 right pinion과 piston rack의 기어 결합 예

(2) 드라이버 설정

㉠ 좌측에 메커니즘 모델트리에서 결합의 조인트의 +를 누르면 부품의 연결 항목이 나오며 piston_slider 항목의 +를 누르고 변환축의 +를 누른다.

㉡ piston_slider 항목의 변환축에 마우스를 갖다 대고 오른쪽 버튼을 1초 정도 누르고 서보 모터를 클릭한다.

㉢ 서보 모터 정의 다이얼로그박스에서 유형은 동작축으로 하고 piston_slider.axis_1을 선택하고서 프로파일 탭을 클릭한다.

㉣ 동작 정의 박스에서 사양 명세와 강도를 정의한다. 사양 명세는 위치로 하고 강도는 코사인으로 하며 A=5×5×PI/2(z×m×PI/2의 의미로 조의 최대 진폭을 의미하며 여기서 m은 피니언 a의 모듈이므로 5가 되고 기어 이는 피스톤의 랙이 5개의 이의 수만큼 움직이도록 제한을 두었기 때문이다.), B=180(위상 지연으로 조가 오므려진 상태에서 시작하기 위한 것임), C=5×5×PI/2(위의 진폭과 아래의 진폭을 똑같이 하기 위한 것임), T=10(주기가 10초)로 입력한다. 이것의 의미는 좌우의 조가 최대 5×5×PI/2까지 한 번 벌어졌다 오므려지는데 총 10초(기본으로 설정되어 있음)동안 작동한다는 것이다. 이로서 동작의 조건은 모두 입력이 된 것이다.

㉤ 확인을 눌러 드라이버 설정 및 동작조건 설정을 완료한다.

그림 7.38은 기어 정의와 서보 모터를 정의한 후의 모델트리와 형상 모델의 모습이다.

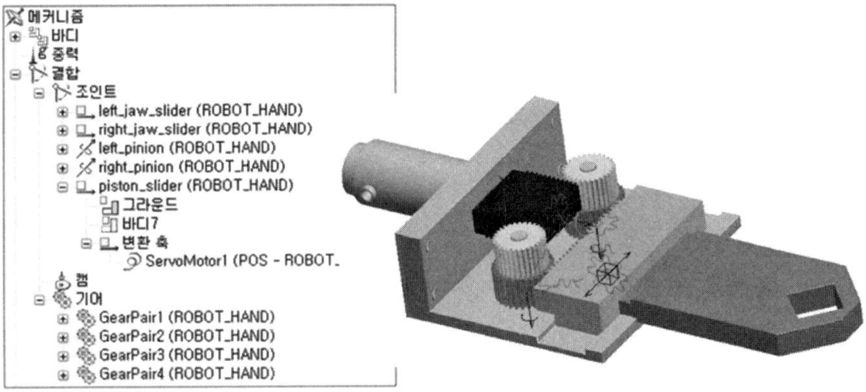

그림 7.38 기어 및 서보 모터 정의 후 모델트리와 형상 모델의 모습

7.3.2 운동 해석

드라이브 설정 및 동작 조건을 주었으므로 이제는 주어진 동작 조건대로 제대로 움직이는지 확인할 필요가 있다. 이러한 운동 해석을 위한 해석 과정은 다음과 같다.

㉠ 메커니즘 해석 아이콘( )의 다이얼로그 박스에서 이름을 robot_hand_mechanism으로 입력한다.

㉡ 해석 유형을 위치로 설정하고 그래픽 디스플레이는 길이와 속도로 설정하며 종료 시간은 한 번 움직이는 것으로 하여 10으로 설정하고, 프레임 속도는 10으로 설정한다.

㉢ 실행을 클릭한다.

㉣ 중간에 저장한 것을 모두 삭제하고 마지막 것만 저장하기 위해서 풀다운 메뉴에서 파일 〉 삭제 〉 이전 버전을 클릭하고서 확인을 클릭하며 메인 도구상자에서 저장( ) 을 클릭한다.

7.3.3 운동 해석 그래프

다음과 같이 운동 해석 결과를 그래프로 제작해 보기로 한다.

㉠ 오른쪽 메뉴에서 측정 아이콘 을 클릭하면 측정 결과 창이 나타난다.

㉡ 측정 결과 창에서 새로운 측정 생성 아이콘 을 누르면 단위 정의 창이 나타나며 여기서 측정 하고자 하는 결과의 그래프 이름을 jaw_motion_result로 한다.

㉢ 유형은 위치로 하고 동작축은 left_jaw_slider.axis_1으로 하고 확인을 클릭한다.

㉣ 측정 결과 창에서 결과 셋에 실행한 아무 것도 없으면 모델 트리의 분석에서 +를 눌러 해석 하고자 하는 분석 파일을 실행시키고 나서 보면 결과 셋이 생긴 것을 확인할 수 있으며 이 결과 셋을 눌러 주면 측정 이름에 대한 값들이 나타난다. 측정 이름을 누르고 위 쪽에 를 누르면 그림 7.39와 같은 측정 결과가 그래프로 나타난다. 이 측정결과를 검토해 보면 시간이 5초일 때 조가 최대한으로 벌어진 상태로 이때 조의 변위량은 94.2478로 확인할 수 있으며 이는 피니언 a와 피니언 b가 모두 30개의 이를 갖고 있고 피스톤 랙의 이가 5피치 즉, 5개의 이의 수만큼 움직임에 따라 피니언 a의 이도 5개만큼 회전하고 붙어있는 피니언 b의 기어 이도 5개만큼 회전하므로 조 랙의 이 역시 5개(5피치)만큼 움직여야 한다. 따라서 이 변위는 z×m×PI=5×6×PI(피니언 b 및 조의 랙의 모듈은 모두 6이고 움직인 기어 이의 수는 5

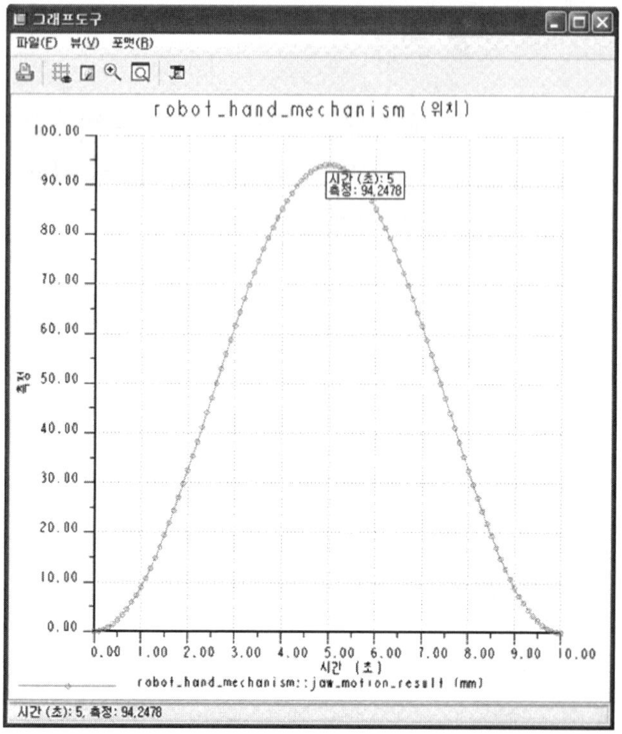

그림 7.39 피스톤 1왕복에 따른 조의 위치 그래프

즉, 5피치이다.)에 해당하며 94.2478과 일치하므로 설계한 것이 잘 맞는 것을 알 수 있다.

7.3.4 동영상 제작

다음과 같이 동영상을 제작한다.

㉠ 이미 메커니즘 해석이 끝나면 동작이 저장되어 있으므로 작업화면 오른쪽 메뉴에서 플레이백 아이콘(◀▶)을 클릭하면 플레이백 창이 나타난다.

㉡ 플레이백 창에서 다시 플레이백(◀▶)을 누르면 애니메이트 창이 나타난다.

㉢ 애니메이트 창에서 캡처를 클릭한다.

㉣ 동영상 이름은 robot_hand.mpg로 하고 동영상 형태는 MPEG로 하고 이미지 크기는 너비가 640, 높이가 578의 기본으로 특별한 요구 사항이 없으면 그대로 확인 버튼을 누른다. 그러면 동작이 이루어지면서 자동적으로 동영상이 만들어진다.

㉤ 애니메이트 창 닫기를 한다.

제 8 장 간헐 컨베이어 구동기구 설계

본 장에서는 생산 자동화 기구로서 널리 이용되는 제네바 기구를 응용하여 간헐 컨베이어 구동 메커니즘을 구성하고 연결구속 조건을 주어 운동을 가상적으로 분석한다. 그리고 시뮬레이션과 측정 그래프를 통하여 이 기구가 원하는 대로 운동을 하는지 확인하는데 역점을 두었다.

8.1 서론

8.1.1 문제

생산 자동화 라인의 공작물 또는 제품의 이동에 컨베이어 시스템을 이용한다. 컨베이어 시스템에는 여러 종류가 있지만 일정 시간 간헐적으로 이동하는 컨베이어 시스템이 매우 유용할 때가 많이 있다.

여러분이 기계공학을 전공한 Pro/Engineer 전문가이며 특히 컨베이어 설계 분야에 대해 전공이라고 하자. 한 음료수 회사에서 3m 간의 자동화 생산 라인에 제품의 크기가 최대 50mm인 물건을 이동시키는 컨베이어 시스템을 구축하려 한다. 그런데 이 컨베이어 시스템이 간헐적으로 움직이는 것으로 간헐 이동 거리 400mm를 5초간 움직이다가 작업을 위해 5초간 멈추었다 다시 진행하는 컨베이어 시스템이라 한다. 이 컨베이어 시스템을 쉽게 설명하기 위해 동영상으로 제작해 달라는 주문을 받았다고 할 때 당신은 어떻게 해결할 것인가?

8.1.2 치수 결정

회사로부터 주문한 것에 대해 알고 있는 사실을 정리하면 다음과 같다.

(1) 간헐 이동 컨베이어 시스템이다.

(2) 컨베이어 간헐 이동 거리 400mm이다.

(3) 간헐 이동 시간은 5초이다.

(4) 작동 중 멈춤 시간은 5초이다.

(5) 컨베이어 총 길이는 3m이다.

(6) 제품의 크기는 최대 50mm이다.

(7) 컨베이어 시스템을 동영상으로 만들어 달라.

위의 사실로부터 가장 적절한 컨베이어 시스템은 모터를 이용하여 할 수도 있지만 경제적인 면을 고려하여 제네바 기구에 의한 간헐 이송 컨베이어 시스템이 좋다는 결론을 얻었다고 하자.

제네바 기구를 사용하기로 한다면 제네바 1회전 당 컨베이어가 400mm이동하기 위해서 제네바의 반지름은 200mm가 되어야 한다. 그리고 전체적인 구동 시스템은 그림 8.1과 같이 될 것이며 크랭크 부분과 맞물려 움직여야 하는 슬롯의 길이 역시 200mm가 되어야 한다. 슬롯의 개수는 컨베이어가 총 3m이고 한번 이송길이가 400mm이므로 최대 이송거리는 2.8m가 되어야 하며 따라서 슬롯의 개수는 7개 이상으로 여기서는 8개로 한다.

또한 제네바가 1회전하는 시간을 10초로 설정해야 간헐 이동 시간이 5초가 된다. 즉, 제네바가 180도 회전할 때 400mm이동되고 나머지 180도 회전 동안은 컨베이어가 멈추게 되는 시스템이 된다.

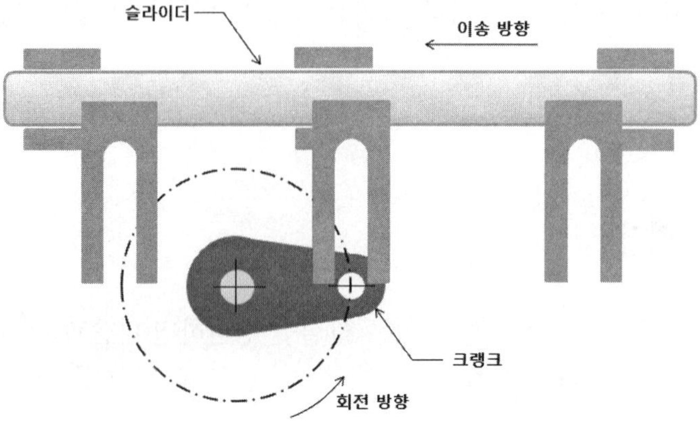

그림 8.1 간헐 컨베이어 구동장치

8.2 기구 형상 설계

8.2.1 파트모델링

그림 8.2와 같은 치수로 3D 파트모델링 하여 crank의 파일 이름으로 저장한다.

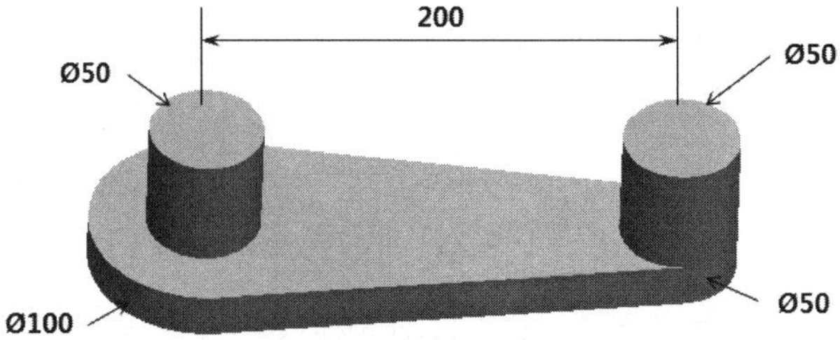

그림 8.2 크랭크의 3D 모델

그림 8.3과 같은 치수로 3D 파트모델링 하여 follower의 파일 이름으로 저장한다.

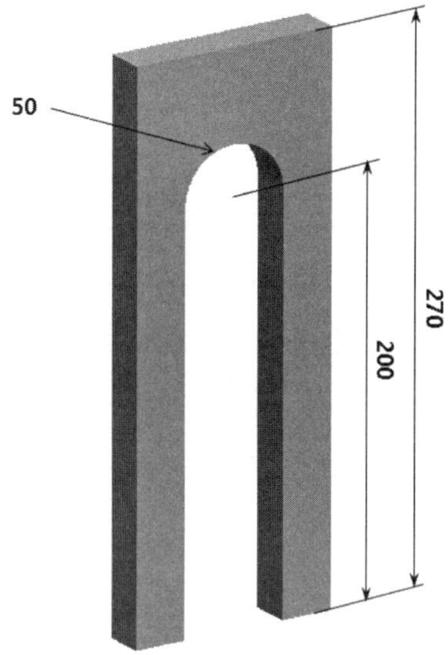

그림 8.3 슬롯의 3D 모델

길이 3100mm 폭 100mm, 두께 20mm mm 직육면체 형태로 그림 8.4와 같이 3D 파트모델링 하여 slider의 파일 이름으로 저장한다.

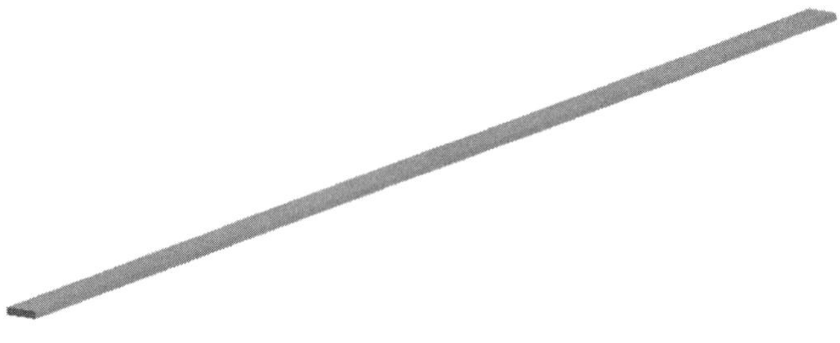

그림 8.4 슬라이더의 3D 모델

8.2.2 어셈블리

(1) 컨베이어 슬라이더 조립

컨베이어 슬라이더의 조립은 여기서는 간단한 결합만을 보기 위해 어셈블리 평면상의 새로운 축(AA_3)을 중심으로 슬라이드가 실행되는 것으로 하였다. 따라서 컨베이어 슬라이더는 그림 8.5와 같이 슬라이더 조립을 하는 것으로 한다. 즉, 어셈블리 평면상의 새로운 축(AA_3)과 컨베이어 슬라이더 중심축이 일치 축 정렬을 하고 회전은 일어나지 않게 하기 위해 컨베이어 슬라이더 TOP면과 어셈블리 TOP면을 따라 슬라이드가 일어나게 하며 변환은 컨베이어 슬라이더 맨 끝 부분부터 시작되는 것으로 한다.

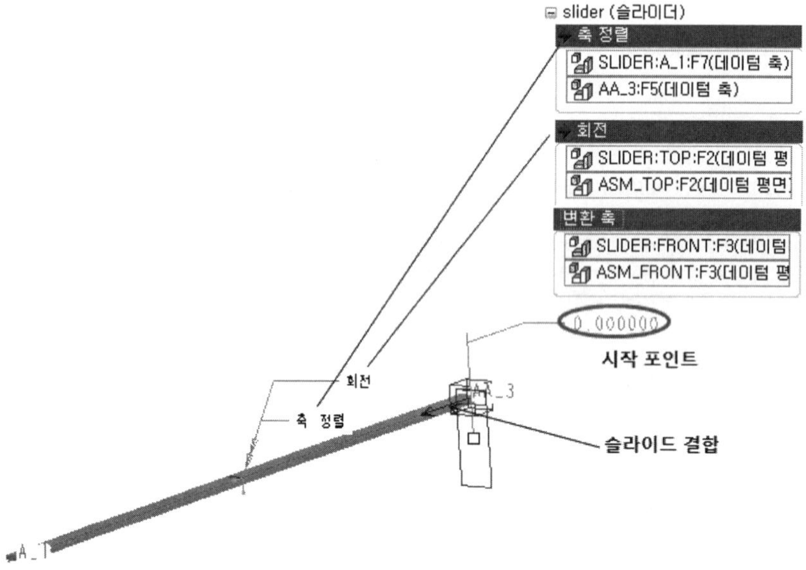

그림 8.5 컨베이어 슬라이더 조립 과정

(2) 팔로워 조립

컨베이어 슬라이더의 길이가 3100mm이고 팔로워는 100mm 길이이므로 팔로워를 먼저 그림 8.6과 같이 한 개 조립한다. 그리고 나머지는 컨베이어 슬라이더의 길이가 3100mm

이므로 컨베이어 슬라이더의 팔로워의 간격을 그림 8.9와 같이 400mm로 하면 컨베이어 슬라이더의 팔로워는 모두 8개가 필요하며 8개의 팔로워를 패턴으로 조립한 것이 그림 8.7이다.

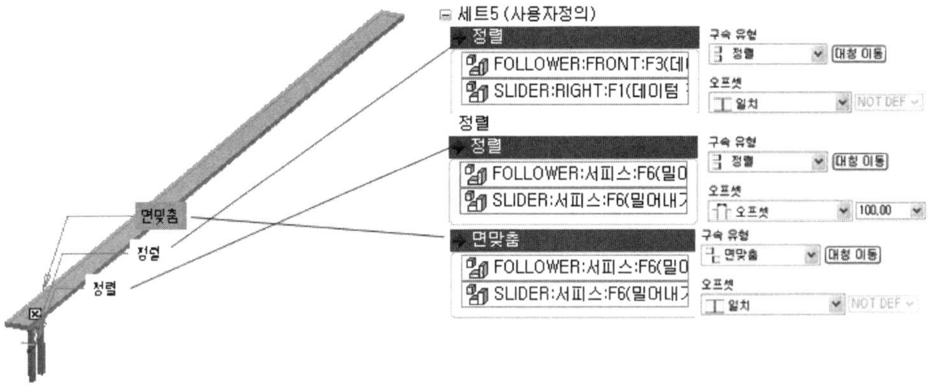

그림 8.6 한 개의 팔로워 조립 과정

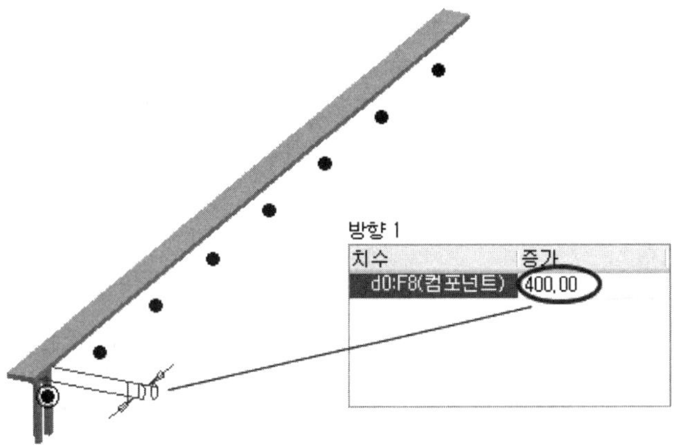

그림 8.7 팔로워의 패턴 조립 과정

(3) 크랭크 조립

크랭크의 조립과정을 그림 8.8에 나타내었다. 그림에서 알 수 있듯이 핀 결합이며 축 정렬, 변환 및 회전축 정의를 차례로 한다.

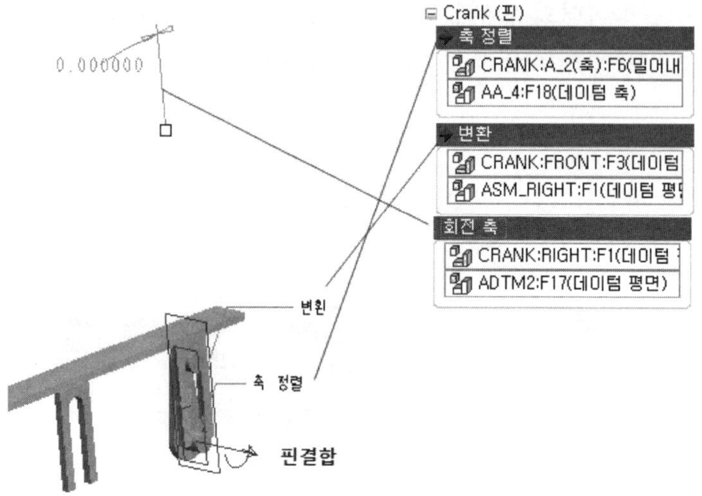

그림 8.8 크랭크의 조립과정

8.3 메커니즘 설계

8.3.1 제어기 설계

(1) 드라이버 설정

㉠ 풀다운 메뉴의 응용 프로그램에서 메커니즘을 클릭하고 메커니즘 환경으로 들어간다.

㉡ 메커니즘 모터 설정 메뉴에서 서보 모터를 클릭하고 새로 만들기로 들어간다.

㉢ 서보 모터를 설정할 축은 크랭크의 핀 결합 회전축을 설정한다.

㉣ 프로파일에서 사양 명세는 위치로 하고 강도는 램프로 하고 A=0, B=36으로 하여 10초에 360도 크랭크가 회전하도록 동작 조건을 준다.

㉤ 또한 이 메커니즘은 제네바 기구를 응용한 것이므로 캠 결합을 그림 8.9와 같은 과정을 거쳐 해야 한다. 여기서 주의할 것은 캠 결합이므로 8개 각 팔로워마다 접촉 부분을 모두 지정해야 하는 점과 캠-종동체 결합 정의에서 반드시 특성의 리트트 오프 활

성화를 체크해야 한다는 점이다. 리트트 오프 활성화 체크는 각 캠마다 독립적으로 움직이게 할 때 필요한 것이다. 이것을 체크하지 않으면 하나의 캠만 작동하고 나머지는 작동하지 않게 된다.

ⓑ 확인을 눌러 드라이버 설정 및 동작조건 설정을 완료한다.

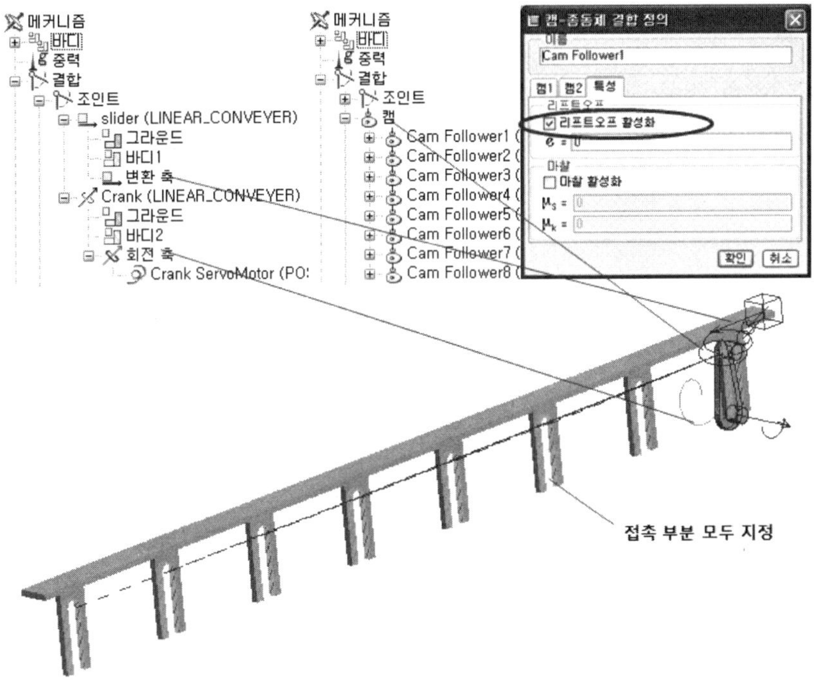

그림 8.9 제네바 기구의 캠 결합 과정

8.3.2 운동 해석

드라이브 설정 및 동작 조건을 주었으므로 이제는 주어진 동작 조건대로 제대로 움직이는지 확인할 필요가 있다. 이러한 운동 해석을 위한 해석 과정은 다음과 같다.

㉠ 메커니즘 해석 아이콘( )의 다이얼로그 박스에서 이름을 AnalysisDefinition으로 입력한다.

㉡ 해석 유형을 위치로 설정한다.

㉢ 그래픽 디스플레이는 길이와 속도로 설정하고 종료 시간은 70, 프레임 속도 10으로 값을 설정한다.

㉣ 초기 구성은 스냅샷으로 하고 안경( )을 눌러 항상 처음 지정한 곳에서 시작하도록 한다.

㉤ 실행을 클릭한다.

㉥ 중간에 저장한 것을 모두 삭제하고 마지막 것만 저장하기 위해서 풀다운 메뉴에서 파일 〉 삭제 〉 이전 버전을 클릭하고서 확인을 클릭하며 메인 도구상자에서 저장( ) 을 클릭한다.

8.3.3 운동 해석 그래프

다음과 같이 운동 해석 결과를 그래프로 제작해 보기로 한다.

㉠ 오른쪽 메뉴에서 측정 아이콘 을 클릭하면 측정 결과 창이 나타난다.

㉡ 측정 결과 창에서 그래프 유형은 측정 vs. 측정으로 한다.

㉢ 측정 결과 창에서 새로운 측정 생성 아이콘 을 누르면 단위 정의 창이 나타나며 여기서 측정 하고자 하는 결과의 첫 번째 그래프 이름을 crank로 한다. 즉, x축에 대한 측정이다.

㉣ 유형은 위치로 하고 동작 축은 모델 트리의 결합〉조인트에서 crank를 클릭한다.

㉤ 두 번째 그래프를 위해 새로운 측정 생성 아이콘 을 누르면 단위 정의 창이 나타나며 여기서 측정 하고자 하는 결과의 그래프 이름을 slider로 한다. 즉, y축에 대한 측정이다.

㉥ 유형은 위치로 하고 동작 축은 모델 트리의 결합〉조인트에서 slider를 클릭한다.

㉦ 측정 결과 창에서 결과 셋은 해석 정의에서 설정한 이름 AnalysisDefinition이 되며 이 결과 셋을 누르면 측정 이름에 대한 값들이 나타난다.

㉧ 위 쪽에 를 누르면 그림 8.10과 같은 측정 결과가 그래프로 나타난다. 이 측정결과

로부터 알 수 있듯이 운동 해석에서 측정 시간이 총 70초로 했으므로 크랭크는 총 7회전(2520°)했으며 이 때 슬라이더는 2800(mm) 움직이고 있는 결과이다. 이것은 크랭크 1회전 당 슬라이더가 400mm 이동한 것이므로 메커니즘이 정확히 설계되었음을 알 수 있다.

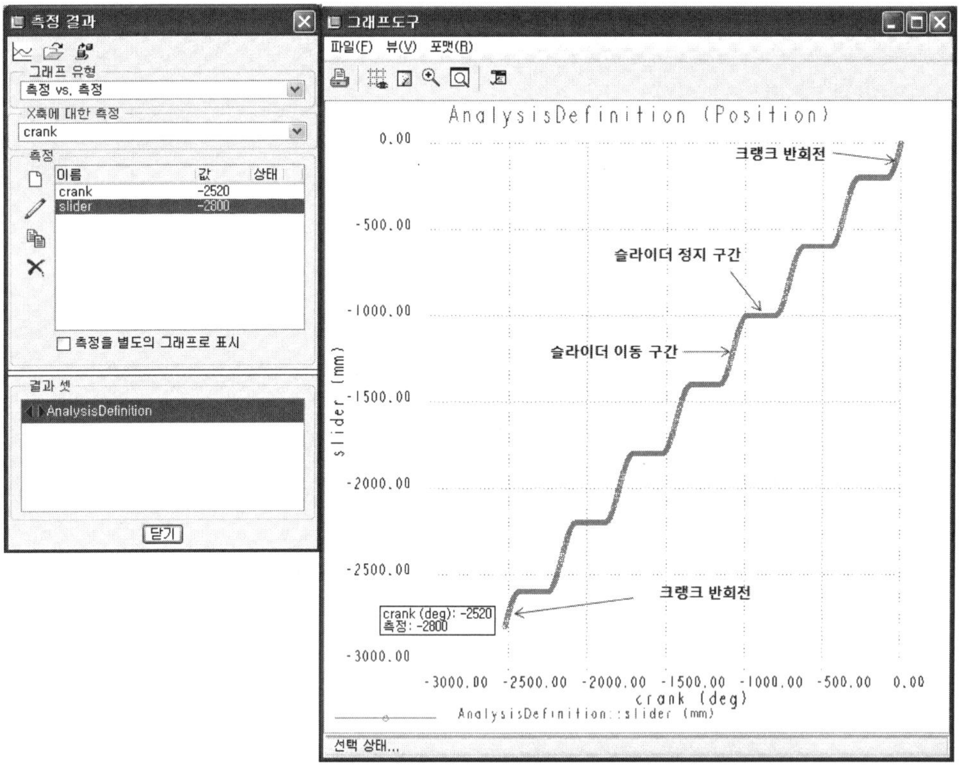

그림 8.10 크랭크와 슬라이더의 운동 해석 결과 그래프

8.3.4 동영상 제작

다음과 같이 동영상을 제작한다.

㉠ 이미 운동 해석이 끝나면 동작이 저장되어 있으므로 작업화면 오른쪽 메뉴에서 플레

이백 아이콘(◀▶)을 클릭하면 플레이백 창이 나타난다.

ⓛ 플레이백 창에서 다시 플레이백(◀▶)을 누르면 애니메이트 창이 나타난다.

ⓒ 애니메이트 창에서 캡처를 클릭한다.

ⓡ 동영상 이름은 conveyor.mpg로 하고 동영상 형태는 MPEG로 하고 이미지 크기는 너비가 640, 높이가 598 기본으로 특별한 요구 사항이 없으면 그대로 확인 버튼을 누른다. 그러면 동작이 이루어지면서 자동적으로 동영상이 만들어진다.

ⓜ 애니메이트 창 닫기를 한다.

제 9 장 로봇시스템의 디지털 제어 응용설계

본 장에서는 레이저 가공기 및 CNC 조각기를 가상하여 글자 새기는 디지털 제어를 2축 직교좌표 로봇을 이용하여 실현하고 가상적으로 시뮬레이션 하고 이 로봇이 원하는 대로 글자가 그래프에 나타나는지 확인하는데 역점을 두었다.

9.1 서론

9.1.1 문제

당신은 Pro/ENGINEER의 Mechanism을 잘 다룰 수 있는 기계 엔지니어이다. 한 대학교에서 Pro/ENGINEER의 Mechanism을 이용하여 디지털 제어의 개념을 학생들에게 알려주기 위해 직교좌표 로봇에 의한 글자쓰기 제어를 가상 시뮬레이션을 통해 그래프로 나타날 수 있게 만들어 달라는 주문이 들어왔을 때 당신은 어떻게 해결할 것인가?

9.1.2 조건 및 가정

문제로부터 알고 있는 사실(조건)은 다음과 같다.

㉠ Pro/ENGINEER의 Mechanism을 이용한다.
㉡ 디지털 제어 방식으로 글자를 쓴다.
㉢ 직교좌표 로봇에 의한다.
㉣ 그래프로 나타낸다.

2축의 직교 좌표형 로봇이 직교 좌표 상에서 임의의 점으로 일정 궤적을 따라 이동하기 위해 어떻게 제어되고 있는지를 NC(Numerical Control; 수치제어) 공작기계에서 적용하는 디지털 제어의 대수 연산 디지털제어방식을 이용하기로 가정한다. 대수 연산 방식에 대한 자세한 내용은 부록 2에 서술하였으니 참고하기 바란다.

9.1.3 사양 및 제어 좌표 설계

(1) 사양

글자를 쓰는 로봇으로 대표적인 것이 직각좌표 로봇이다. 이러한 직각 좌표 로봇의 특징은 서로 직각인 2축 이상 운동의 조합으로 공간상의 한 점을 결정해주는 로봇으로 기계적 강도 및 정도가 높아 정밀 도립이나 핸들링(Handling), 검사 등에 많이 사용한다.

2축의 직교 좌표형 로봇으로 윤곽제어를 하려면 목표점까지의 이동이 간단하지는 않다. 단순히 이동만 고려한다면 x축으로 얼마, y축으로 얼마 가면 된다는 것이 나오지만 윤곽제어의 경우는 경로를 따라 가야 하므로 경로에 맞춰 제어가 되어야 한다. 좋은 예로 NC 공작기계의 경우 XY 테이블의 움직임에 따른 공구의 윤곽제어가 이와 유사하다고 할 수 있다. 따라서 본서에서는 NC 공작기계에서 이루어지는 윤곽제어의 원리를 2축의 직교 좌표형 로봇에 적용하여 테이블의 동작을 제어하는 것으로 한다.

(2) 제어를 위한 좌표 설계

대수 연산 방식을 이용하여 "승"이라는 글자를 표현하기로 한다.

"승"자를 나타내기 위해 좌표계에 각 상한에 따라 각각의 선분을 나타낸 것이 그림 9.1

이다. 먼저 제 2상한부터 시작하는 것으로 하여 좌표 (-30,50)을 시작점으로 하여 좌표 ((0,90)을 거치며 여기서 다시 좌표 (30,50)으로 움직여 "ㅅ"을 쓴다. 다음은 좌표 (-35,40)에서 시작하여 x축에 수평으로 좌표 (0,40)으로 움직이고, 다시 (0,40)에서 (35,40)으로 수평으로 움직여 "ㅡ"을 쓴다. 마지막으로 받침 "ㅇ"의 경우는 y축의 좌표 (0,30)에서 시작하여 (-30,0)으로 좌회전하며 다시 좌표(-30,0)으로부터 (0,-30)으로 좌회전하며 (0,-30)으로부터 (30,0)으로 좌회전하며 마지막으로 (30,0)에서 (0,30)으로 좌회전 한다. 이와 같이 직각좌표 로봇을 동작시켜 글자를 만들어 보기로 한다.

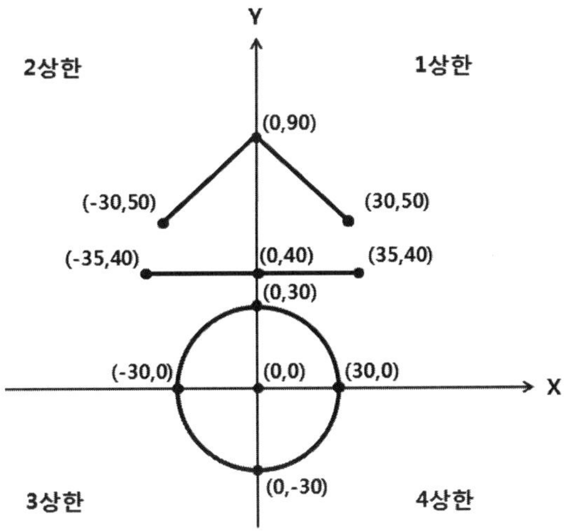

그림 9.1 "승"자의 좌표 표현

9.2 직교 좌표 로봇 형상 모델링

9.2.1 파트 모델링

(1) 베이스

그림 9.2는 직각 좌표 로봇의 베이스 파트 모델을 나타낸다. 베이스의 파트 모델링 시에

각 기준 평면에 이름을 따로 붙여 놓는다. 즉, robot_base_front, robot_base_right, robot_base_top 등으로 이름을 붙여 놓는다.

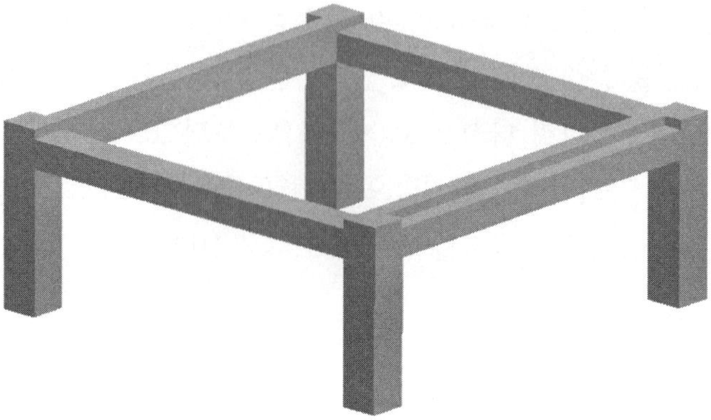

그림 9.2 베이스 파트모델링

(2) X축 레일

그림 9.3은 직각 좌표 로봇의 X축 레일의 파트 모델을 나타낸다. X축 레일의 파트 모델링 시에 각 기준 평면에 이름을 따로 붙여 놓는다. 즉, robot_x_front, robot_x_right, robot_x_top 등으로 이름을 붙여 놓는다.

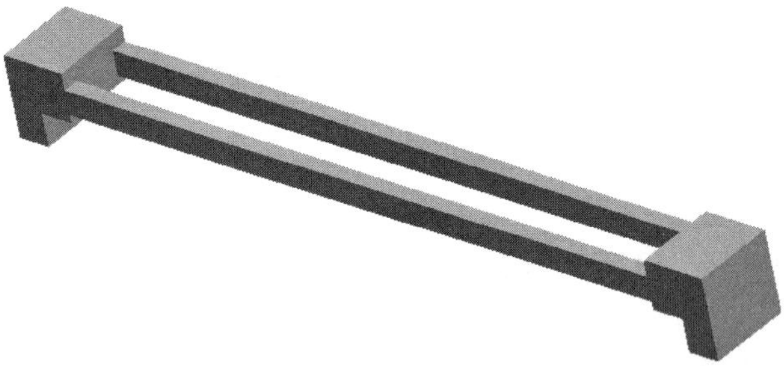

그림 9.3 X축 레일

(3) Y축 레일

그림 9.4는 직각 좌표 로봇의 Y축 레일의 파트 모델을 나타낸다. Y축 레일의 파트 모델

링 시에 각 기준 평면에 이름을 따로 붙여 놓는다. 즉, robot_y_front, robot_y_right, robot_y_top 등으로 이름을 붙여 놓는다.

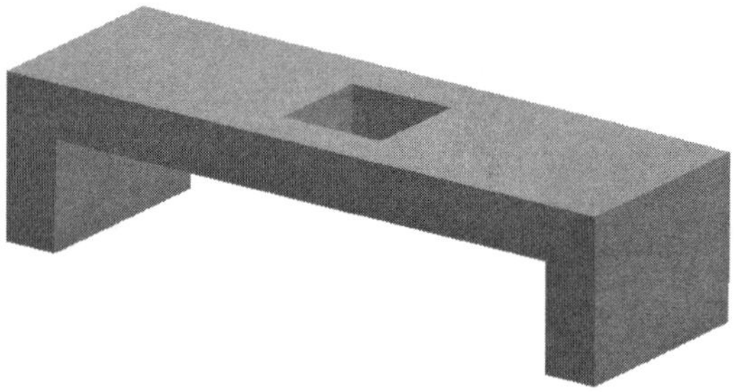

그림 9.4 Y축 레일

(4) Z축 암

그림 9.5는 직각 좌표 로봇의 Z축 암의 파트 모델을 나타낸다. Z축 암의 파트 모델링 시에 각 기준 평면에 이름을 따로 붙여 놓는다. 즉, robot_z_front, robot_z_right, robot_z_top 등으로 이름을 붙여 놓는다.

그림 9.5 Z축 암

9.2.2 어셈블리

(1) 베이스

㉠ 새로 만들기 아이콘을 클릭하고 유형은 어셈블리, 파일이름은 robot _mechanism로 하고 확인 버튼을 누르고 난 후 단위 설정(mmKs계)을 한다.

㉡ 작업 화면의 어셈블리 도구( )를 클릭하고 베이스 파일(base.prt)을 오픈한다.

㉢ 다이얼로그 박스가 나타나고 여기서 를 선택하여 고정 링크(default)로 정하고 OK 버튼을 누른다. 베이스가 default로 정의된다.

(2) X축 레일

㉠ 어셈블리 도구( )를 클릭하여 X축 레일 파일(x_axis.prt)을 불러온다.

㉡ 어셈블리 정의 편집 창에는 사용자 정의와 자동 정의가 있는데 이 가운데 사용자 정의에서 슬라이드 연결 아이콘을 클릭하고 X축 레일의 모서리 부분과 베이스의 모서리를 그림 9.6(a)와 같이 일직선으로 축 정렬한다.

㉢ 어셈블리 정의 편집 창의 배치의 회전에서 그림 9.6(b)와 같이 어셈블리 참조로 X축 레일의 윗면과 컴포넌트 참조로 베이스의 윗면을 선택한다.

㉣ 어셈블리 정의 편집 창의 배치의 변환축에서 어셈블리 참조로 X축 레일의 옆면과 컴포넌트 참조로 ASM_TOP면을 일치하게 하고 현재 위치 값을 100으로 하여 제로 위치 설정을 한다(그림 9.7). 확인 버튼을 누른다.

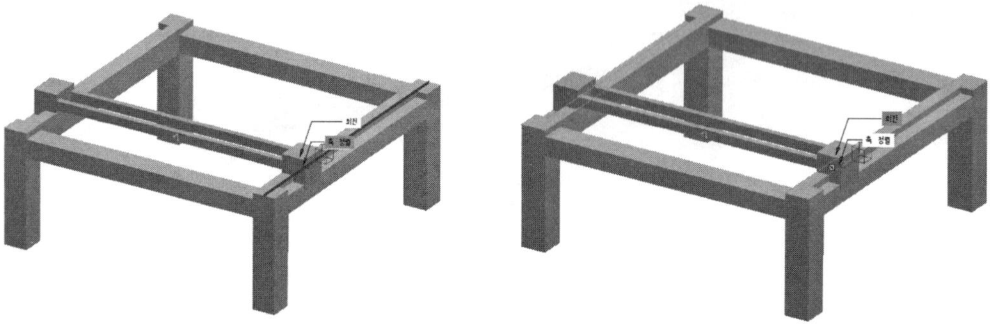

(a) 축 정렬 (b) 회전

그림 9.6 X축 레일 축 정렬과 회전 조립

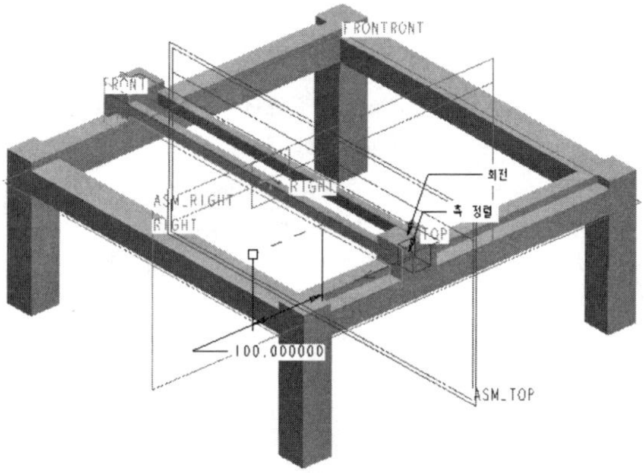

그림 9.7 X축 레일 변환축 조립

(3) Y축 레일

㉠ 어셈블리 도구()를 클릭하여 Y축 레일 파일(y_axis.prt)을 불러온다.

㉡ 어셈블리 정의 편집 창에는 사용자 정의와 자동 정의가 있는데 이 가운데 사용자 정의에서 슬라이드 연결 아이콘을 클릭하고 Y축 레일의 모서리 부분과 X축 레일의 모서리를 일직선으로 축 정렬한다.

㉢ 어셈블리 정의 편집 창의 배치의 회전에서 어셈블리 참조로 Y축 레일의 윗면과 컴포넌트 참조로 X축 레일의 윗면을 선택한다.

㉣ 어셈블리 정의 편집 창의 배치의 변환축에서 어셈블리 참조로 Y축 레일의 FRONT면과 컴포넌트 참조로 X축 레일의 RIGHT면을 일치하게 하고 현재 위치 값을 50으로 하여 제로 위치로 설정을 한다(그림 9.8). 확인 버튼을 누른다.

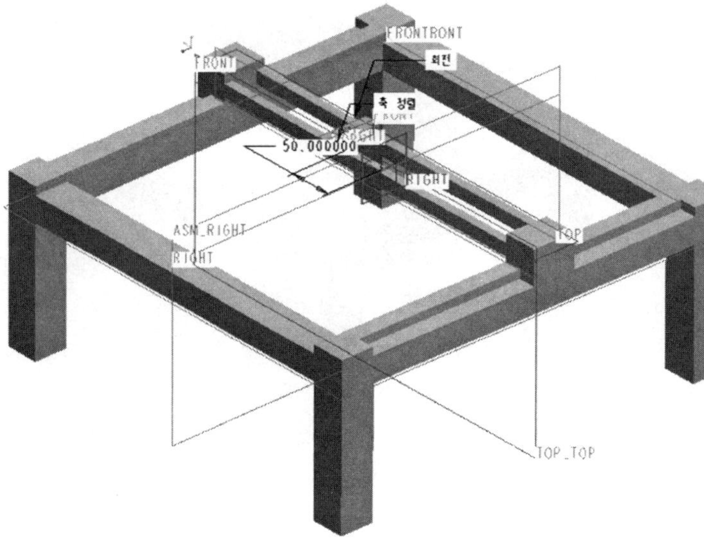

그림 9.8 Y축 레일 변환축 조립

(4) Z축 레일

㉠ 어셈블리 도구( )를 클릭하여 Z축 암 파일(z_axis.prt)을 불러온다.

㉡ 어셈블리 정의 편집 창에는 사용자 정의와 자동 정의가 있는데 이 가운데 사용자 정의에서 슬라이드 연결 아이콘을 클릭하고 Z축 암의 모서리 부분과 Y축 레일의 모서리를 일직선으로 축 정렬한다.

㉢ 어셈블리 정의 편집 창의 배치의 회전에서 어셈블리 참조로 Z축 암의 RIGHT면과 컴포넌트 참조로 Y축 레일의 FRONT면을 선택한다.

㉣ 어셈블리 정의 편집 창의 배치의 변환축에서 어셈블리 참조로 Z축 암의 FRONT면과 컴포넌트 참조로 Y축 레일의 TOP면을 일치하게 하고 현재 위치 값을 50으로 하여 제로 위치로 설정을 한다(그림 9.9). 확인 버튼을 누른다.

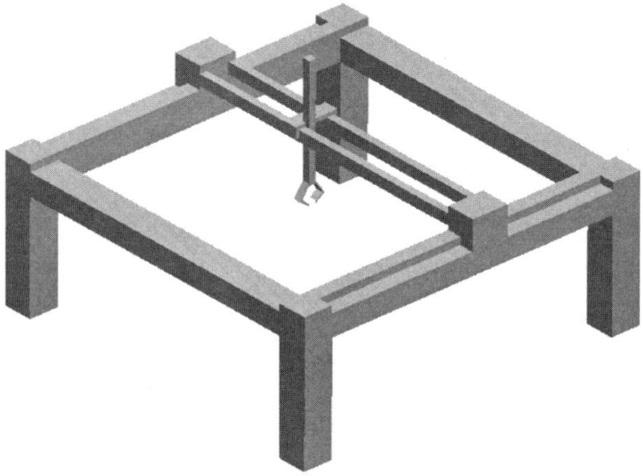

그림 9.9 조립이 완성된 모습

9.3 메커니즘 설계

9.3.1 제어 요소 설계

(1) 서론

동작 요소 및 동작 조건을 주기 전에 제어할 수 있도록 "승"자를 좌표 표현하여야 한다. 이러한 좌표 표현은 이미 그림 9.1에서 나타내었다. 이것을 기본으로 대수연산 방식을 이용하여 X, Y, Z값의 증분값을 주어 "승"자를 만들 수 있도록 직각좌표 로봇을 제어해 보도록 한다.

우선 동작 요소는 X, Y, Z축을 움직이는 것이 슬라이드 직선운동이므로 모두 모터로만 움직이면 된다. 한편 각 축의 모터를 제어하기 위한 동작 조건은 각 상한에 맞춰 대수연산 방식을 이용하여 한 축에 대해 1스텝씩만 움직이도록 설계하면 목표하는 직선 보간과 원호 보간을 할 수 있다. 각각의 직선 보간과 원호 보간에 대해 한 축에 대해 어떻게 1스텝을 주어 움직이게 하였는지를 그림 9.10에서 그림 9.12까지 나타내었다. 이것을 전체에 대해 표로 나타낸 것은 표 9.1이다.

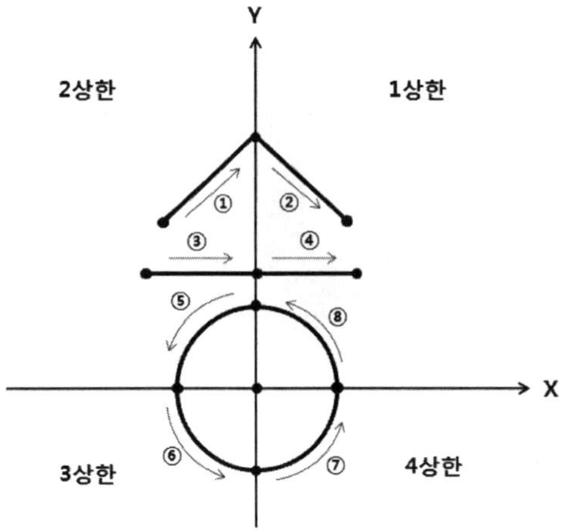

그림 9.10 "승"자의 표현 순서

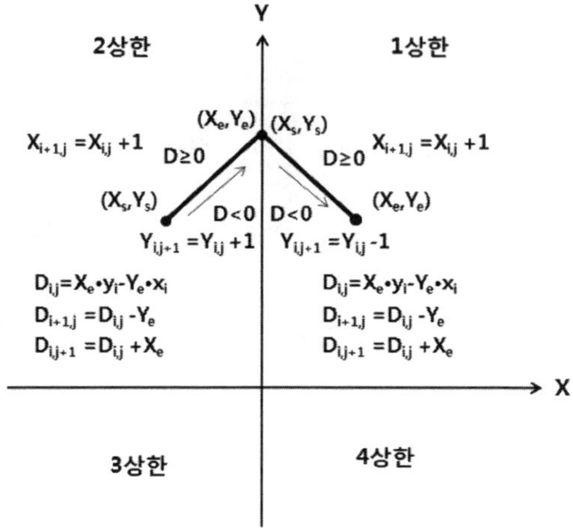

그림 9.11 "ㅅ"자의 판별식과 증분값

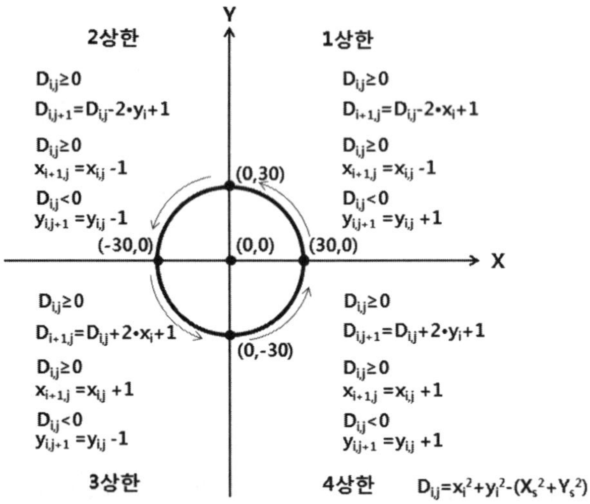

그림 9.12 "ㅇ"자의 판별식과 증분값

표 9.1 대수연산에 의한 직선 보간과 원호 보간의 x축과 y축의 증분값

항목 \ 번호	직선보간1		직선보간2		원호보간							
					2상한		3상한		4상한		1상한	
	dx	dy	dx	dy	dx	dy	dx	dy	dx	dy	dx	dy
1	1	0	1	0	1	0	1	0	0	1	1	0
2	0	1	0	1	0	1	1	0	1	0	0	1
3	0	1	0	1	1	0	0	1	1	0	0	1
4	1	0	1	0	1	0	0	1	1	0	0	1
5	0	1	0	1	1	0	0	1	1	0	0	1
6	1	0	1	0	1	0	1	0	1	0	0	1
7	0	1	0	1	1	0	0	1	1	0	0	1
8	1	0	1	0	1	0	0	1	1	0	0	1
9	0	1	0	1	1	0	0	1	1	0	0	1
10	0	1	0	1	0	1	0	1	0	1	1	0
11	1	0	1	0	1	0	0	1	1	0	0	1
12	0	1	0	1	1	0	0	1	1	0	0	1
13	1	0	1	0	1	0	1	0	1	0	0	1
14	0	1	0	1	0	1	0	1	0	1	1	0
15	1	0	1	0	1	0	0	1	1	0	0	1
16	0	1	0	1	1	0	0	1	1	0	0	1
17	0	1	0	1	0	1	1	0	1	0	0	1
18	1	0	1	0	1	0	0	1	0	1	1	0
19	0	1	0	1	1	0	0	1	1	0	0	1
20	1	0	1	0	0	1	1	0	0	1	1	0
21	0	1	0	1	1	0	0	1	1	0	0	1
22	1	0	1	0	1	0	0	1	1	0	0	1
23	0	1	0	1	0	1	1	0	0	1	1	0
24	0	1	0	1	1	0	0	1	1	0	0	1
25	1	0	1	0	0	1	0	1	0	1	1	0
26	0	1	0	1	1	0	0	1	1	0	0	1
27	1	0	1	0	0	1	1	0	0	1	1	0
28	0	1	0	1	1	0	0	1	1	0	0	1
29	1	0	1	0	0	1	1	0	0	1	1	0
30	0	1	0	1	1	0	0	1	1	0	0	1
31	0	1	0	1	0	1	0	1	0	1	1	0
32	1	0	1	0	1	0	1	0	1	0	0	1
33	0	1	0	1	0	1	0	1	0	1	1	0
34	1	0	1	0	1	0	1	0	1	0	0	1
35	0	1	0	1	0	1	1	0	0	1	1	0
36	1	0	1	0	0	1	0	1	0	1	1	0
37	0	1	0	1	1	0	1	0	1	0	0	1
38	0	1	0	1	0	1	0	1	0	1	1	0
39	1	0	1	0	1	0	1	0	1	0	0	1
40	0	1	0	1	0	1	0	1	0	1	1	0

표 9.1 대수연산에 의한 직선 보간과 원호 보간의 x축과 y축의 증분값(이어서)

항목 \ 번호	직선보간1		직선보간2		원호보간							
					2상한		3상한		4상한		1상한	
	dx	dy	dx	dy	dx	dy	dx	dy	dx	dy	dx	dy
41	1	0	1	0	0	1	1	0	0	1	1	0
42	0	1	0	1	1	0	1	0	1	0	0	1
43	1	0	1	0	0	1	0	1	0	1	1	0
44	0	1	0	1	0	1	1	0	1	0	0	1
45	0	1	0	1	1	0	1	0	0	1	1	0
46	1	0	1	0	0	1	0	1	0	1	1	0
47	0	1	0	1	0	1	1	0	0	1	1	0
48	1	0	1	0	1	0	1	0	1	0	0	1
49	0	1	0	1	0	1	0	1	0	1	1	0
50	1	0	1	0	0	1	1	0	0	1	1	0
51	0	1	0	1	0	1	1	0	0	1	1	0
52	0	1	0	1	1	0	1	0	1	0	0	1
53	1	0	1	0	0	1	0	1	0	1	1	0
54	0	1	0	1	0	1	1	0	0	1	1	0
55	1	0	1	0	0	1	1	0	0	1	1	0
56	0	1	0	1	0	1	1	0	0	1	1	0
57	1	0	1	0	0	1	1	0	0	1	1	0
58	0	1	0	1	0	1	1	0	0	1	1	0
59	0	1	0	1	0	1	1	0	0	1	1	0
60	1	0	1	0								
61	0	1	0	1								
62	1	0	1	0								
63	0	1	0	1								
64	1	0	1	0								
65	0	1	0	1								
66	0	1	0	1								
67	1	0	1	0								
68	0	1	0	1								
69	1	0	1	0								
70	0	1	0	1								

(2) x축 드라이버 설정

㉠ 풀다운 메뉴의 응용 프로그램에서 메커니즘을 클릭하고 메커니즘 환경으로 들어간다.

㉡ 좌측에 메커니즘 모델트리에서 결합의 +부분을 클릭하고 조인트의 +부분을 클릭하여 x_axis의 +부분을 클릭한다.

㉢ 변환 축에 마우스를 갖다 대고 오른쪽 버튼을 1초 정도 누르고 서보 모터를 클릭한다.

㉣ 서보 모터 정의 다이얼로그박스에서 유형은 동작축으로 하고 x_axis.axis_1을 선택하고서 프로파일 탭을 클릭한다.

㉤ 동작 정의 박스에서 사양 명세와 강도를 정의한다. 사양 명세는 위치로 하고 강도는 테이블로 하며 엑셀에서 대수연산을 계산하여 시간에 따라 좌표값을 만들고 xaxis.txt 파일을 만들어 파일로부터 입력 메뉴로 데이터를 입력한다.

㉥ 확인을 눌러 드라이버 설정 및 동작조건 설정을 완료한다.

(3) y축 드라이버 설정

㉠ 풀다운 메뉴의 응용 프로그램에서 메커니즘을 클릭하고 메커니즘 환경으로 들어간다.

㉡ 좌측에 메커니즘 모델트리에서 결합의 +부분을 클릭하고 조인트의 +부분을 클릭하여 y_axis의 +부분을 클릭한다.

㉢ 변환 축에 마우스를 갖다 대고 오른쪽 버튼을 1초 정도 누르고 서보 모터를 클릭한다.

㉣ 서보 모터 정의 다이얼로그박스에서 유형은 동작축으로 하고 y_axis.axis_1을 선택하고서 프로파일 탭을 클릭한다.

㉤ 동작 정의 박스에서 사양 명세와 강도를 정의한다. 사양 명세는 위치로 하고 강도는 테이블로 하며 엑셀에서 대수연산을 계산하여 시간에 따라 좌표값을 만들고 yaxis.txt 파일을 만들어 파일로부터 입력 메뉴로 데이터를 입력한다.

㉥ 확인을 눌러 드라이버 설정 및 동작조건 설정을 완료한다.

(4) z축 드라이버 설정

㉠ 풀다운 메뉴의 응용 프로그램에서 메커니즘을 클릭하고 메커니즘 환경으로 들어간다.

㉡ 좌측에 메커니즘 모델트리에서 결합의 +부분을 클릭하고 조인트의 +부분을 클릭하여 z_axis의 +부분을 클릭한다.

㉢ 변환 축에 마우스를 갖다 대고 오른쪽 버튼을 1초 정도 누르고 서보 모터를 클릭한다.

㉣ 서보 모터 정의 다이얼로그박스에서 유형은 동작축으로 하고 z_axis.axis_1을 선택하

고서 프로파일 탭을 클릭한다.

㉤ 동작 정의 박스에서 사양 명세와 강도를 정의한다. 사양 명세는 위치로 하고 강도는 테이블로 하며 엑셀에서 대수연산을 계산하여 시간에 따라 좌표값을 만들고 zaxis.txt 파일을 만들어 파일로부터 입력 메뉴로 데이터를 입력한다.

㉥ 확인을 눌러 드라이버 설정 및 동작조건 설정을 완료한다.

최종적으로 드라이버 설정이 끝난 상태의 모습이 그림 9.13이다.

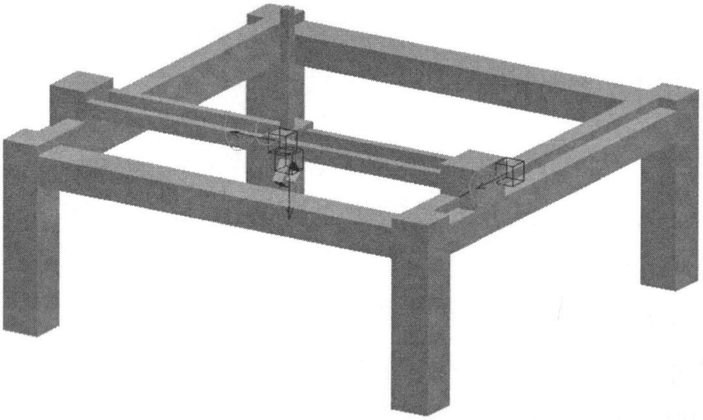

그림 9.13 동작요소와 동작조건을 모두 준 후의 설정 모습

7.3.2 운동 해석

드라이브 설정 및 동작 조건을 주었으므로 이제는 주어진 설계대로 동작이 제대로 움직이는지 확인할 필요가 있다. 이러한 운동 해석을 위한 해석 과정은 다음과 같다.

㉠ 메커니즘 해석 아이콘()의 다이얼로그 박스에서 이름을 writing_mechanism으로 입력한다.

㉡ 해석 유형을 위치로 설정한다.

㉢ 그래픽 디스플레이는 길이와 속도로 설정하고 종료 시간은 459, 프레임 속도 10으로 값을 설정한다.

㉣ 실행을 클릭한다.

㉤ 중간에 저장한 것을 모두 삭제하고 마지막 것만 저장하기 위해서 풀다운 메뉴에서 파일 〉 삭제 〉 이전 버전을 클릭하고서 확인을 클릭하며 메인 도구상자에서 저장(💾) 을 클릭한다.

7.3.3 운동 해석 그래프

다음과 같이 운동 해석 결과를 그래프로 제작해 보기로 한다.

㉠ 오른쪽 메뉴에서 측정 아이콘 을 클릭하면 측정 결과 창이 나타난다.

㉡ 측정 결과 창에서 새로운 측정 생성 아이콘 을 누르면 단위 정의 창이 나타나며 여기서 측정 하고자 하는 결과의 그래프 이름을 writing_results로 한다.

㉢ 유형은 위치로 하고 동작축은 z레일의 끝 중심점으로 하고 확인을 클릭한다.

㉣ 측정 결과 창에서 결과 셋에 실행한 writing_mechanism을 눌러 측정 이름에 대한 값들이 나타낸다. 그리고 그래프 유형을 측정 vs. 측정으로 설정하고 measure2를 지정하고 위 쪽에 를 누르면 그림 9.14와 같은 측정 결과가 그래프로 나타난다. 이 측정결과를 검토해 보면 "승"자가 정확히 써진 것을 확인할 수 있으며 직각좌표 로봇으로 글자쓰기가 정확히 설계가 되었음을 알 수 있다.

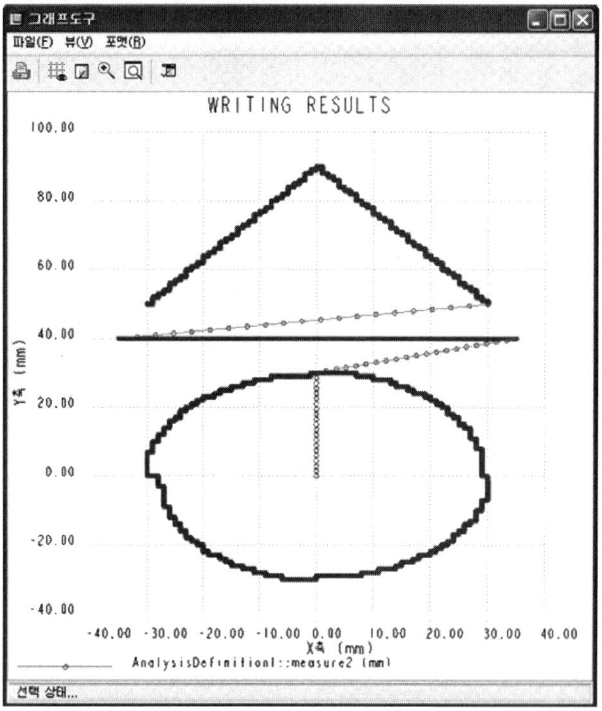

그림 9.14 "승"자를 로봇을 이용하여 쓴 결과 그래프

제 10 장 공작물 이동 로봇시스템 설계

본 장에서는 산업용 로봇이 설치된 자동화 생산 라인에서 공작물 등을 로봇 핸드의 이용에 의해 이동시키는 모습들을 가상 설계하고 동영상으로 표현하는 것이다.

10.1 서론

10.1.1 문제

당신은 Pro/ENGINEER의 Mechanism을 잘 다룰 수 있는 기계 엔지니어이다. 한 산업용 로봇 생산 공장에서 로봇 암의 최대 신장거리가 80cm, 로봇 기둥의 최대 상하 동작 거리가 80cm, 로봇의 회전각도가 360°인 원통형 산업 로봇을 생산하고 있다. 생산되는 원통형 산업 로봇의 동작 모습을 일반 사람들에게 이해시키기 위해 산업용 로봇이 공작물을 한 작업 테이블에서 다른 작업 테이블로 이동시키는 모습을 3D 형상 애니메이션으로 만들어 달라는 주문이 들어왔을 때 당신은 어떻게 해결할 것인가?

10.1.2 가정

산업용 로봇 동작의 각 단계에서 피드백을 제공하는 감지기를 사용해야 하지만 여기서는 적절한 타임에 의해 동작하는 것으로 한다. 따라서 산업용 로봇의 각 단계는 사전 동작을 감안하여 완료된 후에 다음 단계가 시작되도록 프로그램되어 있다고 가정한다. 또한 산업용 로봇의 공작물 이동 모습을 보여주는 것이기 때문에 공작물의 크기와 로봇 핸드의 크기는 임의로 한다.

10.1.3 조건

(1) 순차제어에 의해 이루어져야 한다.
(2) 로봇의 중심으로부터 공작물을 가져올 작업 테이블의 위치가 2500mm
(3) 로봇의 중심으로부터 공작물이 얹어질 작업 테이블의 위치가 2500mm
(4) 로봇 암의 최대 신장거리(800mm), 로봇 기둥의 최대 상하 동작 거리(800mm), 로봇의 회전각도(360°)

10.1.4 제어 순서 결정

그림 10.1과 같은 단순 물건 이동용 로봇에 의해 물건을 이동시키는 것은 논리제어를 이용해야 한다.

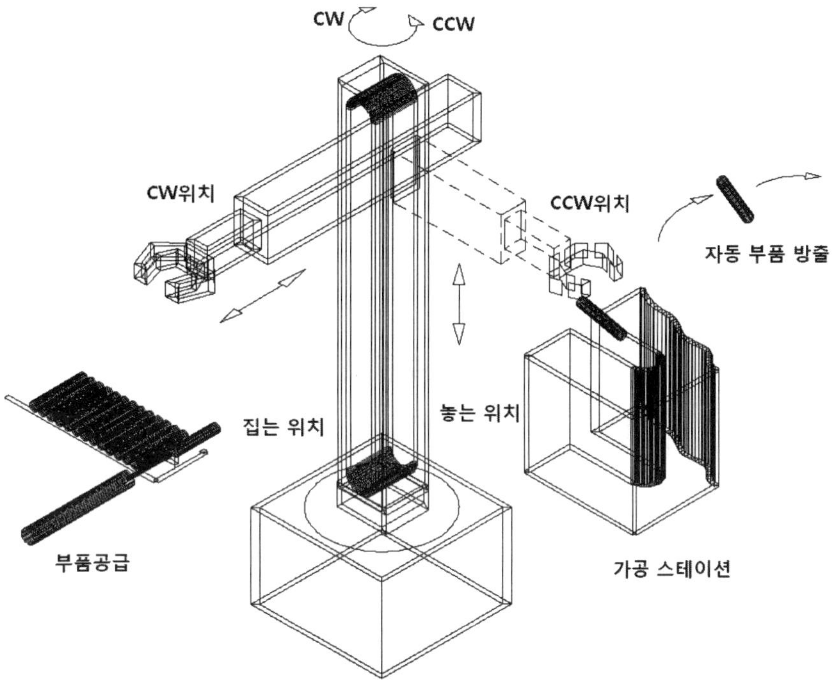

그림 10.1 단순 물건 이동용 로봇

논리 제어를 위해 그림 10.1을 중심으로 작업 순서를 표현하면 다음과 같다.

① 스텝 0 : 팔을 뻗침

② 스텝 1 : 그리퍼 벌림

③ 스텝 2 : 팔을 내림

④ 스텝 3 : 그리퍼 오므림(공작물 쥠)

⑤ 스텝 4 : 팔을 올림

⑥ 스텝 5 : 팔을 움추림

⑦ 스텝 6 : 베이스 회전(공작물 놓을 장소로 회전)

⑧ 스텝 7 : 팔을 뻗침

⑨ 스텝 8 : 팔을 내림

⑩ 스텝 9 : 그리퍼 벌림(공작물 놓음)

⑪ 스텝 10 : 팔을 올림

⑫ 스텝 11 : 팔을 움추림

⑬ 스텝 12 : 그리퍼 오므림

⑭ 스텝 13 : 베이스 회전(원위치로 회전)

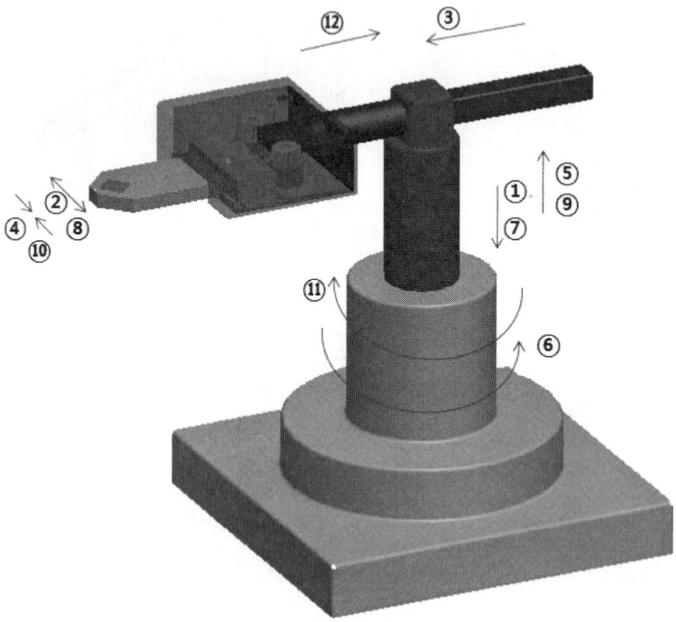

그림 10.2 산업용 로봇과 제어 순서

그림 10.1을 바탕으로 산업용 로봇을 그림 10.2와 같이 원통형 로봇으로 하고 제어 순서를 정하기로 한다. 이와 같은 제어 순서로 로봇의 제어 대상과 제어 조건 및 로봇의 행동을 스텝별로 정리한 것이 표 10.1이다.

표 10.1 직접 논리제어 하의 물건 이동용 로봇에 대한 주기 순서

작업 순서	행동	제어 대상	제어 조건
스텝1	팔을 내림	로봇 베이스 암	하진 슬라이딩(800mm)
스텝2	그리퍼 벌림	로봇 그리퍼의 조랙과 피니언	피스톤랙 전진(100mm)
스텝3	팔을 뻗침	로봇 암	전진 슬라이딩(800mm)
스텝4	그리퍼 오므림	로봇 그리퍼의 조랙과 피니언	피스톤랙 후진(100mm)
스텝5	팔을 올림	로봇 베이스 암	상진 슬라이딩(800mm)
스텝6	베이스 회전	로봇 베이스 암	반시계방향 회전(180°)
스텝7	팔을 내림	로봇 베이스 암	하진 슬라이딩(800mm)
스텝8	그리퍼 벌림	로봇 그리퍼의 조 랙과 피니언	피스톤랙 전진(100mm)
스텝9	팔을 올림	로봇 베이스 암	상진 슬라이딩(800mm)
스텝10	그리퍼 오므림	로봇 그리퍼의 조 랙과 피니언	피스톤랙 후진(100mm)
스텝11	베이스 회전	로봇 베이스 암	시계방향 회전(180°)
스텝12	팔을 움추림	로봇 암	후진 슬라이딩(800mm)

한편, 가상 설계이기 때문에 공작물이 로봇 핸드에 의해 파악되어 움직이게 하려면 상당한 기술을 요한다. 따라서 여기서는 공작물이 로봇 핸드의 파악에 의해 움직이는 것처럼 하기 위해 공작물의 이동 순서와 경로를 미리 정해 놓고 로봇의 행동에 맞춰 표 10.2와 같이 공작물이 움직이도록 한다.

표 10.2 로봇의 논리제어에 따른 공작물 이동에 대한 제어 내용과 조건

로봇 작업 대응 스텝	제어 내용	제어 조건
스텝5	공작물 상진	슬라이딩(800mm)
스텝6	공작물 회전	반시계방향 회전(180°)
스텝7	공작물 하진	슬라이딩(800mm)

10.2 시스템 형상 모델링

10.2.1 파트 모델링

물건 이동형 로봇시스템은 그림 10.3과 같이 크게 5부분으로 나눈다.

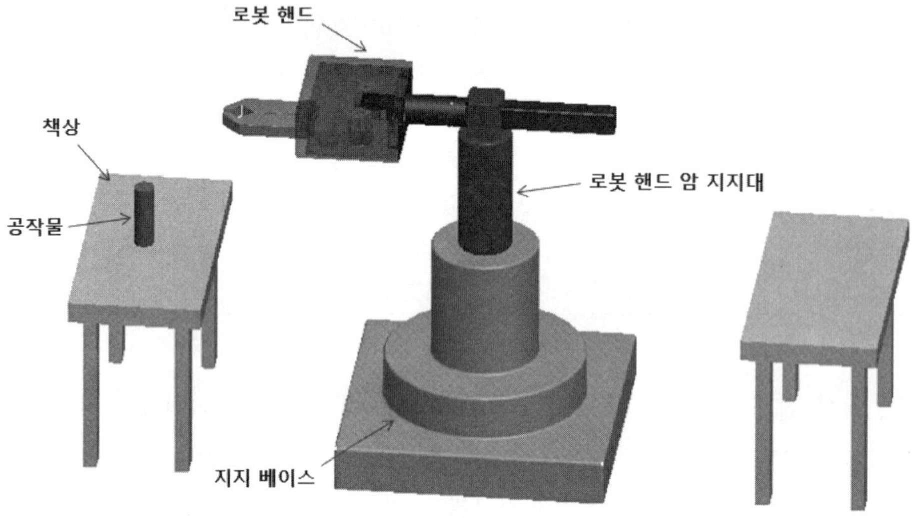

그림 10.3 물건 이동형 로봇의 구성

(1) 로봇 핸드

로봇 핸드는 그림 10.4와 같으며 제 3장에서 이미 파트 모델링 한 것이다. 즉, 로봇 핸드에 관한 조 베이스, 베이스 백, 베이스 핀, 조, 왼쪽 조 랙, 오른쪽 조 랙, 피니언 A, B, 피니언 핀, 피스톤 랙은 7장의 치수와 모양이 같다. 다만 첨가한 것은 핸드 커버와 암 부분만 다르다. 다른 부분에 대해서만 아래에 표현 한다.

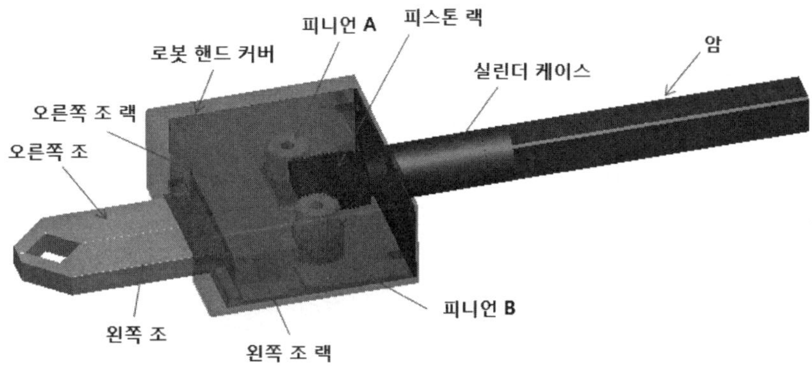

그림 10.4 로봇 핸드

(a) 핸드 커버

그림 10.5는 로봇 핸드 커버의 파트 모델과 2차원 도면이다. 로봇 핸드 커버의 파트 모델링 시에 각 기준 평면에 이름을 따로 붙여 놓는다. 즉, cover_front, cover_right, cover_top 등으로 이름을 붙여 놓는다.

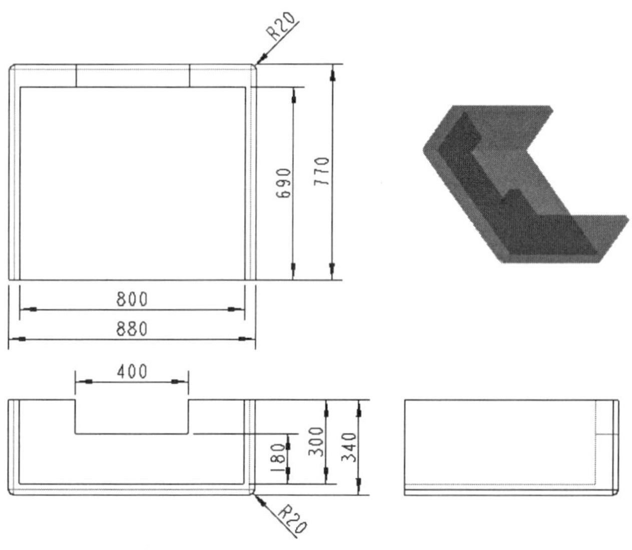

그림 10.5 로봇 핸드 커버의 파트모델링과 2차원 도면

(b) 암

그림 10.6은 로봇 핸드 암의 파트 모델과 2차원 도면이다. 로봇 핸드 암의 파트 모델링 시에 각 기준 평면에 이름을 따로 붙여 놓는다. 즉, long_arm_front, long_arm_right, long_arm_top 등으로 이름을 붙여 놓는다.

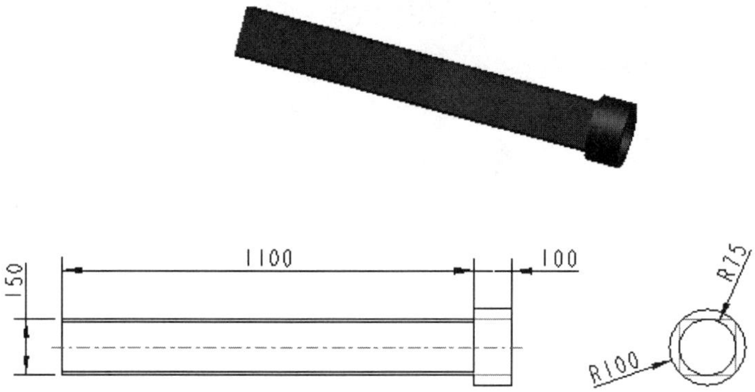

그림 10.6 로봇 핸드 암의 파트모델링과 2차원 도면

(2) 로봇 핸드 암 지지대

그림 10.7은 로봇 핸드 암 지지대의 파트 모델과 2차원 도면이다. 로봇 핸드 암 지지대의 파트 모델링 시에 각 기준 평면에 이름을 따로 붙여 놓는다. 즉, arm_holder_front, arm_holder_right, arm_holder_top 등으로 이름을 붙여 놓는다.

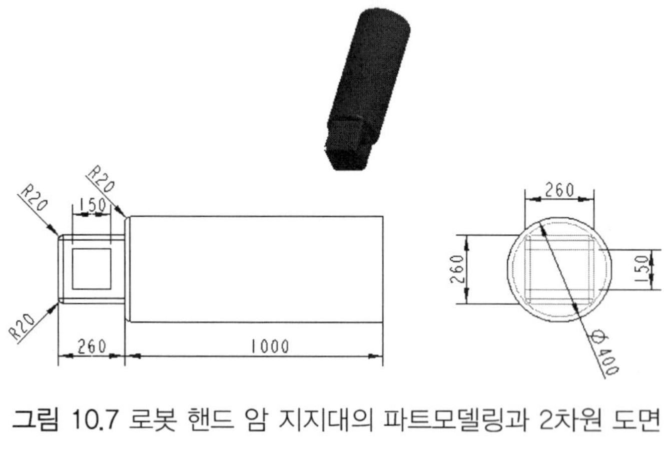

그림 10.7 로봇 핸드 암 지지대의 파트모델링과 2차원 도면

(3) 회전 베이스

그림 10.8은 회전 베이스 파트 모델과 2차원 도면이다. 회전 베이스의 파트 모델링 시에 각 기준 평면에 이름을 따로 붙여 놓는다. 즉, rotation_base_front, rotation_base_right, rotation_base_top 등으로 이름을 붙여 놓는다.

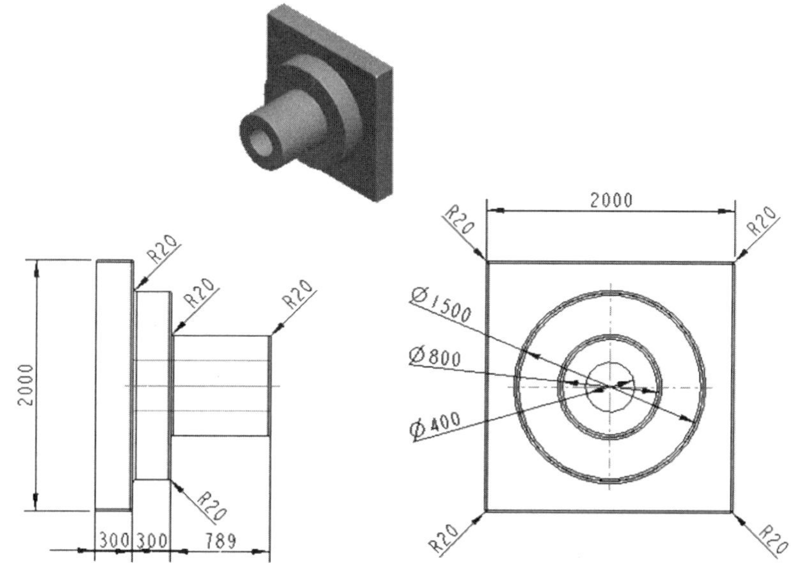

그림 10.8 회전 베이스의 파트모델링과 2차원 도면

(4) 공작물

그림 10.9는 공작물의 파트모델링과 2차원 도면이다. 공작물의 파트 모델링 시에 각 기준 평면에 이름을 따로 붙여 놓는다. 즉, workpiece_front, workpiece_right, workpiece_top 등으로 이름을 붙여 놓는다.

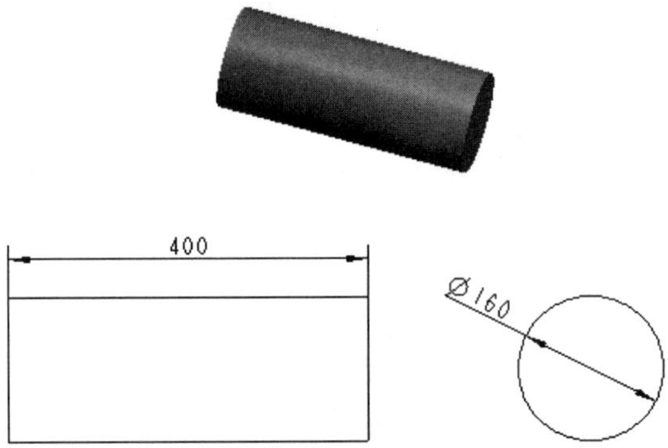

그림 10.9 공작물의 파트모델링과 2차원 도면

그런데 이것은 가상 메커니즘 설계이므로 공작물을 로봇 핸드와 함께 움직이게 하려면 공작물을 로봇 핸드의 움직임에 맞춰 움직이게 설계해야 한다. 따라서 로봇이 병진 운동과 회전 운동을 함께하는 원통 결합에 의해 이루어지므로 공작물도 원통 결합을 위한 필요 데이텀 면과 축을 생성해 놓아야 한다. 공작물의 원통 결합을 위한 데이텀 면과 축의 생성과정과 결과를 그림 10.10에 나타내었다.

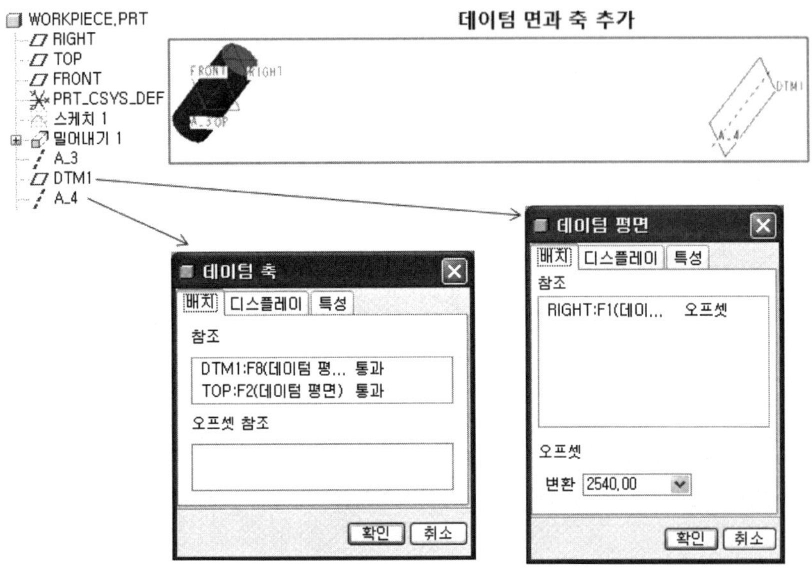

그림 10.10 공작물의 원통 결합을 위한 데이텀 면과 축의 생성과정 및 결과

(5) 공작 테이블

그림 10.11은 공작 테이블의 파트모델링과 2차원 도면이다. 공작 테이블의 파트 모델링 시에 각 기준 평면에 이름을 따로 붙여 놓는다. 즉, table_front, table_right, table_top 등으로 이름을 붙여 놓는다.

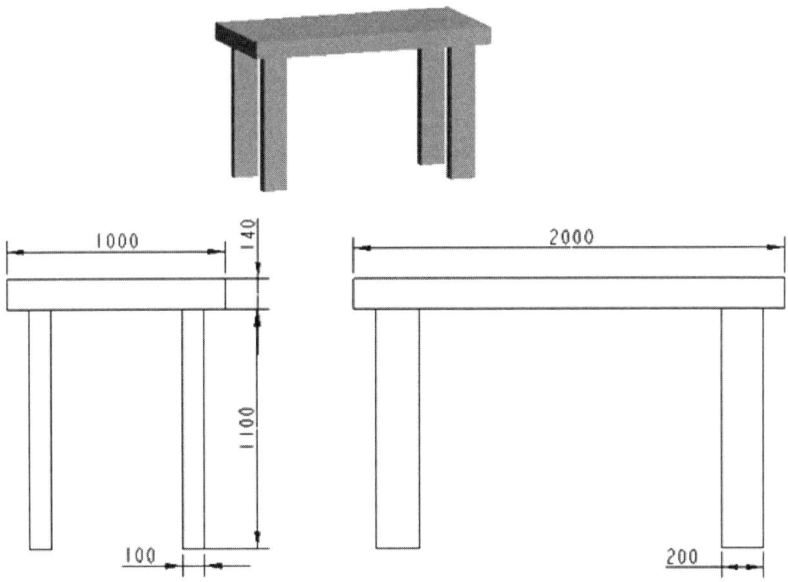

그림 10.11 공작 테이블의 파트모델링과 2차원 도면

10.2.2 어셈블리

(1) 로봇 핸드 어셈블리

(a) 기본 로봇 핸드

㉠ 풀다운메뉴 파일의 새로 만들기라는 메뉴에서 유형을 어셈블리로 하고 이름으로 robot_hand를 입력한다.

㉡ 확인을 클릭해서 작업 메인 창을 띄운다.

㉢ 단위 설정(mmNs계)을 한다.

㉣ 작업 화면의 어셈블리 도구( )를 클릭하고 먼저 로봇 핸드 어셈블리의 기본이 될 7장에서 조립한 랙과 피니언 로봇 핸드 어셈블리 파일 rack_pinion_robot_hand.asm을 오픈 한다.

㉤ 어셈블리 입력값의 설정 창에서 사용자 정의와 자동 정의가 있는데 자동을 선택하고 구속 유형은 기본으로 한다.

㉥ 조립 설정 창의 조립상태에서 "연결 정의가 완료 되었습니다"라는 메시지가 나타났을 때 확인 버튼을 누른다.

(b) 커버

㉠ 어셈블리 도구( )를 클릭하고 cover.prt 파일을 오픈한다.

㉡ 어셈블리 입력값의 설정 창에서 사용자 정의와 자동 정의가 있는데 자동을 선택하고 그림 10.12와 같이 구속 유형은 면맞춤, 정렬 및 면맞춤을 선택한다.

㉢ 조립 설정 창의 조립상태에서 "연결 정의가 완료 되었습니다"라는 메시지가 나타났을 때 확인 버튼을 누른다.

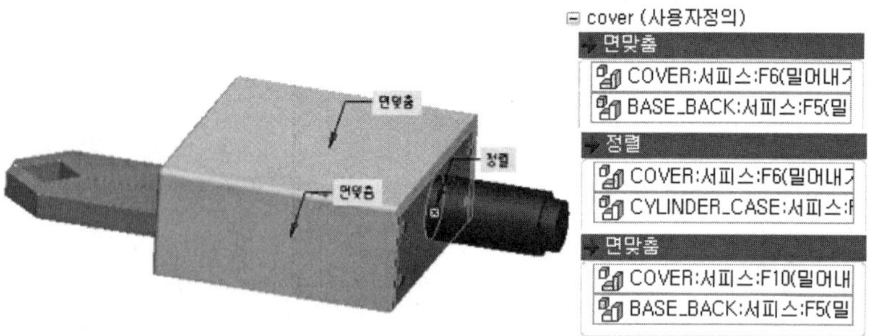

그림 10.12 커버 조립 과정 및 결과

(c) 로봇 핸드 암 어셈블리

㉠ 어셈블리 도구( )를 클릭하고 long_arm.prt 파일을 오픈한다.

㉡ 어셈블리 입력값의 설정 창에서 사용자 정의와 자동 정의가 있는데 자동을 선택하고

그림 10.13과 같이 구속 유형은 정렬, 삽입 및 면맞춤을 선택한다.

㉢ 조립 설정 창의 조립상태에서 "연결 정의가 완료 되었습니다"라는 메시지가 나타났을 때 확인 버튼을 누른다.

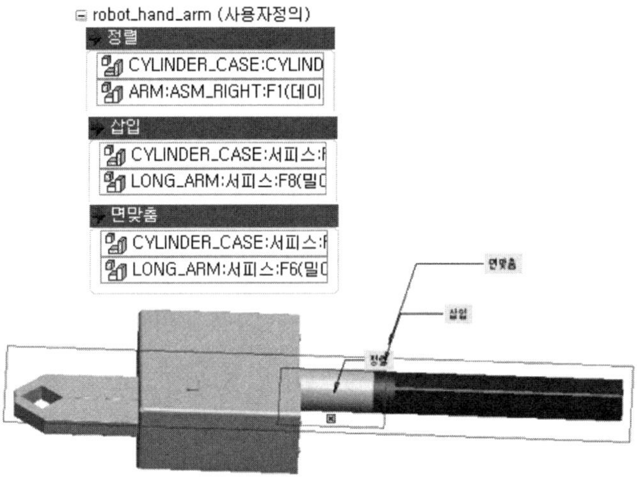

그림 10.13 로봇 핸드 암의 조립 과정 및 결과

(2) 베이스 어셈블리

㉠ 풀다운메뉴 파일의 새로 만들기라는 메뉴에서 유형을 어셈블리로 하고 이름으로 3_axis_robot을 입력한다.

㉡ 확인을 클릭해서 작업 메인 창을 띄운다.

㉢ 단위 설정(mmNs계)을 한다.

㉣ 작업 화면의 어셈블리 도구( )를 클릭하고 먼저 로봇 시스템 어셈블리의 기본이 될 베이스 파일 base.prt를 오픈 한다.

㉤ 어셈블리 입력값의 설정 창에서 사용자 정의와 자동 정의가 있는데 자동을 선택하고 구속 유형은 기본으로 한다.

㉥ 조립 설정 창의 조립상태에서 "연결 정의가 완료 되었습니다"라는 메시지가 나타났을 때 확인 버튼을 누른다.

(3) 암 홀더 어셈블리

㉠ 작업 화면의 어셈블리 도구()를 클릭하고 암 홀더 파일 arm_holder.prt를 오픈한다.

㉡ 어셈블리의 사용자 정의에서 원통()로 설정한다.

㉢ 배치의 원통 연결 구속의 항목 가운데 축 정렬에서 지정 축을 따라 암 홀더가 병진 운동을 하도록 설정한다. 즉, 그림 10.14와 같이 암 홀더가 상하로 병진 운동하도록 암 홀더의 중심축과 베이스의 중심축을 차례로 설정한다.

㉣ 배치의 원통 연결 구속의 항목 가운데 변환축에서 암 홀더가 총 움직일 수 있는 병진 운동 거리를 그림 10.14와 같이 800으로 설정한다.

㉤ 배치의 원통 연결 구속의 항목 가운데 회전축에서 회전의 시작이 될 기준면을 그림 10.14와 같이 설정한다.

㉥ 조립 설정 창의 조립상태에서 "연결 정의가 완료 되었습니다"라는 메시지가 나타났을 때 확인 버튼을 누른다.

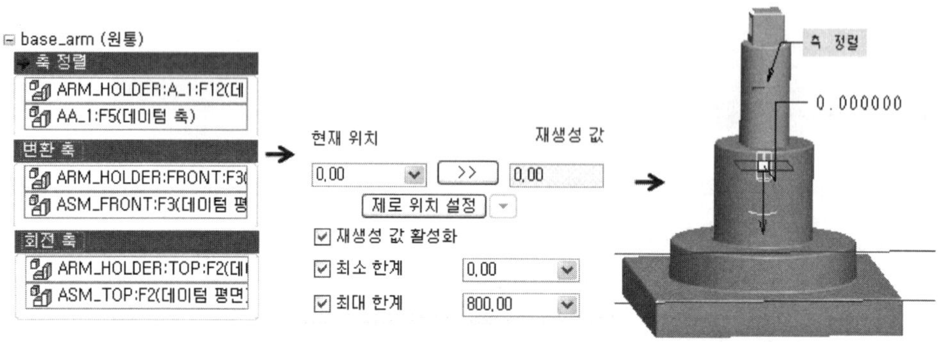

그림 10.14 암 홀더 조립 과정 및 결과

(4) 로봇 암 어셈블리

㉠ 작업 화면의 어셈블리 도구()를 클릭하고 암 홀더 파일 robot_arm.asm을 오픈한다.

㉡ 어셈블리의 사용자 정의에서 슬라이더()로 설정한다.

㉢ 배치의 슬라이더 연결 구속의 항목 가운데 축 정렬에서 long_arm의 중심축과 암 홀

더가 같은 중심축에서 움직이도록 각각의 중심축을 설정한다.

㉣ 배치의 슬라이더 연결 구속의 항목 가운데 회전에서 로봇 암이 회전 없이 일정 면을 따라 병진 운동을 하도록 그림 10.15와 같이 설정한다.

㉤ 배치의 슬라이더 연결 구속의 항목 가운데 변환축의 경우는 슬라이더가 총 움직일 슬라이딩 거리를 설정하기 위해 그림 10.15와 같이 암 홀더의 운동 한계면과 로봇 암의 운동 기준면을 선택하고 초기 상태와 최대 움직일 슬라이딩 거리 800을 설정해 준다.

㉥ 조립 설정 창의 조립상태에서 "연결 정의가 완료 되었습니다"라는 메시지가 나타났을 때 확인 버튼을 누른다.

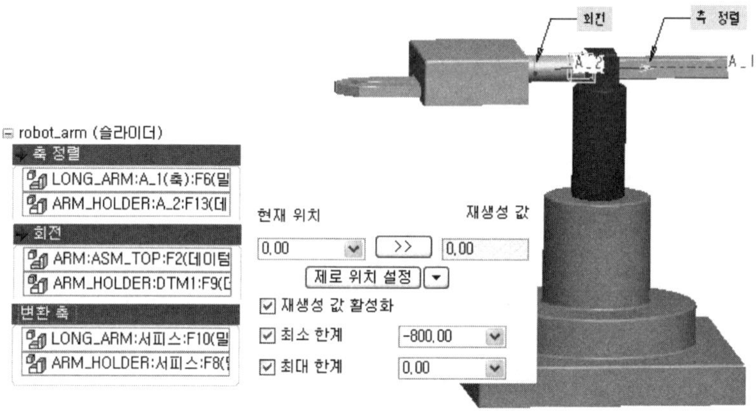

그림 10.15 로봇 암의 조립과정 및 결과

(5) 작업 테이블 어셈블리

㉠ 작업 화면의 어셈블리 도구( )를 클릭하고 암 홀더 파일 table.prt를 오픈 한다.

㉡ 어셈블리 입력값의 설정 창에서 사용자 정의와 자동 정의가 있는데 자동을 선택하고 그림 10.16과 같이 구속 유형은 정렬, 면맞춤 및 정렬을 선택한다.

㉢ 조립 설정 창의 조립상태에서 "연결 정의가 완료 되었습니다"라는 메시지가 나타났을 때 확인 버튼을 누른다.

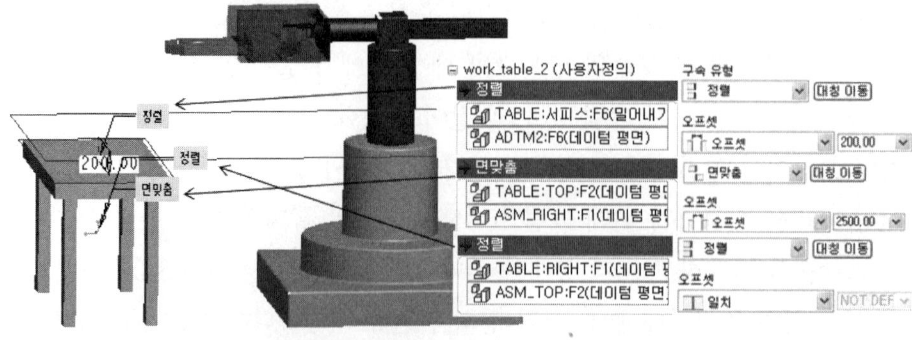

그림 10.16 테이블의 조립과정과 결과

또 다른 하나의 작업 테이블도 마찬가지 방법으로 하지만 테이블이 놓이는 장소가 원통형 로봇의 우측 즉, 좌표상 반대쪽이므로 이 점만 주의하면 된다.

(6) 공작물 어셈블리

㉠ 작업 화면의 어셈블리 도구( )를 클릭하고 암 홀더 파일 workpiece.prt를 오픈한다.

㉡ 공작물은 로봇의 운동과 마찬가지로 원통 결합에 의한 운동을 해야 하므로 어셈블리의 사용자 정의에서 원통( )을 설정한다.

㉢ 배치의 원통 연결 구속의 항목 가운데 축 정렬에서 지정 축을 따라 공작물이 병진 운동을 하도록 설정한다. 즉, 그림 10.17과 같이 공작물이 상하로 병진 운동하도록 공작물의 가상 병진 운동 궤적 축(A_4)과 원통형 로봇의 회전 중심축(AA_1)을 차례로 설정한다.

㉣ 배치의 원통 연결 구속의 항목 가운데 변환축에서 공작물이 병진 운동을 할 면을 그림 10.17과 같이 설정한다.

㉤ 배치의 원통 연결 구속의 항목 가운데 회전축에서 회전의 시작이 될 기준면을 그림 10.17과 같이 설정한다.

㉥ 조립 설정 창의 조립상태에서 "연결 정의가 완료 되었습니다"라는 메시지가 나타났을 때 확인 버튼을 누른다.

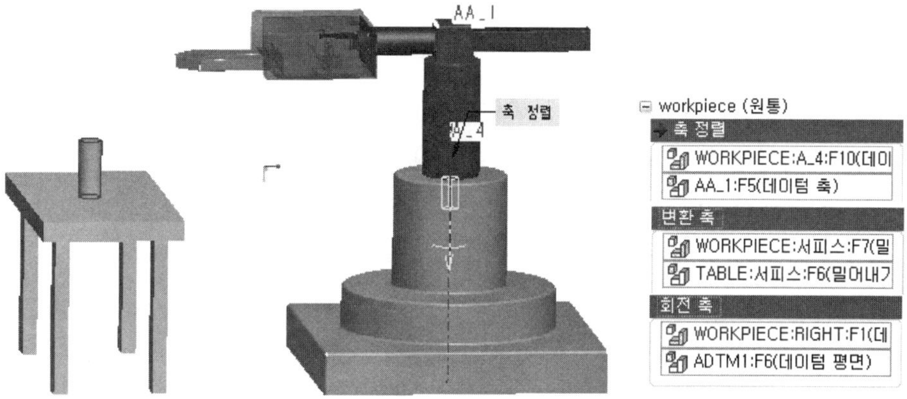

그림 10.17 공작물의 조립과정과 결과

10.3 메커니즘 설계

10.3.1 제어기 설계

표 10.1에 따라 순차적으로 제어하기 위해 서보 모터를 설치해야 한다. 즉, 로봇의 움직임을 위해 12개의 서보 모터가 설치해야 하지만 로봇 암의 전진과 후진 슬라이딩에서 두 번 이루어지고 로봇 베이스 암의 하진과 상진 슬라이딩에서 두 번 이루어지므로 실제는 8개의 모터만 설치하면 된다. 8개 모터 설정 과정은 거의 동등한 방법으로 하면 되므로 여기서는 한 가지만 즉, 베이스 암의 하진에 대해 서보 모터를 설정하는 과정만을 소개하도록 한다.

㉠ 좌측에 메커니즘 모델트리에서 결합의 조인트의 +를 누르면 부품의 연결 항목이 나온다. 여기서 base_arm의 +를 누른다.

㉡ base_arm의 변환축에 마우스를 갖다 대고 오른쪽 버튼을 1초 정도 누르고 서보 모터를 클릭하고 ServoMotor3에 대한 정의 입력 준비를 한다.

㉢ 서보 모터 정의 다이얼로그박스에서 유형은 동작축으로 하고 base_arm.axis_1을 선택

하고서 프로파일 탭을 클릭한다.

ⓜ 동작 정의 박스에서 사양 명세는 속도로 하고 강도는 상수로 하며 A=80으로 입력한다. 이것의 의미는 베이스 암이 10초(기본으로 설정되어 있음) 동안 800mm 슬라이딩하도록 한다는 것이다. 이로서 동작의 조건은 모두 입력이 된 것이다.

ⓑ 확인을 눌러 드라이버 설정 및 동작조건 설정을 완료한다(그림 10.18).

나머지 7개 서보 모터에 대해서도 그림 10.2를 참고로 위와 같이 하지만 사양명세의 경우는 속도로 모두 하고 강도는 상수로 하며 입력 값은 회전축(핀 결합의 경우)인지 변환축(슬라이더 결합의 경우)인지에 따라 표 10.1과 10.2를 바탕으로 입력치를 입력하면 된다.

그림 10.8은 이와 같은 로봇의 순차 제어에 의한 움직임의 서보 모터 설정에 관해 모두 나타낸 것이다.

로봇의 움직임에 따라 공작물도 동시에 움직여야 하므로 공작물의 움직임을 위해 3개의 서보 모터를 설정해야 한다. 즉, 공작물이 로봇 암에 의해 테이블로부터 상승하고 암의 회전에 의해 회전해야 하며 다시 테이블에 공작물이 얹어지는 동작을 나타내야 한다. 이러한 동작을 나타내기 위해 3개의 모터가 필요하다. 이 3개의 모터를 설정하는 과정을 다음에 나타낸다.

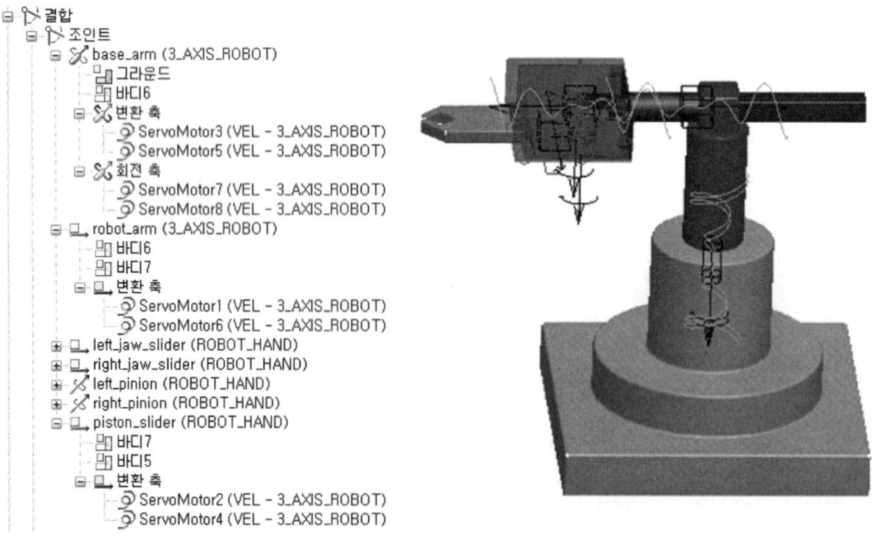

그림 10.18 로봇의 드라이버(서보 모터) 설정 결과

㉠ 좌측에 메커니즘 모델트리에서 결합의 조인트의 +를 누르면 부품의 연결 항목이 나온다. 여기서 workpiece의 +를 누른다.

㉡ workpiece의 변환축에 마우스를 갖다 대고 오른쪽 버튼을 1초 정도 누르고 서보 모터를 클릭하고 ServoMotor11에 대한 정의 입력 준비를 한다.

㉣ 서보 모터 정의 다이얼로그박스에서 유형은 동작축으로 하고 workpiece.axis_1을 선택하고서 프로파일 탭을 클릭한다.

㉤ 동작 정의 박스에서 사양 명세는 속도로 하고 강도는 상수로 하며 A=80으로 입력한다. 이것의 의미는 공작물이 10초(기본으로 설정되어 있음) 동안 800mm를 위쪽 방향으로 로봇 암과 함께 슬라이딩하도록 한다는 것이다. 이로서 동작의 조건은 모두 입력이 된 것이다.

㉥ 확인을 눌러 드라이버 설정 및 동작조건 설정을 완료한다(그림 10.19).

나머지 2개 서보 모터에 대해서도 표 10.2를 참고로 설정 과정은 거의 같지만 사양명세의 경우에 약간 다른 점은 회전의 경우 사양 명세는 속도로 하고 강도는 상수로 하며 A=18로 입력한다. 이것은 10초 동안 180도 회전하도록 설정한 것이다.

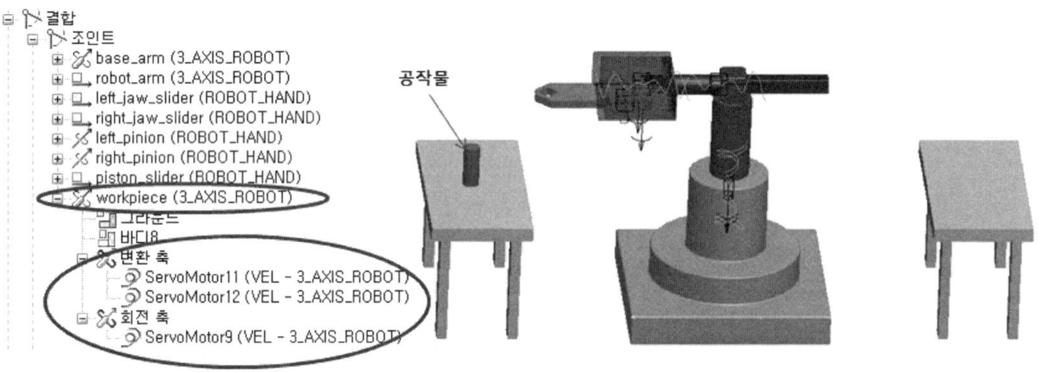

그림 10.19 공작물의 드라이버(서보 모터) 설정 결과

10.3.2 운동 해석

드라이브 설정 및 동작 조건을 주었으므로 이제는 주어진 설계대로 동작이 제대로 움직

이는지 확인할 필요가 있다. 이러한 메커니즘 해석을 위한 해석 과정은 다음과 같다.

㉠ 메커니즘 해석 아이콘( )의 다이얼로그 박스에서 이름을 3_axis_robot으로 입력한다.

㉡ 해석 유형을 운동학적으로 설정한다.

㉢ 그래픽 디스플레이는 길이와 속도로 설정하고 종료 시간은 116, 프레임 속도 10으로 값을 설정한다.

㉣ 로봇의 움직임에는 여러 모터를 사용하므로 모터의 설정은 매우 중요하다. 즉, 어느 시점에 어느 모터를 구동할 것인지를 정해야 한다. 물론 이것은 정해진 표 10.1과 10.2에 따라 모터 구동 시간을 표 10.3과 같이 정해야 한다. 총 종료 시간은 116초이므로 이 동안 모든 동작이 이루어져야 한다.

㉤ 실행을 클릭한다.

표 10.3 로봇과 공작물의 서보 모터 구동 시간 설정

모터	시작	끝	비고
ServoMotor3	시작	9	로봇 베이스 암의 하진 슬라이딩(800mm)
ServoMotor2	10	19	로봇 그리퍼의 피스톤랙 전진(100mm)
ServoMotor1	20	29	로봇 암의 전진 슬라이딩(800mm)
ServoMotor4	30	38	로봇 그리퍼의 피스톤랙 후진(100mm)
ServoMotor5	39	47	로봇 베이스 암의 상진 슬라이딩(800mm)
ServoMotor11	39	47	공작물의 상진 슬라이딩(800mm)
ServoMotor7	48	58	로봇 베이스 암의 반시계방향 회전(180°)
ServoMotor9	48	58	공작물의 반시계방향 회전(180°)
ServoMotor3	59	67	로봇 베이스 암의 하진 슬라이딩(800mm)
ServoMotor12	59	67	공작물의 슬라이딩(800mm)
ServoMotor2	69	77	로봇 그리퍼의 피스톤랙 전진(100mm)
ServoMotor5	78	86	로봇 베이스 암의 상진 슬라이딩(800mm)
ServoMotor4	88	96	로봇 그리퍼의 피스톤랙 후진(100mm)
ServoMotor8	97	107	로봇 베이스 암의 시계방향 회전(180°)
ServoMotor6	108	끝	로봇 암의 후진 슬라이딩(800mm)

10.3.3 동영상 제작

이러한 로봇 시스템의 전체적인 작업 동작을 나타내기 위해서는 그래프로는 의미가 없으며 동영상을 통해 직접 확인하는 것이 좋다. 동영상 제작은 다음과 같이 한다.

㉠ 이미 메커니즘 해석이 끝나면 동작이 저장되어 있으므로 작업화면 오른쪽 메뉴에서 플레이백 아이콘(◀▶)을 클릭하면 플레이백 창이 나타난다.

㉡ 플레이백 창에서 다시 플레이백(◀▶)을 누르면 애니메이트 창이 나타난다.

㉢ 애니메이트 창에서 캡처를 클릭한다.

㉣ 동영상 이름은 3_axis_robot.mpg로 하고 동영상 형태는 MPEG로 하고 이미지 크기는 너비가 640, 높이가 598 기본으로 특별한 요구 사항이 없으면 그대로 확인 버튼을 누른다. 그러면 동작이 이루어지면서 자동적으로 동영상이 만들어진다.

㉤ 애니메이트 창 닫기를 한다.

부 록

부록 1 유성 기어 감속기에서의 기어 잇수 결정표

부록 2 대수 연산법

부록 1 유성 기어 감속기에서의 기어 잇수 결정표

감속비	유성 기어 개수	태양 기어 잇수	유성 기어 잇수	링 기어 잇수	실제 감속비
2.8	3	32	13	58	2.813
		41	16	73	2.78
		43	17	77	2.791
		47	19	85	2.809
		49	20	89	2.816
		58	23	104	2.793
		62	25	112	2.806
		73	29	131	2.795
		75	30	135	2.8
		77	31	139	2.805
		92	37	166	2.804
		118	47	212	2.797
	4	33	13	59	2.788
		37	15	67	2.811
		43	17	77	2.791
		47	19	85	2.809
		53	21	95	2.792
		59	23	105	2.78
		67	27	121	2.806
		71	29	129	2.817
		79	31	141	2.785
		81	33	147	2.815
		89	35	159	2.787
		97	39	175	2.804
		121	49	219	2.81
		123	49	221	2.797
		141	57	255	2.809
		153	61	275	2.797

	5	32	13	58	2.813
		39	16	71	2.821
		43	17	77	2.791
		46	19	84	2.826
2.8	5	64	26	116	2.813
		71	29	129	2.817
		79	31	141	2.785
		89	36	161	2.809
		104	41	186	2.788
		118	47	212	2.797
		121	49	219	2.81
		132	53	238	2.803
		146	59	264	2.808
		154	61	276	2.792
		161	64	289	2.795
		168	67	302	2.798
3.15	3	25	14	53	3.12
		29	16	61	3.103
		32	19	70	3.188
		40	23	86	3.15
		44	25	94	3.136
		53	31	115	3.17
		55	32	119	3.164
		67	38	143	3.134
		70	41	152	3.171
		74	43	160	3.162
		82	47	176	3.146
		86	49	184	3.14
		97	56	209	3.155
	4	23	13	49	3.13
		29	17	63	3.172
		33	19	71	3.152
		37	21	79	3.135
		41	23	87	3.122
		43	25	93	3.163
		53	31	135	3.17
		67	39	145	3.164
		71	41	153	3.155
		75	43	161	3.147
		79	45	169	3.139
		81	47	175	3.16

		85	49	183	3.153
		97	55	207	3.134
		121	69	259	3.14
		123	71	265	3.154
	5	22	13	48	3.182
		29	16	61	3.103
		35	20	75	3.143
		41	24	89	3.171
		54	31	116	3.148
		67	38	143	3.134
		79	46	171	3.165
		83	47	177	3.133
		86	49	184	3.14
		89	51	191	3.146
		92	53	198	3.152
		98	57	212	3.163
		121	69	259	3.14
3.55	3	22	17	56	3.545
		29	22	73	3.517
		32	25	82	3.563
		37	29	95	3.568
		46	35	116	3.522
		47	37	121	3.574
		49	38	125	3.551
		52	41	134	3.577
		56	43	142	3.536
		61	47	155	3.541
		73	56	185	3.534
		76	59	194	3.553
		86	67	220	3.558
	4	23	17	57	3.478
		25	19	63	3.52
		29	23	75	3.586
		33	25	83	3.515
		37	29	95	3.568
		45	35	115	3.556
		47	37	121	3.574
		53	41	135	3.547
		55	43	141	3.564
		61	47	155	3.541
		69	53	175	3.536

		73	57	187	3.562
		77	59	195	3.532
		79	61	201	3.544
		83	65	213	3.566
		87	67	221	3.54
	5	23	17	57	3.478
		31	24	79	3.548
		37	28	93	3.514
		48	37	122	3.542
		54	41	136	3.519
		73	57	187	3.562
		76	59	194	3.553
		79	61	201	3.544
		82	63	208	3.537
4	3	20	19	58	3.9
		22	23	68	4.091
		23	22	67	3.913
		26	25	76	3.923
		29	28	85	3.931
		32	31	94	3.938
		38	37	112	3.947
		44	43	130	3.955
		47	49	145	4.085
		50	49	148	3.96
		56	55	166	3.964
		59	58	175	3.966
		62	61	184	3.968
		68	67	202	3.971
		74	73	220	3.973
	4	25	27	79	4.16
		27	29	85	4.148
		29	31	91	4.138
		31	33	97	4.129
		37	39	115	4.108
		39	41	121	4.103
		43	45	133	4.093
		47	49	145	4.085
		55	57	169	4.073
		57	59	175	4.07
		61	63	187	4.066
		67	69	205	4.06

	5	18	17	52	3.889
		22	23	68	4.091
		23	22	67	3.913
		28	27	82	3.929
		29	31	91	4.138
		33	32	97	3.939
		38	37	112	3.947
		39	41	121	4.103
		48	47	142	3.958
		58	57	172	3.966
		63	62	187	3.968
		68	67	202	3.971
4.5	3	17	22	61	4.588
		19	23	65	4.421
		23	28	79	4.435
		25	32	89	4.56
		28	35	98	4.5
		35	43	121	4.457
		41	52	145	4.537
		52	65	182	4.5
		53	67	187	4.528
		59	73	205	4.475
		61	77	215	4.525
		68	85	238	4.5
		71	88	247	4.479
	4	17	21	59	4.471
		19	23	65	4.421
		23	29	81	4.522
		25	31	87	4.48
		33	41	115	4.485
		35	43	121	4.457
		41	51	143	4.488
		47	59	165	4.511
		49	61	171	4.49
		50	62	174	4.48
		53	67	187	4.528
		59	73	205	4.475
		61	77	215	4.525
		71	89	249	4.507
5	3	16	23	62	4.875
		17	25	67	4.941

		19	29	77	5.053
		20	31	82	5.1
		23	34	91	4.957
		28	41	110	4.929
		31	47	125	5.032
		40	59	158	4.95
		44	67	178	5.045
		47	70	187	4.979
		52	77	206	4.962
		55	83	221	5.018
		56	85	226	5.036
		59	88	235	4.983
		64	95	254	4.969
		65	97	259	4.985
	4	17	25	67	4.941
		19	29	77	5.053
		21	31	83	4.952
		23	35	93	5.043
		25	37	99	4.96
		29	43	115	4.966
		31	47	125	5.032
		35	53	141	5.029
		37	55	147	4.973
		47	71	189	5.021
		49	73	195	4.98
		51	77	205	5.02
		55	83	221	5.018
		59	89	237	5.017
		63	95	253	5.016
		65	97	259	4.985
5.6	3	13	23	59	5.538
		14	25	64	5.571
		16	29	74	5.625
		17	31	79	5.647
		19	35	89	5.684
5.6	3	20	37	94	5.7
		22	41	104	5.727
		29	52	133	5.586
		31	56	143	5.613
		40	71	182	5.55
		41	73	187	5.561

		44	79	202	5.591
		46	83	212	5.609
		47	85	217	5.617
		50	91	232	5.64
		52	95	242	5.654
6.3	3	13	29	71	6.462
		14	31	76	6.429
		16	35	86	6.375
		17	37	91	6.353
		19	41	101	6.316
		20	43	106	6.3
		22	47	116	6.273
		23	49	121	6.261
		26	55	136	6.231
		28	59	146	6.214
		35	76	187	6.343
		37	80	197	6.324
		41	88	217	6.293
		47	100	247	6.255
7.1	3	13	32	77	6.923
		14	37	88	7.286
		16	41	98	7.125
		17	43	103	7.059
		19	50	119	7.263
		22	56	134	7.091
		23	58	139	7.043
		26	67	160	7.154
		28	71	170	7.071
		29	73	175	7.034
		35	91	217	7.2
		38	97	232	7.105
		41	106	253	7.171
		46	119	284	7.174
		47	121	289	7.149
8	3	13	38	89	7.846
		14	43	100	8.143
		16	47	110	7.875
		17	49	115	7.765
		17	52	121	8.118
		20	61	142	8.1
		22	65	152	7.909

		26	79	184	8.077
		28	83	194	7.929
		29	88	205	8.069
		31	92	215	7.935
		32	97	226	8.063
		34	101	236	7.941
		35	106	247	8.057
		40	119	278	7.95
		41	124	289	8.049
9	3	14	49	112	9
		16	56	128	9
		17	58	133	8.824
		19	68	155	9.158
		20	70	160	9
		22	77	176	9
		23	82	187	9.13
		25	89	203	9.12
		26	91	208	9
		28	98	224	9
		32	112	256	9
		34	119	272	9
		35	121	277	8.914
		37	128	293	8.919
10	3	13	53	119	10.154
		14	58	130	10.286
		16	65	146	10.125
		17	67	151	9.882
		19	77	173	10.105
		20	79	178	9.9
		22	89	200	10.091
		23	91	205	9.913
10	3	25	98	221	9.84
		26	103	232	9.923
		28	113	254	10.071
		29	115	259	9.931
		29	118	265	10.138
		31	122	275	9.871
		32	130	292	10.125
		34	134	302	9.882
11.2	3	14	61	136	10.714
		16	71	158	10.875

		16	74	164	11.25
		17	76	169	10.941
		17	79	175	11.294
		19	86	191	11.053
		20	91	202	11.1
		22	101	224	11.182
		23	106	235	11.217
		26	121	268	11.308
		28	125	278	10.929
		28	128	284	11.143
		29	130	289	10.966
		29	133	295	11.172
		31	143	317	11.226
12.5	3	13	71	155	12.923
		14	73	160	12.429
		16	83	182	12.375
		16	86	188	12.75
		17	88	193	12.353
		19	98	215	12.316
		20	106	232	12.6
		22	116	254	12.545
		23	118	259	12.261
		23	121	265	12.522
		25	131	287	12.48
		26	139	304	12.692

부록 2 대수 연산법

대수 연산법은 NC공작기계에서 윤곽제어를 위한 지령 펄스 분배 방식의 하나로서 일본의 후지쓰가 개발한 것이다.

대수 연산법이란 스텝마다 가공하는 궤적의 좌표와 비교한 후 실제 가공 위치가 어떻게 될지 확인한다. 궤적의 위쪽이나 아래쪽 또는 궤적 상에 있는지 확인하여 다음 스텝의 이송 방향을 정한다. 스텝 방향은 항상 궤적의 접근 방향으로 향한다. 실제 가공 위치가 궤적 위에 있으면 다음 이송 방향은 궤적 아래쪽으로 이송한다. 실제 가공 위치가 궤적 상이나 아래쪽에 있으면 궤적 바깥으로 이송한다. 결국 스텝마다 이송하면서 편차 판별식을 계산하고 비교한 다음에 다음 방향으로 이송한다.

대수 연산법은 계단적인 궤적으로 직선이나 원호에 근접한다. 최대 오차량이 한 펄스량보다 크지 않다. 따라서 펄스량을 적당하게 줄이면 필요한 가공 정도를 얻을 수 있다.

대수 연산법에서 스텝마다 편차 판별, 좌표 이송, 편차 계산 그리고 종점 판별 등 네 단계를 해야 된다. 부록그림 2-1은 대수 연산법의 작업 프로세스이다. 다음에는 대수 연산법에 의한 직선 보간과 원호 보간의 원리를 소개하겠다.

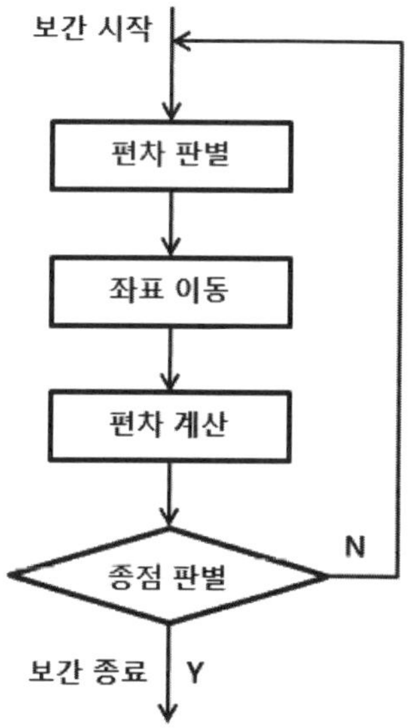

부록그림 2–1 작업 프로세스

2.1 직선 보간

2.1.1 편차 판별함수

예로서 부록그림 2-2와 같이 xy평면 즉, 제 1상한의 직선 보간을 생각하기로 한다. 그림의 OA는 보간 할 직선이고, 가공의 좌표 시작점은 원점 O이며, 종점은 A좌표(x_a, y_a)이다. 이때 직선 OA의 방정식은 다음과 같다.

$$y = \frac{y_a}{x_a} x \qquad (2-1)$$

점 P(x_i, y_i)의 임의 가공점을 가정하고 점 P가 직선 OA 상에 있다면 다음과 같이 표현할 수 있다.

$$y_i = \frac{y_a}{x_a} x_i \qquad (2-2)$$

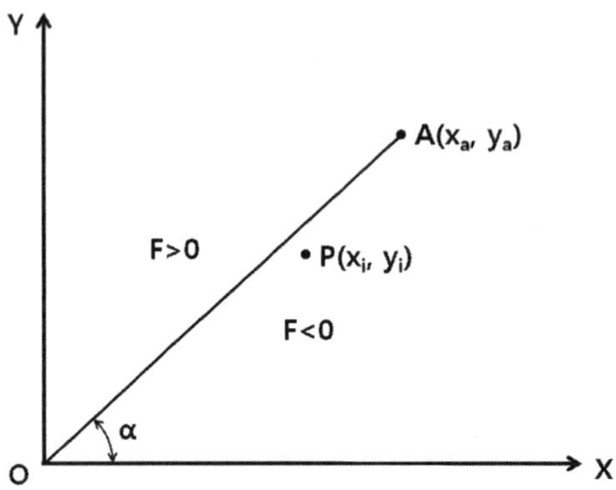

부록그림 2-2 직선 보간

즉, $x_a y_i - x_i y_a = 0$ 이다.

만일 가공 점 P 직선 OA보다 위에 있으면(직선 OA와 Y축 이루는 각도 구역 내) 다음 관계식이 성립된다.

$$x_a y_i - x_i y_a > 0 \tag{2-3}$$

만일 가공 점P 직선 OA보다 아래에 있으면(직선 OA과 X축 이루는 각도 구역 내) 다음 관계식이 성립된다.

$$x_a y_i - x_i y_a < 0 \tag{2-4}$$

따라서 편차함수는 다음과 같다.

$$F(x,y) = x_a y_i - x_i y_a \tag{2-5}$$

편차함수와 공구 위치의 관계식을 정리하면 부록표 2-1과 같다.

부록표 2-1 대수 연산법 직선 보간에서 편차 함수와 공구 위치의 관계

F(x,y)	공구위치
〉0	직선 위
=0	직선 상
〈0	직선 아래

2.1.2 이송방향 및 편차 계산

보간 전에 공구의 위치는 직선의 시작점 O에 있으며 부록표 2-1에 의하면 이 때 편차값이 0이다. 즉,

$$F_O = 0 \tag{2-6}$$

공구가 $P_1(x_i,\ y_i)$점까지 움직인다고 가정하면 이 점의 편차함수는

$$F_i = x_a y_i - x_i y_a \tag{2-7}$$

만일 편차 함수 F_i가 영보다 크면 부록표 2-1과 같이 공구 위치는 직선 위쪽에 있고, 부록그림 2-3 (a)에서 나타낸 것과 같다. 공구는 직선에 가까워져야 되기 때문에 공구는 x축에 따라서 한 스텝을 이송하여 다음 점 $P_2(x_i+1,\ y_i+1)$에 움직인다. P_2점의 좌표는 다음 식으로 계산할 수 있다.

$$\begin{cases} x_{i+1} = x_i + 1 \\ y_{i+1} = y_i \end{cases} \tag{2-8}$$

공구의 P_2점에서 편차는 다음과 같다.

$$F_{i+1} = x_a y_{i+1} - x_{i+1} y_a = x_a y_i - (x_i + 1) y_a = (x_a y_i - x_i y_a) - y_a \tag{2-9}$$

식 (2-7)을 이용하여 다시 정리하면 다음과 같다.

$$F_{i+1} = F_i - y_a \tag{2-10}$$

만일 편차 함수 F_i가 영과 같으면 부록표 2-1에 의하여 이때는 공구가 직선상에 있다. 이 경우에는 x축은 +방향으로 이동하여 P_2점까지 움직인다. 편차값을 계산한 F_i가 영보다 큰 경우와 마찬가지이다.

만일 편차 함수 Fi가 영보다 작으면 부록표 2-1에 의하여 이때 공구가 직선 아래쪽에 있다. 부록그림 2-3 (b)에서 나타난 것과 같다. 공구는 직선에 가까워져야 되기 때문에 공구는 y축에 따라서 한 스텝을 이동하여 다음 점 $P_2(x_{i+1},\ y_{i+1})$로 움직인다. P_2점의 좌표는 다음 식으로 계산할 수 있다.

$$\begin{cases} x_{i+1} = x_i \\ y_{i+1} = y_i + 1 \end{cases} \tag{2-11}$$

공구는 P_2점에서의 편차는 다음과 같다.

$$F_{i+1} = x_a y_{i+1} - x_{i+1} y_a = x_a (y_i + 1) - x_i y_a = (x_a y_i - x_i y_a) + x_a \tag{2-12}$$

식 (2-7)을 이용하여 다시 정리하면 다음과 같다.

$$F_{i+1} = F_i + x_a \qquad (2\text{-}13)$$

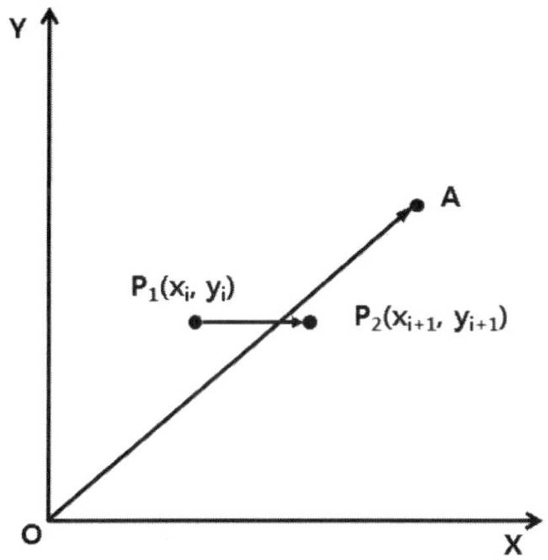

(a)

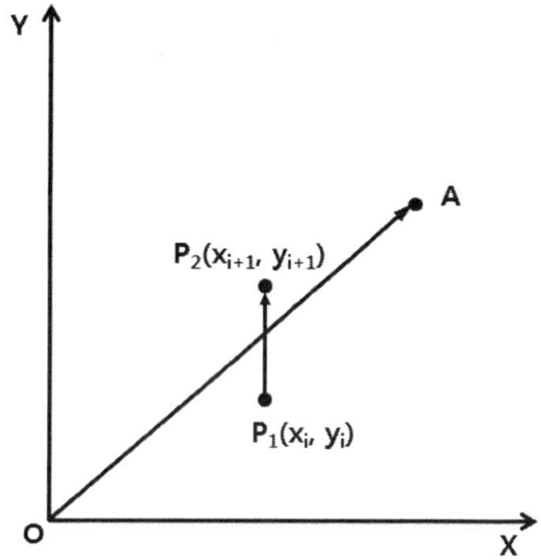

(b)

부록그림 2-3 직선 보간에서 판별에 따른 진행 방향

직선 보간의 좌표 이송 및 편차계산 방법은 부록표 2-2로 정리될 수 있다.

부록표 2-2 직선 보간의 좌표 이동 및 편차 계산

편차 함수	이송 방향	편차 계산
$F_i \geq 0$	+x	$F_{i+1} = F_i - y_a$
$F_i < 0$	+y	$F_{i+1} = F_i + x_a$

2.1.3 종점판별

보간 오차가 존재하기 때문에 공구의 운동 궤적이 직선 종점A(x_a, y_a)을 통과하지 못하

는 경우가 있다. 그래서 공구의 좌표와 종점 좌표가 같은 조건으로 종점에 대해 판별할 수 있도록 해야 한다.

공구가 x축과 y축을 이송한 총 스텝수로 가공이 끝나는지 판별해야 된다. 공구는 직선의 시작점 O에서 종점 A(x_a, y_a)까지 이송한 경우, x축을 따라 이송 한 총 스텝 수는 x_a, y축을 따라 이송한 총 스텝 수는 y_a이다. 그러므로 가공이 완료될 때까지 공구가 두 좌표에서 이송한 총 스텝 수는 다음과 같다.

$$N = x_a + y_a \tag{2-14}$$

대수 연산법에서는 한 스텝 당 공구가 x축에 따라 한 펄스만큼 이송하거나 y축에 따라 한 펄스만큼만 이송한다. 다시 말하면 보간 순환의 회수 i와 공구가 x와 y축에서 이송한 펄스의 양과 같다. 그러므로 보간 순환 회수 i와 공구가 이송해야 할 펄스의 양 N과 같게 함으로써 종점을 판별할 수 있다. 즉, 다음과 같다.

$$i = N \tag{2-15}$$

2.1.4 보간 프로그램

부록그림 2-4는 대수 연산법에 의한 직선 보간 프로그램의 순서를 나타낸 것이다. i는 순환 회수, f_i는 i번째 편차 함수 값이다. (x_a, y_a)는 직선의 종점 좌표이며, N은 직선 가공이 완성될 때의 x와 y축의 이송 총 펄스량이다. 보간의 클럭 주파수 f는 공구의 이송속도를 제어할 수 있다.

보간 전에 공구는 직선의 시작점에 있다. 즉, 좌표 원점이다. 따라서 편차값 F_0는 0이다. 그리고 보간을 시작하지 않았으므로 순환수 i도 0이다. 보간 순환 시작마다 미리 “대기”상태가 되고, 보간 클럭에서 한 펄스를 보낸 후에 “대기”상태를 종료하고 다음 프로그램을 실행한다. 이렇게 하면 한 펄스마다 한 순환씩 보간할 수 있다. 따라서 클럭 주파수를 이용하여 공구의 이송 속도를 제어할 수 있다.

보간 프로그램에서 "대기"상태를 종료하고 나서는 편차 판별을 한다. 부록표 2-2에 의하면 편차 값이 영보다 크거나 같은 경우에 +x축 방향으로 이송되어야 하고 이송한 후 편차 값은 F_i-y_a가 된다. 편차 값이 영보다 작은 경우에 +y축 방향으로 이송해야 되고 이송한 다음에 편차 값이 F_i+x_a가 된다.

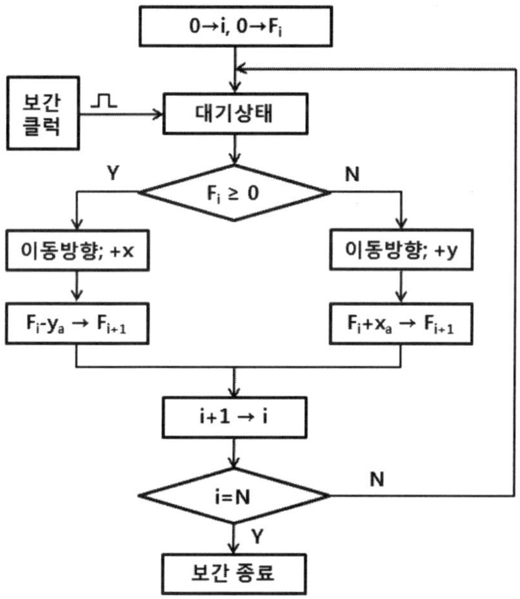

부록그림 2-4 직선 보간 프로그램 순서

한 순환을 끝낸 후에 순환수 i는 1을 더해야 한다.

마지막은 종점 판별한다. 식 (2-15)에 따라 순환수 i가 N보다 작으면 직선 보간는 아직 완료 상태가 아니므로 계속 보간해야 한다. i와 N이 같으면 보간이 완료 상태이므로 보간을 끝내야 한다.

부록 예 2-1

부록그림 2-5와 같은 직선 OA가 있다. 직선의 시작점은 좌표 원점이고 종점은 A점(4,3)이다. 대수 연산법에 의해 직선 보간하여라.

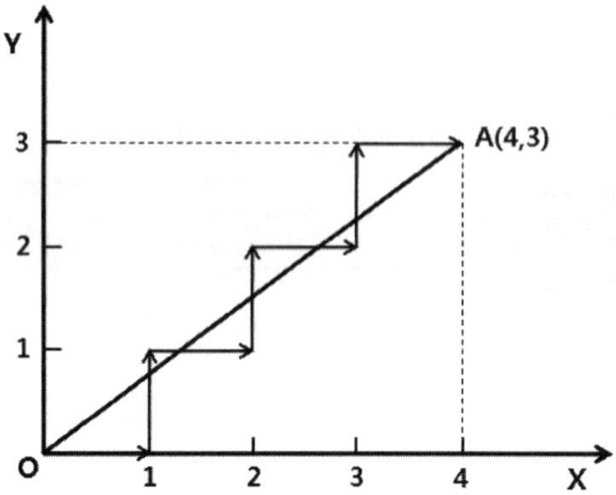

부록그림 2–5 직선 보간 궤적

[풀이]

보간 종료 시, x와 y축의 총 이송 스텝 수가 다음과 같다.

$$N = x_a + y_a = 4 + 3 = 7$$

보간 계산 과정은 부록표 2-3과 같다.

부록표 2-3 직선 보간 계산 과정

보간 순환	편차 판별	이송 방향	편차 계산	종점 판별
0			$F_0 = 0,\ x_a = 4,\ y_a = 3$	$i = 0,\ N = 7$
1	$F_0 = 0$	$+x$	$F_1 = F_0 - y_a = 0 - 3 = -3$	$i = 0 + 1 = 1 < N$
2	$F_1 = -3 < 0$	$+y$	$F_2 = F_1 + x_a = -3 + 4 = 1$	$i = 1 + 1 = 2 < N$
3	$F_2 = 1 > 0$	$+x$	$F_3 = F_2 - y_a = 1 - 3 = -2$	$i = 2 + 1 = 3 < N$
4	$F_3 = -2 < 0$	$+y$	$F_4 = F_3 + x_a = -2 + 4 = 2$	$i = 3 + 1 = 4 < N$
5	$F_4 = 2 > 0$	$+x$	$F_5 = F_4 - y_a = 2 - 3 = -1$	$i = 4 + 1 = 5 < N$
6	$F_5 = -1 < 0$	$+y$	$F_6 = F_5 + x_a = -1 + 4 = 3$	$i = 5 + 1 = 6 < N$
7	$F_6 = 3 > 0$	$+x$	$F_7 = F_6 - y_a = 3 - 3 = 0$	$i = 6 + 1 = 7 = N$ 종점 도달

2.2 원호 보간

2.2.1 편차 함수

부록그림 2-7과 같이 AB가 보간 할 원호이고 원호의 원심이 좌표 원점에 있으며 반지름은 R, 시작점은 A(x_a, y_a), 종점은 B(x_b, y_b)이다. 점 P(x, y)는 어느 시간에 대한 공구의 위치이다.

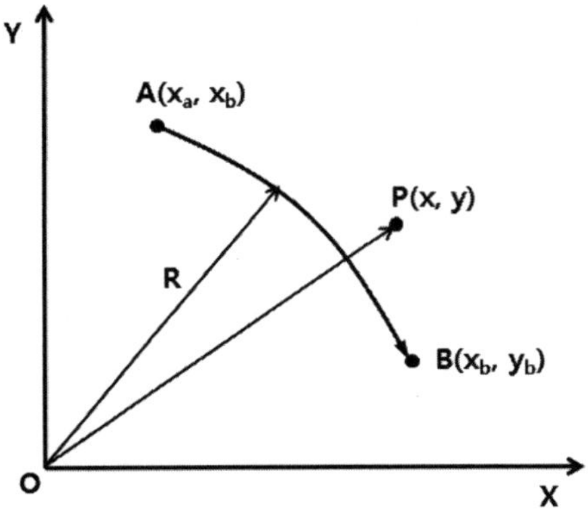

부록그림 2-7 원호 보간

원호 보간 시, 편차 함수의 정의는 다음과 같다.

$$F = \overline{OP}^2 - R^2 \tag{2-16}$$

OP는 O점과 P점 사이의 거리는 다음과 같다.

$$\overline{OP} = \sqrt{x^2 + y^2}$$

위 식을 (2-16)에 대입하면 편차 함수의 계산 공식을 얻을 수 있다.

$$F = x^2 + y^2 - R^2 \tag{2-17}$$

공구가 원호 바깥에 있으면 OP가 R보다 크고 편차 함수는 0보다 크다. 공구가 원호에 있으면 OP가 R과 같고 편차 함수는 0과 같다. 공구가 원호 안쪽에 있으면 OP가 R보다 작다.

다음 부록표 2-4는 편차 함수와 공구 위치의 관계를 나타내고 있다.

부록표 2-4 편차 함수와 공구 위치의 관계

편차 함수	공구 위치
〉0	원호 밖
=0	원호 상
〈0	원호 안

2.2.2 이송 방향 및 편차 계산

원호는 시계 방향과 반시계 방향으로 나타낼 수 있다. 두 가지는 원호를 가공할 때 공구의 이송 방향이 달라서 편차 계산 과정도 다르다. 다음에는 두 가지의 원호 보간에 대해 소개하기로 한다.

(1) 시계방향 보간

보간 시작 시, 공구 위치는 원호의 시작점 A에 있고, 식 (2-17)을 이용하여 편차 값을 구하면 다음과 같다.

$$F_0 = x_a^2 + y_a^2 - R^2$$

A는 원호 상에 있는 점이라서 부록표 2-4를 보면 다음 식과 같이 됨을 알 수 있다.

$$F_0 = 0 \tag{2-18}$$

어느 시간에 대한 공구 위치가 점 $P_1(x_i,\ y_i)$까지 움직일 때, 식 (2-17)에 따라면 편차 값이 다음 식과 같이 된다.

$$F_i = x_i^2 + y_i^2 - R^2 \tag{3-13}$$

만일 $F_i \geq 0$이면 부록표 2-4에 따라 공구 위치는 원호 바깥이나 원호 상에 있다. 부록그림 2-8 (a)와 같이 공구가 원호에 가까워지면서 종점 B까지 이동하려면 공구가 Y축에 따라 한 스텝을 움직여 점 $P_2(x_{i+1},\ y_{i+1})$에 도달한다. 점 P2의 좌표는 다음 식으로 계산할 수 있다.

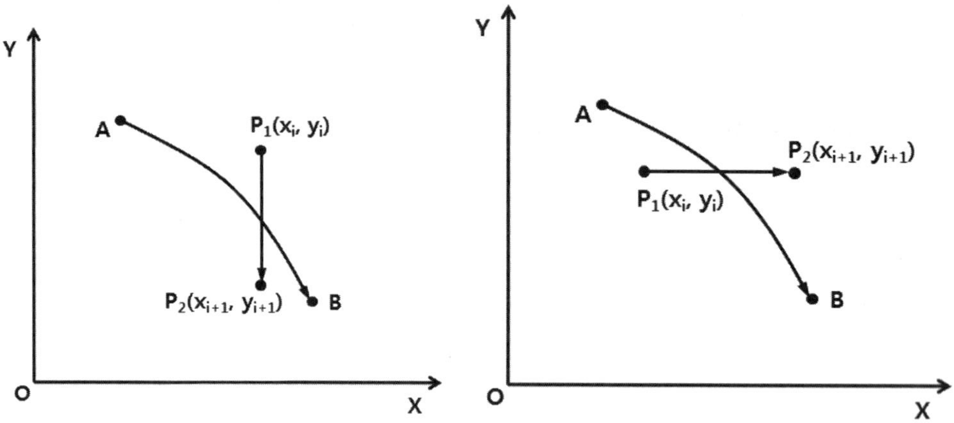

(a)　　　　　　　　　　(b)

부록그림 2-8 시계방향의 원호 보간

$$\begin{cases} x_{i+1} = x_i \\ y_{i+1} = y_i - 1 \end{cases}$$

점 P_2에서 공구의 편차 값은 다음과 같다.

$$F_{i+1} = x_{i+1}^2 + y_{i+1}^2 - R^2 = x_{i+1}^2 + (y_i - 1)^2 - R^2 = (x_i^2 + y_i^2 - R^2) - 2y_i + 1$$

식 (2-17)을 위 식에 대입해서 정리하면 다음과 같다.

$$F_{i+1} = F_i - 2y_i + 1 \tag{2-18}$$

만일 $F_i < 0$, 부록표 2-4에 따라 공구 위치는 부록그림 2-8 (b)와 같이 원호 안에 있다. 공구는 원호에 가까워지면서 종점 B까지 이송하려면 공구가 x축에 따라 한 스텝을 움직여

야 되고 점 $P_2(x_{i+1}, y_{i+1})$에 도달한다. 점 P_2의 좌표는 다음 식으로 계산할 수 있다.

$$\begin{cases} x_{i+1} = x_i + 1 \\ y_{i+1} = y_i \end{cases}$$

점 P_2에서 공구의 편차는 다음과 같다.

$$F_{i+1} = x_{i+1}^2 + y_{i+1}^2 - R^2 = (x_i + 1)^2 + y_i^2 - R^2 = (x_i^2 + y_i^2 - R^2) + 2x_i + 1$$

식 (2-17)을 위 식에 대입해서 정리하면 다음과 같다.

$$F_{i+1} = F_i + 2x_i + 1 \tag{2-19}$$

시계 방향의 보간 계산 과정은 부록표 2-5와 같다.

부록표 2-5 원호 보간의 좌표 이동 및 편차 계산

편차 상태	이송 방향	편차 계산	좌표 계산
$F_i \geq 0$	−y	$F_{i+1}=F_i-2y_i+1$	$x_{i+1} = x_i,\ y_{i+1} = y_i - 1$
$F_i < 0$	+x	$F_{i+1}=F_i+2x_i+1$	$x_{i+1} = x_i + 1,\ y_{i+1} = y_i$

(2) 반시계방향 보간

어느 시간에 대한 공구 위치는 점 P_1에 있는 경우, 편차 함수는 다음과 같다.

$$F_i = x_i^2 + y_i^2 - R^2 \tag{2-20}$$

만일 $F_i \geq 0$이면 공구 위치가 부록그림 2-9 (a)와 같이 원호 바깥이나 원 위에 있다. 공구가 원호에 가까워지면서 종점 B까지 이송하려면 공구가 x축의 음의 방향으로 한 스텝

을 움직여야 되고 점 $P_2(x_{i+1},\ y_{i+1})$에 도달한다. 점 P_2의 좌표는 다음 식으로 계산할 수 있다.

$$\begin{cases} x_{i+1} = x_i - 1 \\ y_{i+1} = y_i \end{cases}$$

점 P_2에서 공구의 편차는 다음과 같다.

$$F_{i+1} = x_{i+1}^2 + y_{i+1}^2 - R^2 = (x_i - 1)^2 + y_i^2 - R^2 = (x_i^2 + y_i^2 - R^2) - 2x_i + 1$$

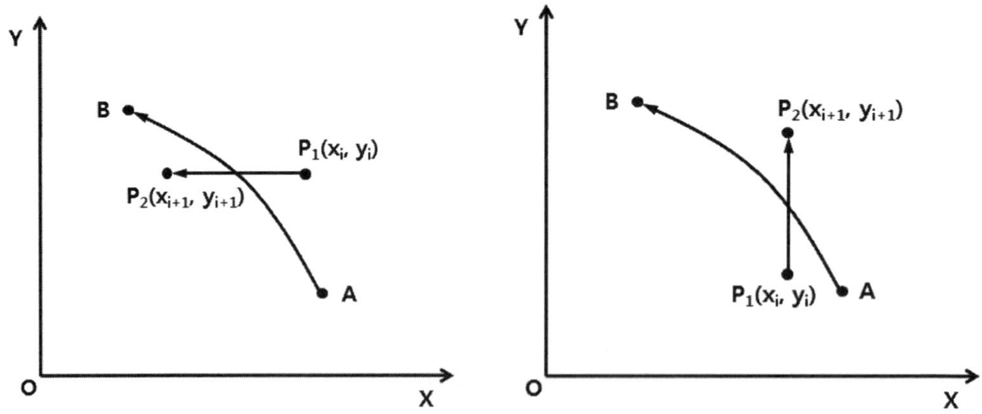

(a) (b)

부록그림 2-9 반시계 방향의 원호 보간

식 (2-20)을 위 식에 대입해서 정리하면 다음과 같다.

$$F_{i+1} = F_i - 2x_i + 1 \tag{2-21}$$

만일 $F_i<0$이면 공구 위치는 부록그림 2-9 (a)와 같이 원호 안에 있다. 공구가 원호에 가까워지면서 종점 B까지 이송하려면 공구가 y축의 양의 방향으로 한 스텝을 움직여야 되고 점 $P_2(x_{i+1},\ y_{i+1})$에 도달한다. 점 P_2의 좌표는 다음 식으로 계산할 수 있다.

$$\begin{cases} x_{i+1} = x_i \\ y_{i+1} = y_i + 1 \end{cases}$$

점 P_2에서 공구의 편차는 다음과 같다.

$$F_{i+1} = x_{i+1}^2 + y_{i+1}^2 - R^2 = x_i^2 + (y_i + 1)^2 - R^2 = (x_i^2 + y_i^2 - R^2) + 2y_i + 1$$

식 (2-21)을 위 식에 대입해서 정리하면 다음과 같다.

$$F_{i+1} = F_i + 2y_i + 1 \tag{2-22}$$

시계 방향의 보간 계산 과정은 부록표 2-6과 같다.

부록표 2-6 원호 보간의 좌표 이동 및 편차 계산

편차 상태	이송 방향	편차 계산	좌표 계산
$F_i \geq 0$	$-x$	$F_{i+1}=F_i-2x_i+1$	$x_{i+1} = x_i - 1,\ y_{i+1} = y_i$
$F_i < 0$	$+y$	$F_{i+1}=F_i+2y_i+1$	$x_{i+1} = x_i,\ y_{i+1} = y_i + 1$

2.2.3 종점 판별

부록그림 2-7과 같이 AB가 가공할 원호이고 원호의 시작점은 $A(x_a,\ y_a)$, 종점은 $B(x_b,\ y_b)$이다. 가공을 완료하려면 공구는 x축에 대해 $|x_b-x_a|$스텝을 이송해야 되고, y축에 대해 $|y_b-y_a|$스텝을 이송해야 된다. 두 축에 대해 총 스텝 수는 다음과 같다.

$$N = |x_b - x_a| + |y_b - y_a| \tag{2-23}$$

위 식은 시계 방향과 반시계 방향에 다 적용할 수 있다.

보간 순환수 i는 N과 같을 때, 즉

$$i = N \tag{2-24}$$

원호 가공이 완료된다.

2.2.4 보간 프로그램

(1) 시간 방향 보간

부록그림 2-10은 대수 연산법에 의한 시계 방향 원호 보간 프로그램의 순서를 나타낸 것이다. i는 순환 회수이고 F_i는 i번째 편차 함수이며 (x_i, y_i)는 공구 좌표이다. 또한 N은 원호 가공이 완성될 때의 x와 y축의 이송 총 스텝 수이다.

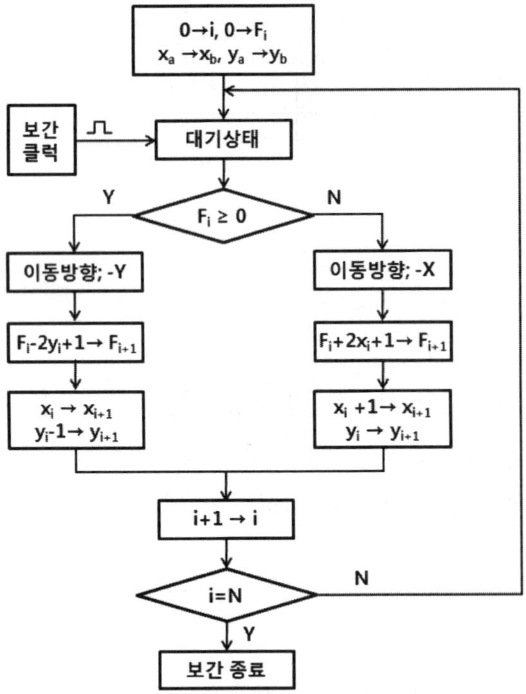

부록그림 2-10 시계 방향의 원호보간 순서도

보간을 시작할 때, 보간 순환수 i는 0이며 공구 위치는 원호 시작점 $A(x_a, y_a)$에 있다. 공구는 원호 상에서 편차 값이 $F_0=0$이다. N은 식 (2-23)에 의해 확인할 수 있다.

초기값을 설정한 후 프로그램이 "대기" 상태에 들어간다. 보간 클럭에서 펄스를 보내야만 프로그램의 "대기" 상태가 종료되며 다음 프로그램으로 넘어간다.

다음에는 편차 판별을 한다. 부록표 2-5에 따라 편차 함수 F_i가 0보다 크거나 같은 경우에 공구가 -Y축 방향으로 한 스텝을 이송한다. 편차 함수 F_i가 0보다 작으면 +x축 방향으로 한 스텝을 이송한다.

이송한 후 공구의 새로운 위치에서의 편차 값 F_{i+1}과 새로운 좌표$(x_{i+1},\ y_{i+1})$를 계산해야 된다. 하나의 보간 순환이 끝나면 보간 순환 회수가 1씩 더해진다.

마지막에 종점을 판별한다. 보간 순환 회수 i가 N보다 작으면 보간이 완료되지 않고 계속 보간해야 된다. 보간 순환 회수 i가 N과 같으면 가공이 완료된다.

부록 예 2-2

부록그림 2-11과 같이 AB는 가공할 원호이며, 시작점은 A(3,4)이고, 종점은 B (5,0)이다.

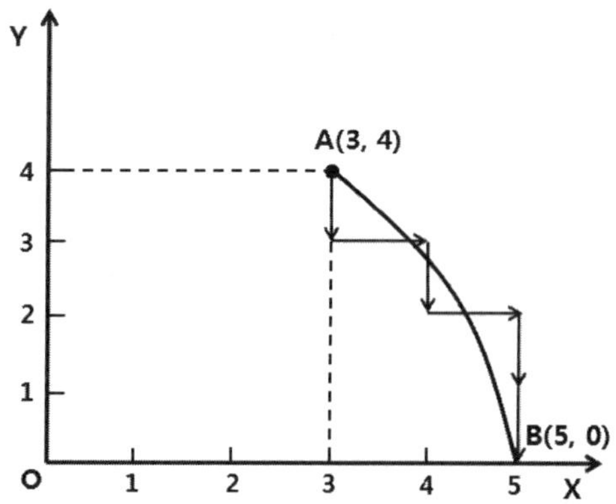

부록그림 2-11 시계 방향의 원호 보간

[풀이]

끝까지 가공할 때 총 스텝 회수는 다음과 같다.

$$N = |x_b - x_a| + |y_b - y_a| = |5-3| + |0-4| = 6$$

AB를 시계 방향으로 보간하면 보간 과정이 부록표 2-7과 같다.

공구의 운동 궤적이 부록그림 2-11과 같다.

부록표 2-7 시계 방향의 원호 보간 계산 과정

보간 순환	편차 판별	이송 방향	편차 계산	좌표 계산	종점 판별
0			$F_0 = 0$	$x_0 = x_a = 3$, $y_0 = y_a = 4$	$i = 0$, $N = 6$
1	$F_0 = 0$	$-Y$	$F_1 = F_0 - 2y_0 + 1$ $= 0 - 2\times4 + 1 = -7$	$x_1 = x_0 = 3$, $y_1 = y_0 - 1 = 3$	$i = 0 + 1 < N$
2	$F_1 = -7 < 0$	$+X$	$F_2 = F_1 + 2x_1 + 1$ $= -7 + 2\times3 + 1 = 0$	$x_2 = x_1 + 1 = 4$, $y_2 = y_1 = 3$	$i = 1 + 1 < N$
3	$F_2 = 0$	$-Y$	$F_3 = F_2 - 2y_2 + 1$ $= 0 - 2\times3 + 1 = -5$	$x_3 = x_2 = 4$, $y_3 = y_2 - 1 = 2$	$i = 2 + 1 < N$
4	$F_3 = -5 < 0$	$+X$	$F_4 = F_3 + 2x_3 + 1$ $= -5 + 2\times4 + 1 = 4$	$x_4 = x_3 + 1 = 5$, $y_4 = y_3 = 2$	$i = 3 + 1 < N$
5	$F_4 = 4 > 0$	$-Y$	$F_5 = F_4 - 2y_4 + 1$ $= 4 - 2\times2 + 1 = 1$	$x_5 = x_4 - 1 = 1$, $y_5 = y_4 - 1 = 1$	$i = 4 + 1 < N$
6	$F_5 = 1 > 0$	$-Y$	$F_6 = F_5 - 2y_5 + 1$ $= 1 - 2\times1 + 1 = 0$	$x_6 = x_5 = 5$, $y_6 = y_5 - 1 = 0$	$i = 5 + 1 < N$ 보간 종점

(2) 반시계 방향 보간

부록그림 2-12은 대수 연산법에 의한 반시계 방향 보간 프로그램이다. 그림에서의 기호는 부록그림 2-10에 있는 것과 같다.

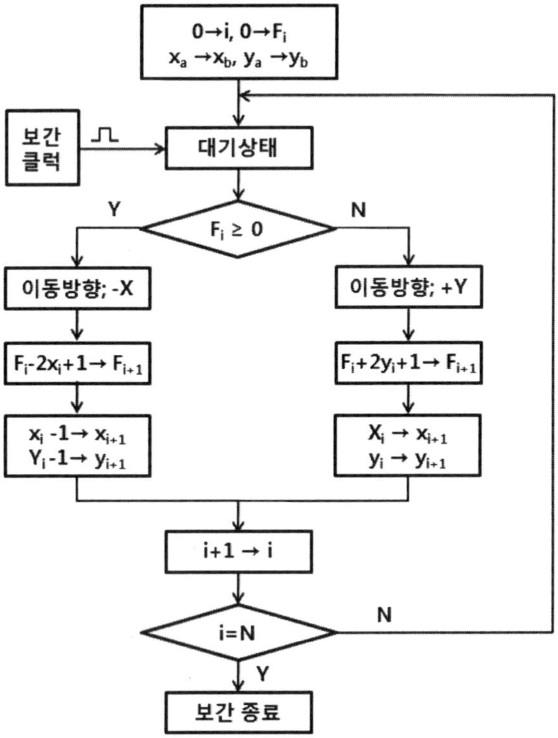

부록그림 2-12 반시계 방향의 원호보간 순서도

부록 예 2-3

부록그림 2-13과 같이 원호 AB는 가공할 반시계 방향 원호이다. 시작 점은 A(5,0)이고, 종점은 B(3,4)이다.

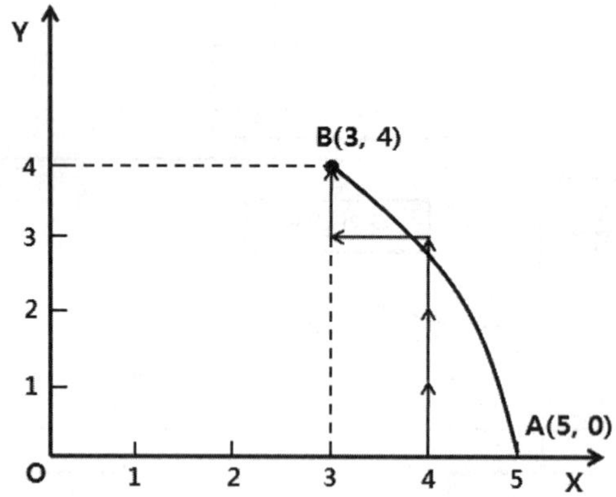

부록그림 2–13 반시계 방향의 원호 보간

[풀이]

끝까지 가공할 때 총 스텝 회수는 다음과 같다.

$$N = |x_b - x_a| + |y_b - y_a| = |3-5| + |4-0| = 6$$

AB를 시계 방향으로 보간하면 보간 과정이 부록표 2-8과 같다.

공구의 운동 궤적이 부록그림 2-13과 같다.

부록표 2-8 시계 방향의 원호 보간 계산 과정

보간 순환	편차 판별	이송 방향	편차 계산	좌표 계산	종점 판별
0			$F_0 = 0$	$x_0 = x_a = 5,$ $y_0 = y_a = 0$	$i = 0,\ N = 6$
1	$F_0 = 0$	$-X$	$F_1 = F_0 - 2x_0 + 1$ $= 0 - 2 \times 5 + 1 = -9$	$x_1 = x_0 - 1 = 4,$ $y_1 = y_0 = 0$	$i = 0 + 1 < N$
2	$F_1 = -9 < 0$	$+Y$	$F_2 = F_1 + 2y_1 + 1$ $= -9 + 2 \times 0 + 1 = -8$	$x_2 = x_1 = 4,$ $y_2 = y_1 + 1 = 1$	$i = 1 + 1 < N$
3	$F_2 = -8 < 0$	$+Y$	$F_3 = F_2 + 2y_2 + 1$ $= -8 + 2 \times 1 + 1 = -5$	$x_3 = x_2 = 4,$ $y_3 = y_2 + 1 = 2$	$i = 2 + 1 < N$
4	$F_3 = -5 < 0$	$+Y$	$F_4 = F_3 + 2y_3 + 1$ $= -5 + 2 \times 2 + 1 = 0$	$x_4 = x_3 = 4,$ $y_4 = y_3 + 1 = 3$	$i = 3 + 1 < N$
5	$F_4 = 0$	$-X$	$F_5 = F_4 - 2x_4 + 1$ $= 0 - 2 \times 4 + 1 = -7$	$x_5 = x_4 - 1 = 3,$ $y_5 = y_4 = 3$	$i = 4 + 1 < N$
6	$F_5 = -7 > 0$	$+Y$	$F_6 = F_5 + 2y_5 + 1$ $= -7 + 2 \times 3 + 1 = 0$	$x_6 = x_5 = 3,$ $y_6 = y_5 + 1 = 4$	$i = 5 + 1 < N$ 보간 종점